# 现代农业实用技术

● 姚 静 卜晓婧 高 霞 主编 ●

中国农业科学技术出版社

**图书在版编目（CIP）数据**

现代农业实用技术 / 姚静，卜晓婧，高霞主编 .—北京：中国农业科学技术出版社，2020.7

ISBN 978-7-5116-4775-7

Ⅰ.①现… Ⅱ.①姚…②卜…③高… Ⅲ.①农业技术 Ⅳ.①S

中国版本图书馆 CIP 数据核字（2020）第 091210 号

**图书策划** 程永贵
**责任编辑** 徐 毅
**责任校对** 马广洋

**出 版 者** 中国农业科学技术出版社
北京市中关村南大街 12 号 邮编：100081
**电 话** (010)82106631(编辑室) (010)82109702(发行部)
(010)82109709(读者服务部)
**传 真** (010)82106631
**网 址** http://www. castp. cn
**经 销 者** 各地新华书店
**印 刷 者** 北京建宏印刷有限公司
**开 本** 880 mm×1 230 mm 1/32
**印 张** 10. 625
**字 数** 300 千字
**版 次** 2020 年 7 月第 1 版 2020 年 10 月第 2 次印刷
**定 价** 45. 00 元

# 《现代农业实用技术》
# 编委会

**主　编**　姚　静　卜晓婧　高　霞

**副主编**　吴振美　王超萍　魏文杰　王桂香　孙运欣　杨德臣

**参编者**　（按姓氏笔画排序）

王志远　王春丽　王艳莹　田　磊
刘　伟　刘　英　刘　艳　齐敬冰
纪长伦　孙志智　孙建萍　李春玲
张　敏　张明才　陈志强　英有文
周　蕾　赵　理　赵成宇　赵桂涛
高　扬　郭　青　韩建东　谭子辉

# 前　　言

近年来，随着我国资源环境、人口压力的不断增大以及经济全球化、国际农产品自由贸易的扩大，对我国种植业的市场竞争力提出了新挑战。当前我国种植业主要面临品种结构不平衡、种植效益收窄、生产方式粗放、市场竞争力弱等问题，种植业发展依旧没有走出重数量增加轻品质提升、重物质投入轻技术创新、重眼前利益轻长远发展的老路子，当前种植结构与我国农业发展方式转变的要求具有较大差距，优质农产品少，大路货多，资源友好型、技术集约型生产方式尚未普遍采用。要解决这一系列问题，就必须依靠科技进步，培育高素质农民，提高资源利用率和土地产出率，从而实现农民增收。

山东省是农业生产大省。改革开放 40 多年来，全省农业生产结构已逐渐由以种植业为主的单一传统农业，逐步转变为农林牧副渔综合发展的多元化现代农业。目前，全省农作物生产水平总体较高，但随着生活水平的提高，消费者更关心农产品“质”；同时，农民关心土地能带来什么，效益怎么提升，如何增强耕地的综合产出能力。山东省农作物生产中存在耕地不断减少、水资源紧张、农产品质量有待提升等问题，要实现农作物高产优质生产，就必须采用先进的农业科学技术。为了普及与推广新的农作物生产技术，结合新型职业农民培育工作的实际需求，我们组织农民教育培训一线教师及有关农业专家编著了《现代农业实用技术》一书，作为农民科技教育培训教材。本书出版对于新技术引进推广，指导农民发展现代农业生产，提高农民科技文化素质和致富本领，促进农业和农村经济更快更好地发展，具有较大的推动作用。

本书编写人员以山东省农业广播电视学校临沂市分校专兼职教师为主，山东省农业技术推广总站食用菌专家高霞高级农艺师、山东省农业厅对外合作科刘英、山东省农业科学院资源环境研究所韩建东博士负责编写了第五章内容，山东省葡萄研究院王超萍编写了第四章部分内容。编写过程中参阅了许多专家学者的学术成果，同时，也得到省、市相关农业技术推广部门的领导、业内人士的大力支持，在此一并表示诚挚的感谢。

由于编写任务紧，时间仓促，编者水平有限，错误及不当之处在所难免，恳请读者不吝指正。

编　者

2020 年 4 月

# 目　　录

# 第一章 大田粮经作物生产技术

## 第一节 小麦高效优质栽培技术

小麦是世界性的重要粮食作物。全世界有35%~40%的人口以小麦作为主要粮食。小麦籽粒营养丰富，蛋白质含量高，一般为11%~14%，高的可达18%~20%；氨基酸种类多，适合人体生理需要；脂肪、维生素及各种微量元素等对人体健康有益。醇溶蛋白和谷蛋白能使面粉加工制成各种食品，是食品工业的重要原料。另外，小麦加工后的副产品中含有蛋白质、糖类、维生素等物质，是良好的饲料，麦秆还可用来制作手工艺品，也可作为造纸原料。籽粒含水量较低，易于贮藏和运输，是主要的商品粮之一，在国际国内的粮食贸易中占有很大的份额。

目前，鲁南地区在稳定小麦种植面积的同时，主要以绿色高质高效为目标，进一步优化种植结构，大力推广规范化播种、宽幅精播、播后镇压等关键技术，全面提高播种质量，夯实小麦丰收基础。重点抓好以下关键环节。

### 一、品种选择

因地制宜选用良种，优化品种布局，适当扩大优质专用小麦及特色小麦种植面积。鲁南地区品种布局建议如下。

（1）优质专用小麦可选用烟农19、济麦44。

（2）水浇地可选用济麦22、鲁原502、烟农24、良星99、山农20、山农30、泰农18、山农28号、山农24号、烟农999、烟

1212、鑫麦 296、汶农 17 等。

（3）旱地可选用烟农 19、烟农 21、烟农 0428、青麦 6 号等。

（4）稻茬麦可种植济麦 22、烟农 19、良星 99 等品种。

## 二、整地

一是因地制宜选择整地方式。深耕、深松效果可以维持多年，可深耕（松）1 年，旋耕 2~3 年。对于秸秆量大、土层深厚的高产田，可深耕翻 30cm 左右。对于犁底层较浅的地块，耕深要逐年增加。对于秸秆还田量少的地块，可以采用机械深松作业，作业深度 25~40cm，为避免跑墒，深松后要及时播种。对于无水浇条件墒情较差地块，可采用免耕播种（保护性耕作）技术。各类耕翻地块都要及时耙耢镇压，以耙碎土垡土块、平整地面、压实土壤，起到减少蒸发、抗旱保墒、保证播种深度一致等作用。

二是实行畦田化栽培。小麦畦田化栽培，有利于浇水和省肥省水。可在整地时打埂筑畦，也可采用带筑埂器的宽幅精播机在播种同时打埂筑畦，畦的大小应充分考虑农机农艺结合的要求。结合宽幅播种机参数，可采用如下规格：第一种畦宽 2. 4m。其中，畦面宽 2m，畦埂 0. 4m，畦内播种 8 行小麦，采用宽幅播种，苗带宽 8~10cm，畦内小麦行距 0. 28m。下茬在畦内种 4 行玉米，玉米行距 0. 6m 左右。第二种畦宽 1. 8m。其中，畦面宽 1. 4m，畦埂 0. 4m，畦内播种 6 行小麦，采用宽幅播种，苗带宽 8~10cm，畦内小麦行距 0. 28m。下茬在畦内种 3 行玉米，玉米行距 0. 6m 左右。一般水浇条件好的地块尽量采用大畦，水浇条件差的采用小畦。

## 三、播种

一是搞好种子处理。做好种子包衣、药剂拌种，可以防控小麦根腐病、茎基腐病、纹枯病等病害，减轻秋苗发病，压低越冬菌源，同时，控制苗期地下害虫危害。提倡用种衣剂进行种子包衣，没有用种衣剂包衣的种子要用药剂拌种。根茎部病害发生较重的地块，可选用4.8%苯醚·咯菌腈按种子量的0.2%~0.3%拌种，或用2%戊唑醇按种子量的0.1%~0.15%拌种，或用30g/L的6苯醚甲环唑悬浮种衣剂按照种子量的0.3%拌种；地下害虫发生较重的地块，选用40%辛硫磷乳油按种子量的0.2%拌种，或者用30%噻虫嗪种子处理悬浮剂按种子量的0.23%~0.46%拌种。病、虫混发地块用杀菌剂+杀虫剂混合拌种，可选用32%戊唑·吡虫啉悬浮种衣剂按照种子量的0.5%~0.75%拌种，或用27%的苯醚甲环唑·咯菌腈·噻虫嗪悬浮种衣剂按照种子量的0.5%拌种，对早期小麦根腐病、茎基腐病及麦蚜具有较好的控制效果。

二是适墒播种。小麦播种出苗期适宜墒情为麦田土壤相对含水量在70%~75%。若墒情适宜，要在秋作物收获后及时耕翻整地播种。墒情不足的地块要及时造墒，造墒时每亩（15亩=1hm$^2$，全书同）灌水40m$^3$。在适期内，应掌握“宁可适当晚播，也要造足底墒”的原则，做到足墒下种，确保一播全苗。对玉米秸秆还田地块，可在还田后灌水造墒，也可在小麦播种后立即浇“蒙头水”沉实，墒情适宜时搂划破土辅助出苗。对旱地麦田，要在前茬收获后，及时进行耕翻，并随耕随耙镇压，保住地下墒情的同时根据气象预报确定播期。

三是适期播种。温度是决定小麦播种期的主要因素。小麦从播种至越冬开始，形成壮苗需0℃以上积温600~650℃为宜。鲁南地区小麦适宜播期一般在10月5—15日，最佳播期在10月8—12日。北部山丘地区可于10月1日前后抢墒播种，南部县区可于10月5日前后开播。

四是宽幅精量播种。实行宽幅精量播种，改传统小行距（15~20cm）密集条播为等行距（22~28cm）宽幅播种，改传统密集条播籽粒拥挤一条线为宽播幅（8~10cm）种子分散式粒播，有利于种子分布均匀，减少缺苗断垄、疙瘩苗现象，可克服传统条播争肥水、根少、苗弱的生长状况。小麦宽幅机械播种，播种深度3~5cm，作业时播种机行走速度每小时5km为宜，以保证下种均匀、深浅行距一致、不漏播、不重播。在适宜播种期内，分蘖成穗率低的大穗型品种，每亩基本苗15万~18万株；分蘖成穗率高的中穗型品种，每亩基本苗12万~16万株。高产田宜少，中产田宜多。对于抢墒播种的早播麦田，应适当减小播量。晚茬麦和稻茬麦要注意适当加大播量，每晚播2天，每亩增加基本苗1万~2万株。秸秆还田地块，可酌情增加1万~2万株基本苗。有条件的地方，可推广小麦多功能一体机宽幅播种技术：在玉米秸秆还田环境下，不进行耕翻整地作业，由一体机1次进地完成间隔深松、播种带旋耕、分层施肥、宽幅精量播种、播后镇压等多项作业，具有显著的节本、增效作用。

五是播后镇压。小麦播后镇压是提高小麦苗期抗旱能力和出苗质量的有效措施。要选用带镇压装置的小麦播种机械，在麦播种时随种随压，并在播种后用专门的镇压器再镇压2遍，以确保镇压效果。

## 四、科学施肥

1. 秸秆精细还田

根据玉米种植规格、品种、所具备的动力机械、收获要求等条件，合理选择悬挂式、自走式和割台互换式等适宜的玉米联合收获机。秸秆还田机械可选用甩刀式、直刀式、铡切式等秸秆粉碎性能高的机具，确保作业质量。在联合收获机粉碎秸秆的基础上，可再用秸秆还田机打1~2遍，确保将秸秆打碎打细，秸秆长度控制在5cm以下。

2. 测土配方施肥

在推行秸秆还田的同时，广辟肥源、增施有机肥。一般中低产田亩施腐熟的有机肥2 500~3 000kg；中低产田亩施有机肥3 000~4 000kg。不同地力水平化肥的适宜施用量参考值为：亩产300~400kg的中产田，每亩施纯氮（N）10~12kg，磷（$P_2O_5$）4~6kg，钾（$K_2O$）4~6kg，磷钾肥基施，氮肥50%基施，50%起身期追肥。亩产400～500kg的高产麦田，每亩施纯氮（N）12～14kg，磷（$P_2O_5$）6～7kg，钾（$K_2O$）5～6kg，磷钾肥底施，氮肥40%～50%底施，50%～60%起身期或拔节期追肥。亩产500kg以上的超高产田，每亩施用纯氮（N）14～16kg，磷（$P_2O_5$）7～8kg，钾（$K_2O$）6～8kg，磷钾肥底施，氮肥40%～50%底施，50%～60%拔节中后期追施。缺少微量元素的地块，要注意补施锌肥、硼肥等。要大力推广化肥深施技术，坚决杜绝地表撒施。

## 五、查苗补种

小麦要高产，苗全苗匀是关键。因此，小麦播种后，要及时到地里查看墒情和出苗情况，玉米秸秆还田地块在墒情不足时，要在小麦播种后立即浇“蒙头”水，墒情适宜时搂划破土，辅助出苗。出苗后，对于有缺苗断垄地块，要尽早进行补种。补种方法：选择与该地块相同品种的种子，进行种子包衣或药剂拌种后，开沟均匀撒种，墒情差的要结合浇水补种。也可在小麦三叶以后至越冬前进行疏苗移栽，以确保苗全、齐、匀、壮。

## 六、田间管理

浇好冬水：一般在11月底12月上旬浇冬水，不施冬肥。

返青期管理：早春返青期间主要是划锄和镇压，以松土、保墒、提高地温，不浇返青水。

重施起身期或拔节期肥水：麦田群体适中或偏小的重施起身肥水；群体偏大，重施拔节肥水。追肥以氮肥为主，亩施纯氮5～7kg。

重视挑旗水或扬花、灌浆水：在浇了起身水或拔节水的基础上，在山东常年条件下，浇好挑旗水或扬花水，就足以满足籽粒生育的需要；即使在干旱年份，浇灌浆水也足够了。麦黄水会降低粒重，不提倡浇麦黄水。

## 七、防治病虫草害

在山东省播种时的地下害虫，拔节期的纹枯病、后期的白粉病、锈病、蚜虫都是经常发生的病虫害，应注意及时防治。

### （一）主要病害防治技术

1. 小麦锈病

鲁南叶锈病为主，秆锈病次之，条锈病很少。

（1）症状与诊断。条锈病主要为害叶片、叶鞘、茎秆，穗部也可发病。初期在病部出现褪绿斑点，以后形成鲜黄色的夏孢子堆，与叶脉平行排列成条状。后期长出黑色、狭长形、埋伏于表皮下的条状疱斑（冬孢子堆）。

叶锈病发病初期出现褪绿斑，以后出现红褐色粉疱（夏孢子堆）。夏孢子堆在叶片上不规则散生。后期在叶背面和茎秆上长出黑色阔椭圆形至长椭圆形、埋于表皮下的冬孢子堆。

秆锈病主要为害茎秆和叶鞘，偶尔也为害叶片和穗部。夏孢子堆较大，红褐色，不规则散生，常连成大斑，孢子椎周围表皮撒裂翻起，夏孢子可穿透叶片。后期病部长出黑色椭圆形至狭长形、散生、突破表皮、呈粉疱状的冬孢子堆。

（2）发生规律。条锈病在西北和西南高海拔地区越夏。越夏区产生的夏孢子经风吹到广大麦区，成为秋苗的初浸染源。病菌可以随发病麦苗越冬。春季在越冬病麦苗上产生夏孢子，可扩散造成再次侵染。

叶锈病在各地自生麦苗越夏，成为当地秋苗的主要浸染源，然后随病麦苗越冬，春季产生夏孢子，随风扩散造成流行。

秆锈菌以夏孢子传播，在南方麦区不间断发生，这些地区是主要越冬区。主要冬麦区菌源逐步向北传播造成为害。

小麦锈病春季流行的条件是：一是大面积种植感病品种；二是一定数量的越冬菌源；三是春季特别是3—4月的雨量丰富；四是早春气温回暖早。

（3）防治方法。

①农业防治：一是种植抗病品种。二是小麦收获后及时翻耕灭茬，消灭自生麦苗，减少越夏菌源。三是搞好大区抗病品种合理布局，切断菌源传播路线。

②药剂防治：一是对秋苗常年发病较重的地块，用15%粉锈宁可湿性粉剂60~100g或12.5%速保利可湿性粉剂每50kg种子用药60g拌种。二是大田防治。秋季和早春在田间发现发病中心时进行喷药控制。亩用15%粉锈宁可湿性粉剂50g或20%粉锈宁乳油40mL，或用25%粉锈宁可湿性粉剂30g，或用12.5%速保利可湿性粉剂每亩用药15~30g，对水50~70kg喷雾。

2. 小麦白粉病

（1）发病特点。初发病时叶面出现白色小霉点，逐渐扩大为近圆形至椭圆形白色霉斑，霉斑表面疏松的白粉是菌丝体和分生孢子。后期病部霉层变为灰白色至灰褐色，散生针头大小的小黑粒点（闭囊壳）。

（2）发病规律。病菌以分生孢子或子囊孢子借气流传播。温湿条件适宜，孢子萌发形成附着胞和侵入丝，穿透叶片表皮侵入叶肉细胞，扩展蔓延，并向寄主体外长出菌丝，后在菌丝丛中产生分生孢子梗和分生孢子，成熟后随气流传播蔓延，进行多次再侵染，导致白粉病流行。孕穗期发病达到高峰。

白粉病菌在凉爽地区的自生麦苗或夏播小麦上侵染繁殖，或以潜育状态渡过夏季，也可通过病残体上的闭囊壳在干燥和低温条件下越夏。病菌越冬方式有两种，一是以分生孢子形态越冬；二是以菌丝体潜伏在寄主组织内越冬。春季发病菌源主要来自当地。

（3）防治途径。

①农业防治：

一是种植抗病品种　建议推广“济麦22”，该品种对白粉病几乎免疫，且抗倒、抗寒、耐热、抗旱，在极端气候形势下产量稳定。

二是施用有机肥　提倡施用酵素菌沤制的堆肥或腐熟有机肥，采用配方施肥技术，适当增施磷钾肥，根据品种特性和地力合理密植。中国南方麦区雨后及时排水，防止湿气滞留。中国北方麦区适时浇水，使寄主增强抗病力。

三是清除自生麦　自生麦苗越夏地区，冬小麦秋播前要及时清除掉自生麦，可大大减少秋苗菌源。

②农药防治：用种子重量 0.03%（有效成分）25%三唑酮（粉锈宁）可湿性粉剂拌种，也可用 15%三唑酮可湿性粉剂 20~25g 拌 1 亩麦种防治白粉病，兼治黑穗病、条锈病、根腐病等。

发病前期开始喷洒 20%三唑酮乳油 1 000 倍液或 40%福星乳油 8 000 倍液，也可根据田间情况采用杀虫杀菌剂混配做到关键期 1 次用药，兼治小麦白粉病、锈病、麦芽等主要病虫害。

生长中后期，条锈病、白粉病、穗蚜混发时，每亩用粉锈宁有效成分 7g 加抗蚜威有效成分 3g 加磷酸二氢钾 150g；条锈病、白粉病、吸浆虫、黏虫混发区域田块，亩用粉锈宁有效成分 7g 加 40%氧化乐果 2 000 倍液加磷酸二氢钾 150g。

3. 小麦黄花叶病

1960 年前零星发生，1970 年以来扩大蔓延。一般病田减产 10%~50%，重者 60%~80%，甚至绝收。2008—2010 年主要出现山东省泰安、潍坊、枣庄滕州市、临沂、烟台、威海，其余地区零星发生，全省发生面积约 10 万 $hm^2$。2012 年全省发生 84 076 亩，毁种 1 300 亩。

发生原因：部分品种抗病性差，3 月气候条件适宜，认知程度不够。

（1）症状病原。冬前不表现症状，返青期显症初期叶片呈现褪绿至坏死的梭形条斑，与绿色组织相间，成花叶症状；后期扩大，整叶发黄，严重植株矮小，分蘖减少。

病原为小麦黄花叶病毒，属马铃薯 Y 病毒组。小麦黄花叶病的田间症状及发病特点与土传花叶病十分相似，不易区分。通过电镜观察病毒粒体或酶联免疫吸附法、免疫电镜方法等血清学方法，可检测和区分两病的病原。

（2）传播规律。自然传播靠病土、病根残体、病田流水扩散，实验室可汁液摩擦传播，不能经种子、昆虫传播。

（3）防控技术。利用抗病良种为主体，配合轮作换茬、作物合理布局、协调播期、适时增施氮肥和加强管理的综合治理措施。与油菜、大麦、绿肥、蚕豆等进行多年轮作可减轻发病。合理施肥，提高植株抗病能力。加强管理，防止病害蔓延。避免通过带病残体、病土、灌溉等途径传播至无病区。

防治小麦黄花叶病，可在返青期每亩追施尿素 5~8kg，另用 5%氨基寡糖素 75mL 或 2%菌克毒克 200mL，对水 50kg 喷雾。或者每亩用 0.5~0.75kg 尿素+0.2kg 磷酸二氢钾，对水 50kg 喷雾，或用 0.01%芸苔素 3 000~5 000 倍液喷雾，加速苗情转化，减缓病情发展，降低危害损失。

4. 小麦纹枯病

（1）病状表现。主要在叶鞘和茎秆上，病斑梭形，纵裂，病斑扩大连片形成烂茎。抽不出穗而形成枯孕穗或抽后形成白穗，结实少，子粒秕瘦。

（2）传播规律。小麦纹枯病菌主要为禾谷丝核菌，立枯丝核菌也可侵染小麦引起纹枯病，病菌以菌丝或菌核在土壤和病残体。发病适温 20℃左右。冬季偏暖，早春气温回升快，光照不足的年份发病重，反之则轻。播种过早、秋苗期病菌侵染机会多、病害越冬基数高，返青后病势扩展快，发病重。适当晚播则发病轻。重化肥轻有机肥，重氮肥轻磷钾肥发病重。高沙土地重于黏土地、黏土地重于盐碱地。

（3）防治方法。

①药剂拌种：每 100kg 麦种用 2.5%适乐时种衣剂 200~300g 拌种，或用 33%纹霉净（三唑酮+多菌灵）可湿性粉剂。也可戊唑醇、三唑醇、烯唑醇或三唑酮拌种。

②喷药防治：春季小麦起身期，5%井冈霉素 2 000~3 000g，对水 750kg，喷麦苗基部，7 天后再喷第二次。小麦孕穗期喷洒三唑酮、三唑醇、戊唑醇或烯唑醇。或用 33%纹霉净（三唑酮+多菌灵）可湿性粉剂 400~500 倍液喷雾。

**（二）主要虫害防治技术**

1. 小麦蚜虫

（1）种类及为害。

小麦蚜虫主要的有麦长管蚜、麦二叉蚜、禾缢管蚜 3 种，以麦长管蚜和麦二叉蚜发生数量最多为害最重。蚜虫刺吸为害，影响小麦光合作用及营养积累。小麦抽穗后集中在穗部为害，形成秕粒，降低千粒重。

（2）防治方法。

①农业防治：选择抗性品种。播种前用种衣剂加新高脂膜拌种，可驱避地下害虫又不影响萌发，增强呼吸强度，提高发芽率。

冬麦适当晚播，实行冬灌，早春耙磨镇压。生长期间根据需求施肥、给水，保证 NPK 和墒情匹配合理，以促进植株健壮生长。在孕穗期要喷施壮穗灵，强化植株生理机能，提高授粉、灌浆质量，增加千粒重。

②药剂防治：应注意抓住防治适期和保护天敌的控制作用。

防治适期　麦二叉蚜要抓好秋苗期、返青和拔节期的防治；麦长管蚜以扬花末期防治最佳。小麦拔节后用药要打足水，每亩用水 2~3 桶才能打透。

选择药剂　一是用 40%乐果乳油 2 000~3 000 倍液或 50%辛硫磷乳油 2 000 倍液，对水喷雾；二是每亩用 50%辟蚜雾可湿性粉剂 10g，对水 50~60kg 喷雾；三是用 50%抗蚜威 4 000~5 000 倍液喷雾防治；四是用 3. 15%阿维吡乳油 20mL 对水喷雾；五是用 70%吡虫啉水分散粒剂 2g 1 壶水或 10%吡虫啉 10g 1 壶水加 2. 5%功夫 20~30mL 喷雾防治。

试验表明，用无公害农药“邯科 140”10mL 1 桶水（稀释倍数 1 500 倍液)，在小麦抽穗后扬花前喷洒，以及此后的 10 天左右再喷 1 次，对小麦蚜虫的杀灭率达到 99.98%，同时，也能兼治吸浆虫、红蜘蛛。

2. 小麦红蜘蛛

小麦红蜘蛛俗名火龙、火蜘蛛，属蛛形纲、蜱螨目。为害小麦的有麦长腿蜘蛛和麦圆蜘蛛两种。

（1）为害特点。受害叶片呈现黄白小点，植株矮小，发育不良，干枯死亡。点片发生，分布不普遍。

（2）小麦红蜘蛛生活习性。麦长腿蜘蛛每年发生 3~4 代，完成 1 个世代平均 32 天。麦圆蜘蛛每年发生 2~3 代，完成 1 个世代平均 58 天。

两者均以成虫和卵在植株根际和土缝中越冬，翌年 3 月中旬成虫开始活动，越冬卵孵化，3 月下旬虫口密度迅速增大，为害加重；5 月中下旬麦株黄熟后虫口下降，以卵越夏。10 月中下旬越夏卵陆续孵化，在小麦幼苗上繁殖为害，12 月以后若虫减少，越冬卵增多，以卵或成虫越冬。

麦长腿蜘蛛喜干旱，气温 15~20℃，相对湿度低于 50%利于发生；春季活动较晚而秋季越冬较早。麦圆红蜘蛛喜潮湿不耐干旱，气温 8~15℃，相对湿度不低于 80%的环境利于发生。一般多在 8:00—9:00 之前和 16:00—17:00 之后活动。发生高峰期与小麦孕穗抽穗期相吻合。

（3）防治方法。加强农业防治，重视田间虫情监测，及早发现，及时防治，将其控制在点片发生阶段。

①农业防治：

灌水灭虫　在红蜘蛛潜伏期灌水，可使虫体被泥水粘于地表而死。灌水前先扫动麦株，使红蜘蛛假死落地，随即放水，收效更好。

精细整地　早春中耕能杀死大量虫体，麦收后浅耕灭茬，秋收后及早深耕，合理的轮作倒茬能有效地消灭越夏卵及成虫。

加强麦田管理　施足底肥保证苗全苗壮，增施磷钾肥保证后期不脱肥，增强植株抗性；及时进行田间除草，有效减轻其为害。一般田间不干旱、杂草少、植株长势良好的麦田，红蜘蛛发生很少。

②化学防治：小麦红蜘蛛虫体小、发生早、繁殖快，易被忽视，应加强虫情调查。从小麦返青后开始每5天调查1次，当麦垄单行33cm有虫200头或每株有虫6头，大部分叶片密布白斑时，即可施药防治。检查时注意不可翻动需观测的麦苗，防止虫体受惊跌落。

防治时以挑治为主（哪里有虫治哪里、重点地块重点治），这样可以减少农药用量，还能提高防效。小麦起身拔节期宜中午喷药，抽穗后宜10:00以前和16:00以后喷药为好。

防治红蜘蛛最佳药剂为1.8%虫螨克5 000~6 000倍液，其次是15%哒螨灵乳油2 000~3 000倍液、1.8%阿维菌素3 000倍液、20%扫螨净可湿性粉剂3 000~4 000倍液、20%绿保素（螨虫素+辛硫磷）乳油3 000~4 000倍液。效果最差的是50%氧化乐果乳油，防效仅为60%左右。

**（三）麦田杂草防除技术**

（1）农业防除。轮作换茬，可改变麦田生态，减轻杂草危害；精选麦种，清除草种；施用腐熟的有机肥，使草种丧失发芽能力；清除麦田周围的杂草，防止向麦田蔓延；划锄中耕灭草；防止草种污染灌溉水；播前深耕灭草。

（2）严格杂草检疫制度。防止假高粱的传入和毒麦的传播蔓延。

（3）化学除草。目前，生产中应用2，4-D丁酯防除播娘蒿、荠菜效果非常明显。一般在冬前11月中旬至12月上旬或春季3月中旬前后喷药最安全。若小麦拔节期用药，将严重影响小麦穗分化，造成穗型扭曲、小穗小花减少，严重影响产量。72% 2，4-D丁酯乳油每公顷用量控制在50~60mL，用量过大也会造成小麦中毒。2，4-D丁酯喷药第二天后杂草开始出现叶片萎蔫、茎秆扭曲等中毒症状，逐渐枯黄死亡。2，4-D 丁酯对双子叶植物有严重伤害，喷药时要选择晴天无风天气，不要在棉花、瓜菜等作物上风头喷药。喷药用具要专用，禁止在双子叶作物上使用。

小麦浇冻水前用72%的2，4-D 丁酯乳油 20g/亩，加75%巨星干燥悬浮剂 0.6g/亩，对水 20～30kg 喷雾，对播娘蒿、麦家公、麦瓶草等防效近 100%。

另外，在小麦冬前分蘖期或翌春返青期还可用 10%苯磺隆 20g/亩对水 30～40kg 喷雾。为扩大杀草谱，可混合用药。

节节麦、雀麦及野燕麦等禾本科恶性杂草，应在小麦 3～6 叶期用 3.6%的阔世玛可湿性粉剂或 3%的世玛可湿性粉剂喷雾防除。喷药时一定要按照药剂使用说明正确掌握用药时期、用药量和喷施技术。

## 第二节　水稻高产栽培技术

### 一、临沂水稻生产自然条件

临沂市位于山东省东南部，地近黄海，东连日照，西接枣庄、济宁、泰安，北靠淄博、潍坊，南邻江苏省。地跨北纬 34°22′～36°13′，东经 117°24′～119°11′，南北最大长距 228km，东西最大宽度 161km，总面积 17 191.2km²，是山东省面积最大的市。现有耕地面积 1 265.879 万亩，山区、丘陵、平原各占 1/3。气候属温带季风区大陆性气候，气温适宜，四季分明，光照充足，雨量充沛，雨热同季，无霜期长，全年平均气温 13.4℃，极端最高气温 38℃，极端最低气温-14℃，年降水量 600～800mm，全年无霜期 200 天以上。有沂河、沭河、中运河、滨海四大水系，10km 以上河流 300 余条，大小水库 90 座，库容量 34 亿 $m^3$，水资源丰富。

## 二、临沂水稻生产概况

临沂市自20世纪60年代初期稻改主要种植以水源300粒、天津小站稻为代表的早熟品种，其特点是早熟、米质好，但易倒伏、产量低，一般单产只有3 000kg/hm$^2$左右；70年代主要种植以南粳15、黄金、红旗16等为代表的中晚熟品种，其特点是抗倒伏、产量较高，但米质较差，一般单产4 500kg/hm$^2$左右；80年代主要种植以日本品种为代表的日本晴（京引153）、山法师（京引119）、中部67等，其特点是米质好，产量较高，一般单产6 000kg/hm$^2$左右；进入90年代中期以来一直以高产育种（引种）为主线，先后推广种植了临稻4号、豫粳6号、淮稻6号、镇稻88、临稻10号、临稻11号、阳光200、临稻16号、大粮202、大粮203等高产品种，水稻单产获得显著提高，一般单产8 550kg/hm$^2$左右，但这些品种都存在着高产、稳产与优质的矛盾。近年来随着市场需求变化的影响，优质稻米、特色稻米、功能稻米的品种越来越受到人们的青睐。在长期的生产实践中，科技人员和稻农根据当地的自然条件，因地制宜创造了多种多样的水稻栽培模式。在育秧技术上由过去的水育秧、湿润育秧发展到现在的旱育秧、机插盘育秧；在栽培模式上由过去的密植栽培发展到现在的“三旱”栽培、旱育稀植栽培、全程机械化栽培；在施肥模式上由过去的单一施肥，发展到现在的配方施肥。近年来，紧紧围绕稳粮增收调结构，提质增效转方式这一主线，不断调整水稻品种结构，优化种植模式，培育稻米加工龙头企业，积极发展无公害稻米、绿色稻米、有机稻米，打造了“老庄户”“临沂塘米”“沂蒙丽珠”等许多知名品牌，使临沂市稻米产业综合竞争力和可持续发展能力不断增强。

## 三、水稻旱育稀植高产栽培技术

水稻旱育稀植高产栽培技术具有省水、省种、省工、省肥、省秧田、增产早熟等特点。旱育秧苗矮壮，根系发达，返青快，分蘖早，成穗多；合理稀植，扩大行距，减小墩距和墩苗数，更利于增加水稻有效分蘖，提高成穗率，减少病虫害发生，具有明显的增产效果。

### （一）选用良种

要根据生产条件、土壤肥力、种植方式等，因地制宜，选用高产优质、抗逆性强、综合性状好的优良品种。鲁南地区移栽稻应选用全生育期 150 天左右的中晚熟品种，如临稻 16 号、阳光 200、大粮 203、大粮 202、临稻 18 号、临稻 19 号、临稻 10 号等；麦茬直播稻应选用生育期 120 天左右（小于 125 天）的早熟品种，如临旱 1 号、津原 85、旱稻 277 等。

### （二）旱育稀播、培育壮秧

旱育稀播是培育壮秧的关键。因此，要加强地力培肥、提高整地质量、实行精量稀播、搞好秧田管理，确保苗匀、苗壮，为水稻高产打下坚实基础。

1. 选择适宜秧田

秧田最好选择菜园地或旱田，一般不要选用稻田地。要求排灌方便，土壤疏松肥沃、有机质含量高、透水透气好、呈弱酸性（pH 值 5. 5 左右），碱性土壤可用腐殖酸进行适当调整。

2. 精细整地，施足基肥

要求年前冬耕冻垡，播种前 10～15 天进行耕耙，耕耙时亩施土杂肥 5 000kg 以上，要做到土肥相融，全层施肥。播种时再进一步整平耙细，做成 1. 2～1. 5m 宽的畦。播种时亩施复合肥 30～40kg（15：15：15）、尿素 5～10kg、锌肥 1. 5kg，也可亩施“旱秧绿”育秧专用肥 50kg。将肥料均匀撒到地表面，然后浅翻 8～10cm，使肥料与土壤均匀混合，以防烧种。

3. 搞好种子处理

一是晒种，选晴天晒种 1～2 天，以提高种子活性。二是浸种消毒，每 5kg 稻种可用浸种灵 2mL，对水 10kg 浸泡，常温浸泡 3

天，浸后不用清水洗可直接播种。也可浸种后，稍加晾干，用高巧10mL对水10mL，拌种1kg，晾干后播种。

4. 适期、精细播种

临沂市水稻旱育秧适宜播期在5月上旬，亩播种量20~30kg/亩（菜园等肥沃地块20~25kg/亩、一般田块25~30kg/亩）。播种时，先把第一畦用铁锨均匀起土1cm放置地头。然后浇足底墒水，待水渗入土壤后，将称量好的种子均匀撒入，然后在第二畦均匀起表层土1cm覆盖在第一畦上，然后对第二畦灌溉、播种，用第三畦的土覆盖第二畦，依此类推，最后一畦用第一畦取出的土覆盖。播种完毕后，喷除草剂封闭，然后用地膜覆盖。出苗后要马上揭膜，以免烧苗。

5. 科学运筹秧田肥水

在三叶期前，不遇特殊干旱天气不需浇水，浇水会导致地温下降，土壤板结，诱发青枯病和立枯病。三叶期后，如遇干旱，可浇“跑马水”，不能大水漫灌。在三叶期（断乳期）可结合浇跑马水亩追尿素5~10kg；移栽前1周，结合浇水追施送嫁肥，亩追尿素5~6kg。苗期遇雨或浇水后要及时搂划松土，最好能有防雨措施，以避免大雨或连续降雨导致秧苗徒长。另外，严禁在秧田苗期撒施草木灰，以免引起土壤碱性增强，造成死苗。

**（三）精准栽插、科学管理**

1. 秸秆还田，增施有机肥

要积极推广秸秆机械粉碎、深耕还田技术，提高秸秆还田质量。同时，要广辟肥源、增施农家肥，一般亩施优质腐熟圈肥2 000~3 000kg，以增加土壤有机质，改善土壤结构，培肥地力。

2. 精细整地，适期移栽

小麦收获后要及时进行深耕，加厚耕层，疏松土壤，改善土壤结构，增加土壤蓄水保肥能力。一般耕深20cm左右，注意不能打破犁地层，以免漏肥漏水。在培育适龄壮秧和精细整地的基础上，要做到适期移栽，临沂市水稻适宜移栽期为6月20日前后，最迟应在 6 月底前完成插秧，坚决不插 7 月秧。

3. 提高插秧质量，建立适宜群体

目前，临沂市水稻生产上普遍存在着栽插墩数不足、行墩距不合理的现象。适当增加亩墩数，扩大行距，缩小墩距，可以改善通风透光条件，减少病虫害发生，提高光能利用率，增加产量。因此，要提高栽插质量，一般每亩栽插 2.0 万~2.2 万墩，带蘖壮苗每墩栽 2~3 株，一般秧苗每墩栽 3~4 株，基本苗 6 万~8 万株，行距 25~27cm，墩距 12~14cm。栽插深度 1.5~2cm，越浅越好，只要站稳不倒即可。要插直、插匀。壤土、黏土地，水耙整平后要使泥浆自然沉实 12 小时后再插秧，以免插秧过深；沙性较大的土壤，水耙整平后要马上插秧，以免过于沉实，导致插秧困难。插秧时田面要保持薄水层，以便于浅插。

4. 科学配方、平衡施肥

要坚持有机肥与无机肥兼施，氮、磷、钾、微肥平衡施用的原则，保持养分全面持续供应。在整地时一般亩施土杂肥 3 000~5 000kg 或圈肥 2 000~3 000kg 作基肥。本田期化肥施入总量为：600kg 以上的高产田亩施纯氮（N）15~18kg、磷（$P_2O_5$）6~8kg、钾（$K_2O$）12~14kg；500~600kg 的中高产田亩施纯氮（N）12~15kg、磷（$P_2O_5$）5~7kg、钾（$K_2O$）10~12kg；500kg 以下的中低产田亩施纯氮（N）10~12kg、磷（$P_2O_5$）4~6kg、钾（$K_2O$）8~10kg。其中，氮肥总量的 45%~50%做基肥、25%做分蘖肥（可分 2 次施入：插秧后 5~7 天施入 1 次、7 月 15 日前后有效分蘖临界期施入 1 次）、25%作穗肥（8 月初，基部第一节间基本定长时施入）、0%~5%做粒肥；磷肥全部做基肥施入；钾肥总量 60%做基肥、40%做追肥（7 月 15 日前后追壮蘖肥时追施 15%，8 月初追穗肥时追施 25%）。

5. 加强水层管理

插秧后要保持寸水活棵、浅水分蘖；当亩茎数达到计划穗数的 80%~85%时，开始晒田；孕穗、抽穗期保持浅水层；灌浆期活水养根，干湿交替，保持湿润到成熟，收获前 7 天停水。

6. 综合防治病虫草害

近年来，鲁南地区水稻病虫害主要有纹枯病、稻瘟病（穗颈稻瘟病为主）、条纹叶枯病、黑条矮缩病、稻纵卷叶螟、稻飞虱和二化螟等，要科学用药，适时防治。防治纹枯病，可亩用 5%井冈霉素 300~500g 或 20%爱苗 10~20g 或 70%甲基托布津粉剂 50~80g，对水 50~60kg 喷雾防治，喷药时要对准稻株中、下部发病部位，每隔 10 天左右防治 1 次，连防 2~3 次；防治穗颈稻瘟病，可亩用 75%三环唑可湿性粉剂 30~40g 或 20%异稻瘟净乳油 100~150g，对水 40~50kg 喷雾防治，用药时要避开烈日高温，选择晴天 16:00 后进行喷雾，以免产生药害；防治条纹叶枯病、黑条矮缩病，要坚持“治虫防病”的原则，重点抓好秧田灰飞虱的防治，应在小麦收获前后和起苗前各进行 1 次药剂防治；防治稻纵卷叶螟和二化螟，可亩用 2.5%甲维盐 20mL 左右+18%高氯虫酰肼 30mL 左右或 20%康宽 30g 左右，对水 40~50kg 喷雾防治；防治稻飞虱可亩用 24%的吡异 30g 左右或 15%吡虫啉 20g 左右，对水 40~50kg 喷雾防治。本田杂草可亩用 50%丁草铵 150g 或农思它 150~200mL 防除。

7. 适时收获

一般在黄熟期至完熟期，植株上部茎叶及稻穗完全变黄，籽粒坚硬充实饱满，有 80%以上的米粒已达到玻璃质时收获。

## 四、水稻全程机械化优质高产栽培技术

水稻机插秧技术是一项成熟的技术。水稻机插秧技术是采用规范化育秧，机械化插秧的水稻移栽技术。主要包括育秧技术、插秧机操作技术、机插大田栽培管理技术等三大技术综合。水稻全程机械化优质高产综合栽培技术，具有节本、增产、增效等优点，适于在山东省水稻产区示范推广。

**（一）品种选择**

要根据生产条件、土壤肥力、种植方式等，因地制宜，选用高产优质、抗逆性强、综合性状好的优良品种。机插稻可选用生育期145天左右的中早熟品种，如临稻16号、津稻372等品种。

**（二）壮秧培育**

培育壮秧是水稻高产的关键。因此，要加强秧田地力培肥、提高整地质量、实行精作细播、搞好秧田管理，确保苗匀、苗壮，为水稻高产奠定基础。

1. 秧田选择

机插水稻秧田、大田比例宜为（1∶80）~（1∶100），一般每亩大田需秧池田7~10m$^2$。床土需要提前准备，适宜作床土的有菜园土、耕作熟化的旱田土（不宜在荒草地及当季喷施过除草剂的地块取土），要求土质疏松肥沃、有机质含量高、通透性好、呈弱酸性（pH值5.5左右），无残茬杂草砾石、无污染的壤土。肥沃疏松的菜园土，过筛后可直接作床土；其他适宜土壤提倡在冬季完成取土，取土前要对取土地块施肥，每亩均施腐熟人畜粪2 000kg（禁用草木灰）以及25%氮、磷、钾复合肥60~70kg。选择晴天和土堆水分适宜（含水率10%~15%）时过筛，粒径不大于5mm，筛后用农膜覆盖继续集中堆闷，使肥土充分熟化。冬前未能提前培肥的，宁可不培肥而直接使用过筛细土，在秧苗断奶期追施同样能培育壮秧。确实需要培肥的，至少于播种前30天进行，对肥时要充分拌匀，确保土肥交融，拌肥过筛后一定要盖膜堆闷促进腐熟，禁止未腐熟的厩肥以及淤泥、尿素、碳铵等直接拌作底肥，以防肥害烧苗。按每亩大田备营养细土100kg和未培肥过筛的细土25kg作盖籽土，或按每个标准秧盘（规格为28cm×58cm×2.5cm，底部有392个渗水孔）备土4.5kg，每亩本田需35~40盘秧苗。

2. 精细整地

机插水稻要求播前10天做秧板，苗床宽1.4~1.5m，秧板之间留宽20~30cm、深20cm的排水沟兼管理通道。秧池外围沟深

50cm，围埂平实，埂面一般高出秧床15~20cm，开好平水缺。为使秧板面平整，可先上水进行平整，秧板做好后排水晾板，使板面沉实，播种前2天铲高补低，填平裂缝，充分拍实，使板面达到“实、平、光、直”。实，秧板沉实不陷脚；平，板面平整无高低；光，板面无残茬杂物；直，秧板整齐沟边垂直。

3. 搞好种子处理

一是晒种，选晴天晒种1~2天，以提高种子活性；二是种子包衣，用2.5%吡虫·咪鲜胺悬浮种衣剂，按照药剂、水、种子1∶2∶50的比例进行拌种包衣，包衣后晾1~2小时后即可播种。

4. 适期精细播种

（1）播种时间。机插秧适宜播种时间为5月20—25日播种。

（2）机插稻播种密度按常规稻每盘播干谷100~120g，成苗2~3株/$cm^2$。可采用井关农机（常州）有限公司生产的井关THK~3017KC（长5 430mm，宽540mm，高1 155mm，可根据更换链轮有11个档位调节播种量），该机一次性完成钵盘装营养土、播种、覆土作业。

（3）播种量。机械播种每盘播种100~120g。播种时，在播种机第一、第三仓为放入营养土，在第二仓放入种子。作业时，先把穴盘用硬托盘托住放在传送带上面，经第一仓时，营养土自动均匀铺于穴盘底部，厚度约1cm，经第二仓时，种子被均匀撒在营养土上面，经第三仓时，再在种子上面均匀覆盖1cm厚的营养土。

（4）摆盘。播种后将秧盘均于放于秧板上，要做到整齐规整，盘底紧贴床面，盘与盘紧密相连，松紧合适，不变形。

（5）覆膜浇水。营养盘摆放整齐后，用宽180cm塑料编织布覆盖在穴盘上面，然后采用喷灌经编织布缓慢浇水，直到穴盘中土全部浸透，以防种子露出土壤和太阳曝晒。

（6）秧田肥水管理。机插水稻播后保持平沟水，秧苗2叶期前，保持秧板盘面湿润不发白，盘土含水又透气。2~3叶期视天气情况勤灌跑马水，做到前水不接后水。并结合灌水，亩用尿素

5. 0~7. 5kg 撒施或对水浇施作断奶肥。移栽前 2~3 天及时脱水蹲苗，灌半沟水，使床土软硬适当，便于起秧机插，并视苗情施好送嫁肥，亩用尿素不超过 5kg。机插育秧要有防雨措施，以避免大雨或连续降雨导致秧苗徒长。严禁在秧田苗期撒施草木灰，以免引起土壤碱性增强，造成死苗。

（7）搞好秧田病虫草害防治。要坚持“预防为主，综合防治”的原则，在做好药剂浸种的基础上，重点防治灰飞虱、蓟马、叶蝉等虫害，预防条纹叶枯病、黑条矮缩病的发生。可亩用 24%的吡异 30g 左右或 15%吡虫啉 20g 左右，对水 30~40kg 喷雾防治。如有稻瘟病（叶瘟）发生，可用 20%三环唑连喷两遍。在播种后至出苗前宜亩用丁恶合剂 100~150mL 或旱秧净 100mL，对水 50kg 均匀喷雾封闭，以防除杂草。

**（三）地力培肥**

采用秸秆机械粉碎、深耕还田技术，提高秸秆还田质量。同时，要广辟肥源、增施农家肥，一般亩施优质腐熟圈肥 2 000~3 000kg，以增加土壤有机质，改善土壤结构，培肥地力，特别是优质稻米基地，要提倡多施用有机肥，以替代化肥。

**（四）精细整地、标准插秧**

1. 精细整地

机插秧要精细整地，作业深度不超过 20cm，泥脚深度不大于 30cm，泥土上细下粗，细而不糊，上软下实。田面平整，田块内高低落差不大于 3cm，表土硬软适中，田面基本无杂草残茬等残留物。

2. 适期插秧

机插秧水稻适宜移栽期为 6 月 20—25 日。

3. 插秧规格和标准

合理的栽插密度，能够改善通风透光条件，减少病虫发生，提高水稻光能利用效率，增加产量，机插秧一定要等到泥浆自然沉实后再插秧，以免插秧过深，影响分蘖；沙性较大的土壤，水耙整平后要马上插秧，以免过于沉实，插秧困难。插秧时田面要保持薄水层，以便于浅插。插秧机械可选用采用井关 2Z~8A（PZ60）乘坐式高速插秧机，同进插 6 行。机插密度每墩 3~5 株、行墩距为（25~30cm）×（12~14cm）。起秧移栽时，根据机插进度，做到随起、随运、随栽，尽量减少秧块搬动次数，堆放不超过 3 层，遇烈日高温要有遮阳设施。插秧机应符合技术条件要求，并按使用规定进行调整和保养，须由受过技能培训的熟练机手操作。宜在晴朗或多云、阴天的早晨或下午进行机插秧，作业时根据秧箱内苗量及时补给，在确保秧苗不漂、不倒的前提下，应尽量浅栽，机插到大田的秧苗应稳、直、不下沉，确保机插质量。机插深度以不大于 2cm 为宜，作业行距一致，不压苗，不漏苗，伤秧率和漏插率均低于 5%，每小时作业 8~10 亩，机插完成后及时人工补苗。

**（五）肥料运筹**

坚持有机肥与无机肥兼施，氮、磷、钾、微肥平衡施用的原则，保持养分全面持续供应。在整地时一般亩施土杂肥 3 000~5 000kg 或圈肥 2 000~3 000kg 做基肥。本田期化肥施入总量为：600kg 以上的高产田亩施纯氮（N）15~18kg、磷（$P_2O_5$）6~8kg、钾（$K_2O$）12~14kg；500~600kg 的中高产田亩施纯氮（N）12~15kg、磷（$P_2O_5$）5~7kg、钾（$K_2O$）10~12kg；500kg 以下的中低产田亩施纯氮（N）10~12kg、磷（$P_2O_5$）4~6kg、钾（$K_2O$）8~10kg。其中，氮肥总量的50%做基肥，25%做分蘖肥，25%做穗肥。分蘖肥插秧后 7~10 日施入，穗肥于大暑后 2~3 天（7 月 25 日前后）施入、0%~5%做粒肥；磷肥做基肥一次性施入；钾肥总量 60%做基肥、40%做追肥（大暑后 7 月 25 日前后穗肥时追施）。

**（六）水分管理**

插秧后要保持寸水活稞、浅水分蘖；当亩总茎数达到计划穗数的 80%~85%时，开始晒田，尤其是进行秸秆还田的田块前期要经常进行脱水排毒促通气，促进根系下扎；孕穗、抽穗期保持浅水层；灌浆期活水养根，干湿交替，保持湿润到成熟，收获前 7 天停水。机插水稻栽时浅水机插，栽后及时灌 1～2cm 浅水护苗活棵，湿润立苗，浅水早发。分蘖期间歇灌溉，以保持 3cm 水层至湿润无水层为宜，至够苗期适时晒田，此后与手插水稻的水层管理相一致。

### （七）病虫草害防治

坚持预防为主，综合防治，搞好病虫害预测预报，及时防治，秧田期重点防治立枯病、恶苗病等病害，通过加强灰飞虱、叶蝉、蓟马等害虫防治，预防水稻条纹叶枯病、黑条矮缩病的发生。本田期要重点防治稻瘟病、纹枯病、稻曲病、二化螟、三化螟、稻纵卷叶螟、稻飞虱等。

1. 稻瘟病

叶瘟应在分蘖期发病时亩用 40%稻瘟灵·异稻乳油 80mL 或 20%邦克瘟悬浮剂 100mL 对水 50kg 均匀喷雾。穗颈瘟在水稻破口期和齐穗期各防治 1 次。可每亩用 75%三环唑可湿性粉剂 50g 或 40%异稻瘟净乳油 150～200mL 对水 40～50kg 喷雾防治。

2. 纹枯病

防治水稻纹枯病可用 5%纹枯净水剂每亩 150g 或 5%井冈霉素 150～200mL 或 30%妙品悬乳剂 15～20g 对水 30kg 均匀喷雾。

3. 稻曲病

在水稻破口前 5～7 天亩用 80%多菌灵 50g 或 5%已唑醇水剂 20mL，对水 45kg 喷药 1 次。

4. 灰飞虱和条纹叶枯病、黑条矮缩病

条纹叶枯病、黑条矮缩病与灰飞虱防治要结合进行，播种前搞好种子消毒，秧田期及时防治灰虱，秧苗移栽时清除田边杂草，压低虫源、毒源。在秧田、本田前期防治灰虱，要及时杀灭麦田灰飞虱。插秧后根据稻 5～7 天根据灰飞虱和条纹叶枯病、黑条矮缩发病情况，及时用 10%的吡虫啉 10g 或 25%吡蚜酮悬乳剂 50mL+5%盐酸吗啉胍可溶粉剂 80～100g+天达 2116 叶面肥 25g 对水 30～40kg 喷雾防治。

5. 水稻螟虫

二化螟、三化螟要重点防治1代，在虫卵孵化始盛期到孵化高峰期，亩用1.8%阿维菌素乳油75~100mL+40%水胺硫磷乳油75~100毫对水30kg防治。稻纵卷叶螟可在卵孵化盛期亩用1.8%阿维菌素50mL或50%阿维·毒乳油50mL对水30kg均匀喷雾。

6. 杂草防除

秧田杂草要在播种后至出苗前进行防治，可亩用丁恶乳油100~150mL或旱秧净100mL对水50kg均匀喷雾封闭防治。大田杂草可亩用50%丁草胺150mL或农思它150~200mL防治。

**（八）适时收获**

一般在黄熟期至完熟期，植株上部茎叶及稻穗完全变黄，籽粒坚硬充实饱满，有80%以上的米粒已达到玻璃质时收获。

## 五、水稻旱直播栽培技术

随着农村劳动力的不断转移，节约化栽培模式—水稻旱直播已越来受广大稻农的重视。旱直播是在旱田状态下整地与播种，将稻种播入1~2cm的浅土层内，播种后灌水或利用自然降水保持田面湿润，以利扎根出苗。秧苗2叶1心后，如田干裂，再灌浅水，以促幼苗生长，分蘖后进行正常肥水管理。水稻旱直播栽培具有以下优点：一是不需要育秧、拔秧、运秧、栽秧，减轻了农民的劳动强度，同时不占用秧田，提高了土地利用率；二是不用栽秧，降低了生产成本，由于高密度种植，有效穗多，产量高，经济效益好；三是适宜机械化、规模化种植，提高了劳动生产率；四是因育秧移栽，秧田期正是灰飞虱由麦田向秧田大量迁入期，迁入秧田，对秧苗传毒为害。而旱直播比育秧移栽播期推迟30天左右，避开了灰飞虱传毒为害。同时，减轻了稻曲病、稻瘟病、稻飞虱等为害。近年来临沂市水稻旱直播生产发展较快，但生产上经常出现品种选用不当、管理差、发生草荒，导致减产。

## （一）品种选择及种子处理

可选用当地大面积推广应用的主体品种，但以分蘖性一般或偏弱、穗型偏大、抗倒综合性状优良品种为佳。选择生育期125天左右的早熟粳稻品种，如临旱1号、津原85、旱稻277等，确保10月15日前后能够安全成熟。要选用经精选加工、发芽势强、发芽率高的种子，用浸种灵（1支2mL拌种6kg）浸2~3天，晾干即可播种，或用菌克清20支拌种7.5kg，均匀拌种后即可播种。

## （二）精细整地、精量播种

田地平整和沟系配套是直播稻成败的重要条件，田面不平，播后水浆管理难度大，难以取得一播全苗。麦收后施45%三元素复合肥500kg/hm$^2$，均匀撒施后，犁翻细耙整平，在播种时要求开好排灌水沟。麦茬直播宜早不宜迟、宜抢不宜拖。一旦小麦成熟，立即抢收、清田、整田、播种，临沂小麦6月上旬成熟收获，水稻要在小麦收后抢茬播种，争取6月10日前后完成播种。播种前晒种1~2天，用使百克浸种30~45小时，捞出晾干播种。无论撒播或条播，一定要浅播、匀播，播深控制在1~2cm，只要覆土盖严种子即可。播后浅耙塌平，播种时有个别地方播种不均匀，要在2叶1心到3叶1心间苗补苗，移稠补稀，确保田间有足够的基本苗。播种量75~90kg/hm$^2$，基本苗150万~210万株/hm$^2$，最少不低于120万株/hm$^2$，最多不超过225万株/hm$^2$，保持均匀生长。

## （三）加强田间管理

1. 综合防治杂草

杂草防除是直播成败的关键。要以生态防治为基础，化学除草为重点，水控、人拔为辅。具体做法：第一次化除，时间是播种后出苗前，是非常关键性的一次封闭性除草。灌水后如田面有积水及时排出，在田面湿润时及时喷施，用36%丁恶合剂2.25kg/hm$^2$，对水750kg/hm$^2$均匀喷雾，其中，千金子的防效可达98%以上，喷药后至齐苗田间不能积水，以防药害。第二次化除在第一次用药后20天左右（三叶期），及时喷施三氯喹啉酸和苄嘧磺隆，除稗草和阔叶草，对稗草少的田块可单喷苄嘧磺隆，对未及时使用36%丁恶合剂的田块，千金子多可喷1次氰氟草酯。第三次化除在水稻分蘖末期拔节前，如在三叶期至四叶期未使用苄嘧磺隆或田间阔叶草未除净的田块，可喷1次2，4-D丁酯；稗草较多的田块，在稗草三叶期至五叶期，用50%快杀稗6.75～11.25kg/hm$^2$，对水喷雾；稗草局部发生的田块应进行挑治，见草打草，节省成本。喷药要做到按标准量用药，加大水量，均匀喷施，不漏喷，不重喷，以防药害，以后如有少量杂草辅以人工拔除。

2. 肥料合理运筹

根据旱直播稻的生育特点，肥料运筹要有利于增穗、增粒、高产而不贪青迟熟。要克服追施氮肥越多越高产的错误思想，适时适量。采用的施肥策略是“前促、中控、后稳”。“前促”指基蘖肥要施足有机肥和适量的复合肥，基肥、分蘖肥各占总氮量60%左右，全生育期总用量与常规栽培要持平略减，分蘖肥采用少吃多餐看苗促进的方法，可分2次施用；“中控”指总茎蘖苗达到预期穗数85%左右时要控制肥料施用，控制无效分蘖和无效生长；“后稳”指普施、重施穗肥，占总肥量40%左右，一般不施粒肥，或看苗少量施用，以防贪青晚熟。

3. 把握水浆管理

播后灌“蒙头水”，要湿润灌溉或浅水灌溉，严禁大水漫灌，造成积水。争取在6月20日前后齐苗，湿润灌溉以利出苗，齐苗至三叶期前一般不浇水，如遇特殊干旱可浇“跑马水”，三叶期后田间保持湿润或浅水层，拔节、孕穗、抽穗、灌浆期要适当加深水层，黄熟期方可断水。对于地势高、保水差的田块，一定要及时补水，全生育期内，田面不能干裂。促进分蘖早生快长和以水抑草，在够苗期前（约在预期穗数苗的80%时）轻凉田，协调群体保稳长。拔节孕穗期，间歇灌溉，强根壮秆争大穗。后期干干湿湿，养根护叶，活熟到老，严防因脱水过早影响千粒重和产量。

4. 及时防治病虫害

旱直播稻的病虫种类和发生为害时期与移栽稻略有不同。前期稻象甲和稻蓟马、稻飞虱往往造成为害，导致缺苗断垄和僵苗不发；中后期重点防治螟虫、稻飞虱、稻纵卷叶螟、稻瘟病、纹枯病、胡麻斑病等。

## 六、水稻有机栽培技术

### （一）基地选择

有机水稻基地应选择垦区内水土保持良好，生物多样性指数高，远离污染源和具有较强的可持续生产能力的农场或地条。有机水稻基地与交通干线的距离应在 1 000m 以上。产地环境空气应符合 GB 3059—1996 的规定。产地土壤环境质量应符合 GB 15618—1995 的规定。农田灌溉水质应符合 GB 5084 的规定。

### （二）转换期

有机水稻属 1 年生作物，转换期一般不少于 24 个月。

（1）常规水稻基地成为有机水稻基地需要经过转换。生产者在转换期间必须完全按本规程的要求进行管理和操作。

（2）有机水稻基地的转换期一般为 2 年。但某些已经在按本生产规程管理、种植的有机水稻基地，或荒芜的有机水稻基地，如能提供真实的书面证明材料和生产技术档案，则可以缩短甚至免除转换期。

（3）认证机构有权根据土地的使用状况、生态状况和生产管理水平向申请者或有机食品生产者提出缩短或延长转换期的要求。

（4）已转换的区域不得在有机与非有机管理之间反复。

### （三）有机稻田改良

生产上常用的稻田改良方法有 3 种：一是有机肥改土，利用稻草、米糠、家畜粪尿及其他有机材料进行发酵制成有机肥施入土壤改良；二是直接将上好的材料如腐殖酸、草碳土、沸石粉、木炭、炭化稻壳、褐煤等直接送到水田缓期发酵实施改良；三是耕作改良，即利用耕翻、秸秆还田、除草施肥等物理方法改善土壤团粒结构或理化性质完成改良。

1. 优质有机发酵肥所具备的4个条件

（1）碳氮比要适当。发酵稻草、稻糠等碳含量高的有机物时必须加家畜粪、油渣等氮含量高的有机材料。同样发酵氮含量高的有机物时必须加碳含量高的有机材料，最合适的N/C比是（20~30）：1。

（2）调好水分。发酵时如果水分过少会引起温度过高，有机物内养分烧掉。如果水分过多进行嫌气发酵，肥料质量下降。适合好气性发酵的水分是40%~50%。

（3）发酵堆内要有一定的空气流通，使发酵中产生的二氧化碳和新鲜空气相互交换，同时，堆内还要积存发酵中所产生的呼吸热，使有机材料进行一定的高温发酵。

（4）发酵温度最高不超过70℃。要让有机物发酵好，堆积体积要适当，控制温度过高。为了发酵堆内空气流通，发酵期间翻堆3~4次。

2. 不同原料的发酵方法

（1）作物秸秆和家畜粪混合发酵法。从3—11月都可以积造。其方法是先把稻草及其他作物秸秆按10cm左右长度切碎后浇透水。然后按长3m，宽2m，高50cm规格堆积。上面铺一层5cm左右的家畜生粪，上面再撒发酵菌（每$3m^3$秸秆撒500g发酵菌+1 500g稻糠混合的菌），在堆积过程中用脚踩实。用同样方法一层一层堆积，高度为1.5m左右。在夏天积造肥时隔10天左右翻堆1次质量更好。在雨季积造时注意防止淋雨。如果脱谷后积造，堆积后要扣塑料布保温。

（2）家畜粪发酵法。家畜生粪和稻糠按体积比例1：1混合，把水分调到50%左右。如果家畜粪过湿可以多加稻糠或其他有机干材料或晒一段时间。在混拌过程中撒点发酵菌。气温低的时候15天，气温高的时候7天，堆内温度就上升到60℃左右，这时开始共翻2~3次，降低堆内温度，交换空气。

（3）高级有机肥生产法。按氮含量高的鸡粪、油渣、鱼粉等材料与高碳的米糠1∶1比例混合，再加少量酵素菌，水分调到40%左右，然后按宽2m、高1.2m堆积发酵，在发酵期间翻堆3~4次。发酵基本结束后摊开降低温度和水分，水分降到20%以下时可以装袋保藏。在发酵期间避免淋雨。

以上的发酵有机肥是最好的土壤改良剂，也是供给肥料的主要来源。有机肥一般翻地前一次性施入。如果后期感到肥不足，生长中后期可以追施高氮有机肥。施用颗粒化的商品有机肥更好，这种肥施用也方便，效果也好。

**（四）栽培管理技术**

1. 育秧

（1）育秧前的准备。育秧前需进行秧田选择、秧床施肥、做秧床、床土准备、种子处理、秧床灌水和消毒6个环节。

秧田选择：秧田选择在离村庄附近，盐碱轻，杂草少，土壤肥沃，灌排方便，避风向阳的菜园地、常年旱地或庭园。

秧田培肥：秧田有3种类型，分别采取不同的培肥方法。

固定秧田：育苗先育根，育根先培肥秧田，秧田选定后必须固定下来，连年进行培肥。培肥方法是在6月下旬拔秧后，每平方米秧田施用大牲畜粪或猪粪20~25kg，深耕2遍，与土壤混合均匀，然后种植蔬菜或其他作物。

场地秧田：必须秋施肥、秋翻地、冬灌，早春打磨保墒；培肥方法是上年秋季或春季每平方米秧田施腐熟的农家肥10~15kg。

本田临时秧田：春季每平方米秧田施腐熟的农家肥10kg，直接施入、耕耙，使土肥混合。

（2）种子处理。必须使用有机种子和种苗。在得不到有机生产的种子和种苗的情况下（如在有机种植的初始阶段），经认证机构许可，可以使用未经禁用物质和方法处理的非有机来源的种子和种苗。但申请人必须制订何时可以获得有机种子与种苗（包括根壮茎、芽、叶或切下的秆、根或块茎）的计划。选择品种要充分考虑作物种类及品种应适应当地的环境条件，选择对病虫害有抗性和适应杂草竞争的品种。在品种的选择中要充分考虑作物的遗传多样性。一般采取旱育稀植栽培方式时，选用品种的品质应符合GB/T 17891 和 GB 4404.1 的规定，而且已通过山东省农作物品种审定委员会审定（认定），或通过全国农作物品种审定委员会审定（认定）。目前适用于临沂市有机栽培的优质米品种主要有越光、京引 119、山农 601、临稻 17 号等。

晒种：选晴天将稻种铺 5~7cm 厚，翻晒 1~2 天。

选种：要采用按有机生产要求进行精选加工的种子。未精选加工的种子，用比重 1.14 的盐水或泥水即 0.5kg 水加 200g 盐（能使鲜鸡蛋浮出水面 2 分硬币大小）进行选种。捞出秕谷，用清水将种子冲洗干净。

消毒：可用热水、蒸气、太阳能、高锰酸钾等对种子消毒。生产上常用生石灰消毒：将选好的稻种用 3%的石灰水，温度控制在 10~15℃，浸种 3~5 天，在浸种期间不要搅拌种子，浸好的种子再用清水冲洗 2~3 遍，晾干后直接播种。

秧田灌水：播种时要灌足底墒水，或播种后灌蒙头水。

秧田消毒：用 3.5%多抗霉素 2 000 倍液每平方米 2~5mL 消毒，可减轻秧苗绵腐病、立枯病、疫霉病和苗瘟的发生。

2. 播种

播种期确定：临沂麦茬夏稻移栽，一般于 5 月 10 日前后播种育秧。在实际生产中应根据品种生育期长短适当调节播期。

播种量：临沂麦茬夏稻长龄大秧移栽，秧田和本田的比例为 1：10，一般亩播量为 25kg 左右。

播种：播种时，先把第一畦用铁锨均匀起土 1cm 放置地头。然后浇足底墒水，待水渗入土壤后，将称量好的种子均匀撒入，然后在第二畦均匀起表层土 1cm 均匀覆盖在第一畦上，然后对第二畦灌溉、播种，用第三畦的土覆盖第二畦，依此类推，最后一畦用第一畦取出的土覆盖。播种完毕后，喷除草剂封闭，然后用地膜覆盖。出苗后要马上揭膜，以免烧苗。

3. 秧田管理

水稻旱育秧田，在三叶期前，不遇特殊干旱天气无需浇水，浇水会导致地温下降，土壤板结，诱发青枯病和立枯病。三叶期后，如遇干旱，可浇“跑马水”，不能大水漫灌。苗期遇雨或浇水后要及时搂划松土，最好能有防雨措施，以避免大雨或连续降雨导致秧苗徒长。另外，严禁在秧田苗期撒施草木灰，以免引起土壤碱性增强，造成死苗。利用杀虫灯、黄板、覆盖防虫网和生物源制剂等防治病虫害，采用人工除草。

4. 本田管理

（1）本田整地。

①翻耕：麦收后进行抢茬翻耕，结合耕翻施入有机肥，耕深20cm以上，要犁深耕透防止漏耕，筑好田埂。

②泡田水整地：移栽前放水泡田1~2天，后浅耙耱整平，使田面高低差不超过3cm。

（2）施肥。

①土壤培肥要求：在认证机构认可的情况下，可以施用列入GB/T 19630.1—2005附录A中的土壤培肥和改良物质，但必须符合以下要求：来源明确，制作工艺、生产原料和产品质量稳定；原物质中的成分含量必须申报并严格控制在认证机构认可范围内，禁止在其中加入以下物质：任何化学合成的肥料或化学复混肥；不稳定元素，如放射性元素、稀土等；各类激素、抗生素、杀虫剂、杀菌剂等；不明或致病微生物；重金属及其他有毒有害物质；其他性质不明物质。

②使用方法和使用量规范：施肥数量≤当季作物吸收量/利用率，原则上纯氮含量不得超过170kg/hm$^2$=11.3kg/亩；直接施用到作用部位或其附近，不得污染周围作物与环境；严格禁止施用的物质污染采收部位；施用时间与采收要有安全间隔期。

③秸秆还田、增施有机肥：要积极推广秸秆机械粉碎、深耕还田技术，提高秸秆还田质量。同时，要广辟肥源、增施农家肥，以增加土壤有机质，改善土壤结构，培肥地力。

④微生物肥料：微生物肥料可用于拌种，也可作基肥和追肥使用，使用时应严格按要求操作。微生物肥料中有效活菌数量应符合NT227中4.1、4.2的技术要求。

⑤叶面肥料：叶面肥料质量应符合GB/T17419或GB/T17420的技术要求并按使用说明操作。

⑥施肥量确定：每生产100kg稻谷大约需吸收纯N：2kg，$P_2O_5$：1kg，$K_2O$：2.5kg。

（3）移栽。

①精细整地、适期移栽：小麦收获后要及时进行深耕，加厚耕层，疏松土壤，改善土壤结构，增加土壤蓄水保肥能力。一般耕深20cm左右，注意不能打破犁地层，以免漏肥漏水。在培育适龄壮秧和精细整地的基础上，要做到适期移栽，我市水稻适宜移栽期为6月20日前后，最迟应在6月底前完成插秧，坚决不插7月秧。

②提高插秧质量、建立适宜群体：目前，我市水稻生产上普遍存在着栽插墩数不足、行墩距不合理的现象。适当增加亩墩数，扩大行距，缩小墩距，可以改善通风透光条件，减少病虫害发生，提高光能利用率，增加产量。因此，要提高栽插质量，一般每亩栽插2.0万~2.2万墩，带蘖壮苗每墩栽2~3株，一般秧苗每墩栽3~4株，基本苗6万~8万株，行距25~27cm，墩距12~14cm。栽插深度1.5~2cm，越浅越好，只要站稳不倒即可。要插直、插匀。壤土、黏土地，水耙整平后要使泥浆自然沉实12小时后再插秧，以免插秧过深；沙性较大的土壤，水耙整平后要马上插秧，以免过于沉实，导致插秧困难。插秧时田面要保持薄水层，以便于浅插。

5. 追肥

（1）返青分蘖肥。一般插后7天，主要追施含氮量高速效有机肥，如腐熟的饼肥、沼液、氨基酸肥等。

（2）穗肥。临沂水稻穗肥追施一般在 8 月初，有机追肥应适当提前，一般在 7 月底进行。

（3）粒肥。有机肥肥效长，一般不需要追施粒肥。

6. 灌水

水层管理采用两保两控原则。两保即插秧期—分蘖期保浅水；孕穗期—抽穗期保持较深水层。两控即有效分蘖终止—幼穗一次枝梗分化结束凉田，控制无效分蘖和基部第一、第二节间长度；齐穗后控制灌水，干湿结合，促进灌浆，防止倒伏。

7. 病虫草害控制

有机食品生产的植保工作必须从作物、病、虫、草和有益生物等整个生态系统出发，综合运用预防措施，创造不利于病、虫、草害发生和有利于各类天敌繁衍的环境条件，保持农业生态系统的平衡和生物多样性。

优先采用农业防治措施，通过选用抗病抗虫品种，培育壮苗，制订合适的肥水管理、作物轮作和多样化间作套作计划，建立卫生措施等一系列方法，防止病虫草害的发生。禁止使用有机合成的化学农药。

在有机生产体系中，当上述方法和措施不足以预防和控制病虫害和杂草时，允许或限制使用 GB/T 19630. 1—2005 附录 B 中的有关物质和方法。但生产者必须对这些物质使用情况进行完整的记录。

（1）病害控制。采取完善的卫生管理措施，防止病原菌的扩散；可以有限度使用农用抗生素，如春雷霉素、科生霉素、多抗霉素、浏阳霉素等；可以有限度使用矿物源农药中的硫制剂（硫悬浮剂、可湿性硫制剂、石硫合剂）、铜制剂（硫酸铜、波尔多液、氢氧化铜）等；可以使用有药效作用的中草药等植物的水提取液；禁止在生物源农药和矿物源农药中混配有机合成农药的各种制剂。

（2）虫害控制。扩大害虫天敌的栖息地；允许捕食性和寄生性天敌的引入、繁殖和释放，如赤眼蜂、瓢虫、捕食螨、蜘蛛、蛙类、鸟类及昆虫病原线虫等；可以使用诱集、粘捕、性诱剂、陷阱、黄板、防虫网、套袋等方法；可以使用驱避剂；可以有限度使用活体微生物农药，如真菌、细菌、病毒制剂、拮抗菌、昆虫病原线虫等；可以使用中等毒性以下的植物源杀虫剂，如除虫菊素、鱼藤根、烟草水、苦楝、印楝素、芝麻素等；禁止在生物源农药和矿物源农药中混配有机合成农药的各种制剂。

驱虫液可以用简单的浸泡方法制作。即木醋液、大蒜、干辣椒的比例是 10∶1∶0.5，装到桶里浸泡 1 个月左右。浸泡液经过过滤后对水 200 倍，在害虫成虫发生始期开始喷几次，可以起到驱虫作用。

杀虫也可采取如下方法：45%石硫合剂 300 倍液、10%~20%浏阳霉素 1 500 倍液、1%苦参碱 1 000~1 500 倍液喷雾防治。

另外，30%任菌铜 1 500 倍液和氯虫苯甲酰胺每亩 5mL 可以作为待选的杀菌剂和杀虫剂。但必须经过认证机构认可以后再定。

（3）有害杂草控制。种植抑制有害杂草的作物，包括绿肥；用可生物降解的材料覆盖。如使用塑料薄膜或其他的合成材料覆盖，必须在作物收获后从田间移走并进行无害化处理；手工锄草或机械锄草。

鸭子除草：稻田放鸭是目前日本、韩国等国家普遍采用的技术。如果管理好，其除草效果比化学除草剂还好，而且不使用杀虫剂也不发生虫害。稻田放鸭除草时应注意以下几点。一是平好田面。如果田面不平，高处的杂草不能除掉。二是为了减轻放鸭初期对秧苗的为害，要育健壮的大苗。三是选好适龄的鸭子。放过小的鸭子，活动量少，不能除好杂草，相反鸭子过大撂倒秧苗。所以，应选择适龄的鸭子。15 日龄的鸭子最合适。四是放鸭子时间要适当。放鸭过晚鸭子不能及时除草，放鸭过早刚插的秧苗受害。适当的放鸭时期是插秧后 10 天。五是选择小鸭种，每 1 000$m^2$ 放15 只。一般放鸭后失亡率在 20%~30%。鸭子长大后 1 000$m^2$ 有10 只就足够。六是做好鸭子管理。如果饲料给多了，鸭子不活动，给少了，就为害稻苗。所以，初期给饲料要充足，逐渐控制饲料量，或换成稻糠等价格低的饲料。饲料1天早晚喂2次。同时为了鸭子避开风雨，盖起休息棚。要考虑鸭子长大也可以充分休息，棚子盖的要充裕一些。每5 000m$^2$盖一个比较合适，一般的塑料拱棚就可以。七是为了不让鸭子跑远，必须围网，并注意野生动物的被害。八是如果鸭子吃稻子，放进叶菜类或草。九是为了使鸭子充分活动，给予充足的水层条件。初期看苗灌3cm左右，随着稻苗的生长逐渐加深水层。十是鸭子放入水田之前，先在休息棚内管理1~2天。

有机物覆盖除草法：日本有机稻除草技术中最广泛利用的是撒稻糠的方法。一般的有机物在水田中都有抑草作用。稻糠、粉碎的树叶、玉米秸秆、豆秆、碎玉米等有机物都有抑制杂草发芽和生长的作用，其原理是通过有机物发酵中产生的有机酸和切断土壤表面氧气来抑制杂草种子的发芽和幼芽生长。一般每1 000m$^2$撒80kg左右。稻糠是用造粒机造粒后撒施。在有机物覆盖中应抓住以下4个环节。一是根据当地土壤条件掌握有机物的撒入量。二是水田尽量耙细耙平。三是插秧后3~4天种子发芽之前撒施。四是撒入后水田千万不能断水，要深灌水，加高下水口，蓄水管理。但此办法因成本较高，使用较少。

人工除草：如果采用以上除草方法杂草仍没有彻底清除时要进行人工除草。有的农户推中耕除草机，这更好，但必须在杂草小的时候推。俗话也有“上农是杂草出土前除草，中农是看到草除草，下农是草大了以后除草”，意思就是早除草。人工除草的目的就是为了彻底除草。今年留一根草等于明年种了几百个甚至几万个，所以，不能留草。

8. 其他管理

轮作。有机水田最好与豆科作物进行轮作，但目前有机水稻基地因认证、种植等原因，还不具备轮作条件，暂时不轮作。

对来自水源及周边污染源的预防和处理。有机水稻基地都选择了没有水和空气污染源，没有工业和生活污染源的地区。同时，都是连片种植，常规田块污染物不浸入有机农田。为了预防常规水田污染物进入有机农田，今后逐渐把灌水渠和排水渠彻底分开。同时，与相关部门联系不批准在有机农田区设立造成污染的设施，如特殊情况下要设立，必须做好排污设施，污染物不准流入有机水田。

9. 收获

适时收获期为完熟前期。从齐穗到收割一般为45天左右，全穗失去绿色，上部有1~2片叶保持绿色，颖壳95%基本变黄，米粒转白，手压不变形；稻谷含水量在19%~22%收割为宜。要做到成熟一块收割一块。手工收割后适当晾晒，及时打捆上场用轴流式脱粒机脱粒，不可曝晒。尽量扩大联合机收割面积，减少稻谷损伤。留种田在水稻齐穗后要进行田间拔杂去劣，单收单打，严防混杂。

## 第三节　玉米高产栽培技术

### 一、玉米生产概况

玉米是中国第三大粮食作物。面积、总产仅次于美国。玉米在我国布局广泛，各个省份均有种植。我国玉米生产又具有相对集中性的特点，根据各地的自然条件、栽培制度等，全国可以划分为北方春玉米区、黄淮平原春夏播玉米区、西南山地丘陵玉米区、南方丘陵玉米区、西北内陆玉米区、青藏高原玉米区等6个玉米区。近年来，东北和黄淮海地区玉米种植面积和产量不断增长，而西南和其他地区基本稳定或小幅下降。吉林、河北、山东、河南、黑龙江、内蒙古、辽宁、四川、云南、陕西是玉米播种面积最大的10个省区，其中，吉林、河北、山东等省的种植面积均占全国的10%以上。

玉米是临沂市主要的粮食作物，常年种植面积400万亩左右，约占临沂市秋收粮食总面积的70%，与小麦构成“小麦-玉米”一年两熟耕作制度。近年来，随着市场价格下滑，玉米种植效益较低，种植面积有所下滑，但受耕地、水浇条件、气候及种植习惯等因素影响，玉米仍是临沂市主要秋粮作物。

## 二、夏玉米优质高产栽培技术

### （一）播种

1. 选用良种

应根据当地地力、光温条件、茬口、产量要求、耕作习惯、灌溉条件等选择适宜当地的高产、稳产、抗逆、抗倒伏品种。可因地制宜种植耐密植、抗倒伏、适合机械化、高产、稳产、抗逆性强的郑单958、青农11、登海605、登海618、天泰33号、宇玉30、济玉901、农星207、华良78、华盛801、迪卡517、鲁单9088、连胜216、邦玉339等品种，青贮玉米可以种植饲玉2号、登海605、德单5号等生物产量高的品种，鲜食玉米可以种植青农206、西星五彩鲜糯、济宁糯33等口感、色彩、卖相好的品种，籽粒机收的可以种植京农科728、鲁单2016、宇玉30、迪卡517、鑫瑞25等生育期短、籽粒脱水快、穗位适中、抗倒性强的品种。有条件的地区做到区域种植，实现一村一品或一方一品，特别是优质特用玉米更要做到连片规模种植，以防串粉，提高特用玉米品质，保证种植效益。

2. 种子精选

选择纯度高、发芽率高、活力强、适宜单粒精量播种的优质种子，播种前应对种子进行严格筛选，并分为大、小两级待播。种子纯度≥98%，发芽率≥95%，净度≥98%，含水量≤13%。

3. 药剂处理

正确的药剂包衣或拌种是预防多种病虫害如苗枯病、粗缩病、茎基腐病、丝黑穗病、蓟马、灰飞虱、蚜虫和地下害虫的基础。百千克种子，可用70%噻虫嗪种子处理可分散粉剂150mL+25g/L咯菌腈悬浮种衣剂150mL+60g/L戊唑醇悬浮种衣剂150mL，或29%噻·咯·霜灵悬浮种衣剂（艾科顿）500mL包衣处理。采取技术统一、集中连片、整村推进，可提高防病治虫效果。

4. 选用多功能机械

选用多功能、高精度、种肥同播的玉米单粒精播机械。在小麦秸秆粉碎质量差的地区，可选择清茬（或灭茬）玉米精量播种机；在土层板结或带肥量大的地区，可选择深松多层施肥玉米精量播种机；选择具备仿形功能的播种机械，保证播深一致，出苗整齐。

5. 抢茬直播

小麦收获后立即播种玉米。小麦收获时采用带秸秆切碎和抛撒功能的联合收割机，收获同时秸秆切碎还田，小麦秸秆切碎长度≤10cm，切断长度合格率≥95%，抛洒不均匀率≤20%，漏切率≤1.5%。小麦收获时低留茬，根茬高出地面不超过20cm。小麦秸秆还田后，立即播种玉米，实现小麦机收秸秆切碎还田、玉米机械精播、化肥深施“一条龙”作业，有条件的可采用破茬深松免耕播种机。粗缩病连年发生的地区夏玉米播期可推迟到6月10日以后，重病地块在15日后播种。播种时适宜的土壤相对含水量是70%~75%。若墒情不足，应先播种后尽早浇“蒙头水”。

6. 播种方式

采用玉米精播机械免耕贴茬精量播种，行距60cm，播深3~5cm。做到深浅一致、行距一致、覆土一致、镇压一致，防止漏播、重播或镇压轮打滑。播种密度比预定收获密度增加10%左右。耐密型玉米品种一般大田每亩5 000粒、示范田每亩5 500粒、攻关田每亩6 000粒左右。大穗型品种一般大田每亩4 600粒、高产田5 300粒左右。

7. 施足底肥

底肥或种肥采用带有施肥装置的播种机带施。优先选用深松多层施肥和定位施肥玉米精播机械带足底肥。带施底肥要侧深施，肥深 8~10cm，防止烧种和烧苗。肥料推荐使用玉米专用缓控释肥。高产攻关田和成规模种植的玉米田可以采用水肥一体化。

8. 化学除草

苗前化学除草，玉米播种后出苗前墒情好时，可用 40%乙·莠悬浮剂适量兑水均匀喷施地面，不要漏喷，更不要重喷，有效防治多种杂草。

**（二）加强苗期管理，夯实丰产基础**

主要是旱浇涝排，除草防病治虫，确保苗全、齐、匀、壮。

1. 防旱防涝

土壤墒情不足时播后浇“蒙头水”，以保证底墒充足、种子尽早萌发和一播全苗。苗期如遇田间积水，要及时排水防止“芽涝”；要及时疏通田间排水系统，确保排水畅通。

2. 化学除草

未土壤封闭除草或封闭除草失败的田块，可在玉米 3~5 叶期，用 48%丁草胺·莠去津或 4%烟嘧磺隆等对水进行苗后除草。不重喷、不漏喷，确保除草质量并注意用药安全。

3. 防治病虫害

幼苗 4~5 叶期，用 25%的三唑酮可湿性粉剂 1 500 倍液或 50%多菌灵 500~800 倍液进行叶面喷雾，预防和防治褐斑病。防治黏虫可用灭幼脲和杀灭菊酯乳油等喷雾，防治蓟马可用 10%吡虫啉喷雾。根据灰飞虱、甜菜夜蛾、棉铃虫的发生情况，选用甲维盐、氯虫苯甲酰胺等杀虫剂喷雾防治。使用烟嘧磺隆除草剂的地块，避免使用有机磷农药，以免发生药害。

**（三）抓好穗期管理，搭好丰产架子**

主要任务是加强管理，促叶壮秆、促大穗，确保群体合理、个体健壮，搭好高产架子。

1. 拔除小株

实行单粒播种省去间苗定苗环节，但高产攻关田出现的小、弱、病株，要及时拔除，减少养分消耗和病害传播，改善群体结构，为正常植株创造好的环境。普通地块出现的有可能传染的病株要拔除，小、弱株，可不进行专门拔除，减少人工投入。

2. 追施穗肥

小喇叭口至大喇叭口期之间，是夏玉米施肥的关键时期，应抓紧追施攻穗肥。穗肥氮量应占氮肥总量50%左右，并追施磷钾肥。在距植株10cm左右处开沟深施，深度10cm左右。提倡施用玉米专用控释肥。生长中后期个体株高较高，群体较大，田间通风性差，温度高，人工施肥困难，为了减轻劳动强度，提倡简化施肥方法，可以用同等养分含量的玉米专用控释肥作为基肥一次性施入。

3. 防旱防涝

孕穗至灌浆期如遇旱应及时灌溉，尤其要防止“卡脖旱”。保证排水干道和田间排水系统畅通，雨后及时排除田间积水。在容易发生倒伏的地块，可采取中耕培土等措施，促进气生根发育，提高植株抗倒能力。

4. “一防双减”

穗期容易发生大小斑病、纹枯病等病害和玉米螟、黏虫、蚜虫等虫害。在玉米大喇叭口期1次喷施杀虫、杀菌复配或混合药剂，可防治中后期多种病虫害，减少后期穗虫基数，减轻病害流行程度，保护植株正常生长，提高叶片的光合效能，实现玉米增产增效。

5. 化控防倒

高肥水、密度较大、生长过旺、倒伏风险较大的地块，在玉米7~11展叶期喷施化控剂预防倒伏，可以适度控制植株高度，促进植株叶片光合能力，增强抗逆能力和抗倒伏能力，有利于改善群体结构。使用化控剂要注意合理浓度配比，防止因用量过大造成植株过矮，无法制造充足的光合产物，影响产量。密度合理、生长正常的田块和低肥力的中低产田、缺苗补种地块不宜化控。

**（四）重视粒期管理，防早衰增粒重**

主要任务是提高结实率，防止叶片早衰，延长叶片功能期，保粒数、增粒重。

1. 人工辅助授粉

密切关注玉米授粉情况，遇到特殊天气及时采取应对措施。高产攻关田可进行人工去雄和辅助授粉。大田玉米开花授粉期间如遇连续阴雨或极端高温，也要采取人工辅助授粉等补救措施，切实提高结实率，努力增加穗粒数。可以用小型无人机低飞辅助散粉。

2. 补施花粒肥

开花期增施氮肥，以提高叶片光合效率、延长叶片功能期。花粒肥以尿素为主，高产攻关田酌量增加用量。施用时可结合浇水或趁雨前追施，以提高肥效。也可喷施磷酸二氢钾和尿素，用作叶面肥，延长叶片功能期，增加光合产物转化。

3. 注意防旱

开花灌浆期大田玉米遇旱及时浇水，高产攻关田地皮见干就浇水。

**（五）适期机械收获，确保丰产丰收**

1. 特用鲜食玉米

鲜食玉米一般在玉米授粉后 20~25 天收获，收获前 10 天浇水 1 次，能较大改善品质和提高效益。鲜食玉米秸秆含糖量高、营养丰富、适口性好，果穗采收后，秸秆可直接用于青贮饲料，进一步提高全株利用率和生产附加值。

2. 专用青贮玉米

青贮玉米最适收获期为籽粒乳熟末期至腊熟期初期，全株含水率平均为 65%~70%，干物质含量达到 30%以上。如以籽粒乳线位置作为判别标准，乳线处于 1/3~1/2 时适期机械收割。收获过早，则植株含水量高、干物质低；收获过晚，则酸性洗涤纤维增高、消化吸收率降低，同时，因水分降低，不易压紧，导致青贮发霉变质，品质下降等。

3. 普通玉米

普通玉米主要是适期收获，发挥品种高产潜力，降低机收损失率，确保丰产丰收。待夏玉米籽粒乳线消失时用联合收割机收获。不耽误冬小麦播种的情况下尽可能晚收，建议在 10 月 1—5 日收获。适期收获应大面积连片推进、整村整镇推进、农机农艺联合推进，打消农户怕偷怕丢的思想顾虑，提高联合收割机工作效率。籽粒机收的玉米在不影响小麦种植的情况下，尽量在植株上干燥后收获，降低籽粒破损率。玉米收获后应及时进行晾晒或烘干，防止霉变。

## 三、鲜食玉米综合配套栽培技术

### （一）鲜食玉米种类概述

鲜食玉米，是指以种植收获青果穗食用或加工的玉米，从品质上分有甜玉米、超甜玉米、甜糯玉米等；从籽粒颜色上分有黑色、紫色、黄色、白色等。生产上主要利用的是甜玉米和糯玉米，它的用途和食用方法类似于蔬菜。尤其是糯玉米，蒸煮后香、甜、糯，皮薄无渣，可作为休闲食品，深受市场青睐。近年来，随着生活水平的改善和市场经济的快速发展，鲜食玉米的生产开发也得到了极大的重视。鲜食玉米除了含有碳水化合物、蛋白质、脂肪、胡萝卜素外，还含有核黄素、维生素等营养物质。这些物质对预防心脏病、癌症等疾病有很大的好处。随着人民生活水平的提高，市场对鲜食玉米的需求也越来越大，种植效益比较高。

### （二）栽培技术要点

（1）适期播种。露地栽培，春季适播期为地温稳定在 10℃ 以上，出苗期最好在当地的晚霜期过后；夏播期以玉米灌浆期气温在 16℃ 以上为准。

（2）隔离。鲜食玉米栽培必须与普通玉米隔离，防止因串粉而影响鲜食玉米的品质。空间隔离间距应在 300m 以上，时间隔离时，播期应间隔 15 天以上。

（3）整地施肥。应选择土壤肥沃、有机质含量高、排灌条件良好，土壤通透性好的砂壤土、壤土较好。为提高鲜食玉米品质，整地时应施足底肥，增施有机肥，配方施肥，要求亩施 3 000~4 000kg 优质农家肥、50kg 三元复合肥，并施用适量的锌、硼等微肥。

（4）播种。播前进行人工选种，除去瘪粒、霉粒、破碎粒及杂质，然后用 0.2%磷酸二氢钾液浸种 8~12 小时。播种方式为直播、宽窄行种植，宽行 80cm，窄行 50cm，株距 25~30cm，一般适宜密度甜玉米 3 000~3 500 株/亩，糯玉米 3 500~4 000 株/亩，早熟品种可密度稍大，晚熟品种可密度稍小。

（5）田间管理。甜玉米品种一般具有较强的分蘖分枝特性。为保主果穗的产量和等级，应尽早除蘖，在主茎长出 2~3 个雌穗时，最好留上部第一穗，把下面雌穗去除，操作时尽量避免损伤主茎及其叶片，以保证所留雌穗有足够的营养。为了使甜、糯玉米提前 5~7 天成熟，可在甜、糯玉米抽雄期隔行去雄。鲜食玉米生育期短，根据配方，肥料可全部基施，以有机肥为主，配施磷、钾肥和速效氮肥，有机肥施用量每亩应不少于 1 500~2 000kg。一般应采用 2 次追肥法，拔节和灌浆期各追施 1 次。

（6）病虫防治。鲜食甜、糯玉米的营养成分高、品质好，极易招致玉米螟、金龟子、蚜虫等害虫为害，且鲜果穗受为害后，严重影响其商品性和市场价格，因此，对甜、糯玉米的虫害要早防早治，预防为主。在防治病虫密的同时，要保证甜玉米的品质，尽量不用或少用化学农药，最好采用生物防治。

鲜食玉米防治的重点是玉米螟，在大喇叭口期用 Bt 生物颗粒杀虫剂或巴丹可溶性粉剂去芯防治，严禁使用残效期长的剧毒农药。

（7）采收。鲜食玉米由于是采收嫩穗，适期收获非常重要，采收过早，干物质和各种营养成分不足，营养价值低，采收过晚，表皮变硬，口感变差。适收期为授粉后 20~23 天，品种不同略有差异。授粉后 20 天开始检查，做到适期采收。

（8）采后处理。鲜食玉米以售鲜穗为主，最好做到当天采当天销售，如需远距离销售，必须采取一定的保鲜措施，防止玉米果穗由于呼吸作用消耗自身的营养成分及水分，造成鲜度和品质下降。

## 第四节　花生高产优质栽培技术

花生是世界上重要的大田经济作物之一。世界上种植花生面积最大的国家是印度，其次是中国，常年种植面积约 7 000 万亩。花生是山东省的第三大主要农作物，近几年年均播种面积 1 200 万亩左右，年产 340 万 t 左右，面积和总产量分别占全国花生种植面积的 17. 1%和 21. 2%。花生产业是临沂市的传统优势产业，在农业种植业结构调整、农业增效、农民增收和出口创汇中具有不可替代的重要地位。近年来，鲁南地区大力推广两熟制花生直播覆膜高效种植模式，认真落实单粒精播等花生播种关键技术，规范机械化播种作业，提高花生播种质量，为打好丰产丰收基础。

### 一、科学选用良种

(1) 品种布局。适宜临沂市种植的品种主要有丰花 1 号、海花 1 号、日花 1 号、鲁花 3 号、丰花 5 号、山花 9 号、花育 16 号、花育 22 号、花育 25 号、花育 33 号等。春花生肥力较高的地块，重点选择丰花 1 号、花育 25 号。青枯病较重的地方，选用日花 1 号；在春花生肥力较低和夏直播花生的地块，重点选用山花 9 号，搭配种植花育 23 号、花育 32 号、山花 8 号、青花 6 号、潍花 9 号。

(2) 种子精选。播前 10 天左右晒种 2~3 天后剥壳，分级、粒选，剔除破碎、发芽、霉捂等不能出苗的种子。要求发芽率≥90%。

(3) 药剂拌种。每亩可选用 30%毒死蜱种子处理微囊悬浮剂 3 000mL或 25%噻虫 · 咯 · 霜灵悬浮种衣剂 700mL，加适量水（药浆为 1~2L）拌花生种子 100kg。拌种后，要晾干种皮后再播种，最好在 24 小时内播种。

## 二、深松深耕，精细整地

提倡冬前耕地，早春顶凌耙耢，或早春化冻后耕地。要积极示范推广松翻轮耕技术，松翻隔年进行，先松后耕，深松 25cm 以上，深翻 30cm 左右，以打破犁底层，增加活土层。夏直播花生要在麦收后，立即将麦茬打碎，耕翻 20~25cm，再耙平地面，做到土松、地平、土细、肥匀、墒足，尽量减少表层 10cm 土层内的麦茬。同时，要注意防旱防涝，丘陵山地播种前要整修好“三沟”，平原地播前要挖好排水沟，做到防旱防涝并举。

## 三、适期适量播种

（1）足墒、适期播种。适宜土壤水分为最大持水量的 70%左右，适期内，抢墒播种。如果墒情不足，要及时造墒播种。春花生在墒情有保障的地方适期晚播，使花生生育进程与气候条件相一致，避免苗期遭受“倒春寒”、饱果期在雨季烂果。临沂市一般在 4 月下旬至 5 月上中旬为宜。夏直播花生在前茬作物收获后，要抢时早播，越早越好，力争 6 月 15 日前播完，最迟不能晚于 6 月 20 日。

（2）合理密植。高产地块要采用单粒精播方式，适当降低密度，根据品种特性和土壤肥力状况，亩播 14 000~15 000 粒。中低产地块要适当增加密度，春播大花生，双粒亩播 8 500~9 500 穴，单粒亩播 14 000~15 000 粒；夏直播大花生双粒亩播 9 500~10 000 穴，单粒亩播 15 000~17 000 粒。

（3）地膜覆盖，浅播覆土。播种深度 2~3cm，播后覆膜镇压，播种行上方膜上覆土 4~5cm，确保子叶节出土（膜）。

## 四、平衡施肥技术

在搞好秸秆还田的同时，增施有机肥、微生物菌肥和腐殖酸复混肥等长效肥料，配方施用化肥，精准施用缓控释肥，提高土壤肥力，确保养分全面、持久供应。要科学施用化肥，彻底解决烧种、空壳、烂果等突出问题。

（1）增施有机肥和生物菌肥。在大力推广秸秆还田的基础上，广辟肥源、增施有机肥。高产攻关田一般亩施圈肥 4~5t 或腐熟鸡粪 1~1.2t；高产示范田一般亩施圈肥 3~4t 或腐熟鸡粪 0.8~1t；中低产田一般亩施圈肥 2~3t 或腐熟鸡粪 0.4~0.8t。禁止施用未经腐熟的畜禽粪。增施有机肥要配合使用生物菌肥，促进土壤肥力的快速提高。

（2）配方施用化肥。高产攻关田亩施纯氮 12~14kg，磷（$P_2O_5$）10~11kg，钾（$K_2O$）14~17kg；高产田亩施纯氮 8~10kg，磷 6~8kg，钾 9~12kg；中低产田亩施纯氮 4~7kg，磷 3~5kg，钾 5~6kg。将常规化肥与缓控释肥配施。同时，根据地块土壤养分丰缺情况，因地制宜施用硼、锌等微肥。缺钙地区和高产田要单独补施钙肥，以促进结实和荚果饱满。

## 五、加强田间管理

一是及时放苗清枝。覆膜花生膜上覆土的，当子叶节升至膜面时，及时撤土放苗。不能自动破膜时，要及时人工破膜放苗，尽量减小膜孔，并用垄沟内的土压实膜边。自团棵期（主茎 4 片复叶）开始，及时检查并抠出压埋在膜下的横生侧枝，使其健壮发育，始花前需进行 2~3 次。膜上打孔播种田块，当子叶节升至膜面时，及时人工检查并引出不对应膜孔的花生幼苗。二是适时中耕除草。露地花生播种覆土后，用芽前除草剂喷施地面，封闭杂草；地膜花生在播种后覆膜前，用适宜除草剂喷施地面。当花生接近封垄时，露地花生在两行花生的行间或地膜花生在两垄间穿沟培土，培土要做到沟清、土暄、垄腰胖、垄顶凹，利于果针入土结实。三是合理化学调控。当植株生长至 25~30cm 时，对出现旺长的田块用适宜生长调节剂进行控制，要严格按照使用说明施用，喷施过少不能起到控旺作用，喷施过多会使植株叶片早衰而减产。于 10:00 前或 15:00 后进行叶面喷施。

## 六、病虫害绿色防控

推荐采用物理诱杀和生物防治等方法防治虫害、化学药剂防治病害。推广黑光灯、性诱剂和诱虫板等物理诱杀技术，既能控制虫害，又能减少化学农药使用量。防治花生蛴螬等地下害虫可选用生物制剂。防治叶斑病等病害可选用合适的高效低毒杀菌剂。青枯病和锈病防治最好选用高抗花生品种。

1. 花生叶部病害安全高效防治技术

花生团棵期到饱果期的主要叶部病害是疮痂病、焦斑病、褐斑病、黑斑病和网斑病等，这些病害对花生产量影响很大，轻则减产 20%以上，重者减产 80%，必须科学防治。

据山东省临沂市农科院范永强与莒南县农业局贾忠金等研究，不同药剂对花生疮痂病的防治效果有显著的差异，防治效果最好的药剂为 30%苯丙·环唑乳油、10%苯醚甲环唑水分散粒剂和 40%氟硅唑乳油，防治效果达到 95%以上，特别是 30%苯丙·环唑乳油能达到 100%，而 70%甲基硫菌灵可湿性粉剂和 25%三唑酮可湿性粉剂对花生疮痂病防治效果很差。

不同药剂对花生褐斑病、黑斑病、网斑病的防治效果以 30%苯丙·环唑乳油和 10%苯醚甲环唑水分散粒剂为最好，防治效果可以达到 60%以上，25%醚菌酯乳油和常规药剂 70%甲基硫菌灵可湿性粉剂、25%三唑酮可湿性粉剂防治效果最低，仅仅达到 13%~25%。

具体方法：花生苗期（4 叶左右）喷施 25%醚菌酯乳油（阿米西达）1 500 倍或阿米多彩 1 500 倍+EDTA 铁 1 500 倍均匀喷雾，

可以有效预防花生叶部各种病害和因花生目前大面积缺铁引起的苗子不旺的现象。

春花生在开花期、果针期和饱果期（夏花生在果针期和饱果期）分别喷施30%苯丙．环唑乳油1 500倍或10%苯醚甲环唑水分散粒剂1 500倍，另加中化磷酸二氢钾500倍。

2. 花生地上部虫害安全高效防治技术

春花生出苗后的虫害主要有蚜虫、蓟马、红蜘蛛、棉铃虫和甜菜夜蛾类等，应根据虫害发生情况及时进行防治。

具体防治技术：春花生出苗后发现有蚜虫或蓟马时，喷施25%吡蚜酮可湿性粉剂或10%（25%、35%）吡虫啉可湿性粉剂或70%啶虫脒可湿性粉剂5 000倍或5%啶虫脒乳油300倍；如果发现有红蜘蛛发生时，及时喷施15%哒螨灵乳油或20%螨醇·哒螨灵乳油或5%噻螨酮乳油（尼索朗）或三锉锡等；如发现田间有甜菜夜蛾时及时喷施40%氯虫·噻虫嗪水分散粒剂（福戈）或20%氯虫苯甲酰胺悬浮剂（康宽）。

### 七、适期晚收

要结合不同品种特性和长势情况，科学推行适期晚收。春播花生在主茎中下部大部分叶片变黄脱落、上部还剩4~5片绿叶，或地下部80%以上的荚果饱满时，为适宜收获期。一般花生高产田可推迟至9月中旬收获。套种花生和小麦茬夏直播花生收获期可推迟至10月上旬。收获后，应及时晒干，避免损伤，安全贮藏，有效防治黄曲霉毒素污染，确保花生质量安全。

## 第五节　谷子优质高效栽培技术

谷子是喜温、喜光照的短日照作物，耐旱耐瘠薄，抗逆性强，特别适宜在干旱、半干旱地区种植。临沂市谷子以夏季栽培为主，也有少量春季种植。其栽培技术如下。

## 一、选择适宜的地块、茬口

选地整地是谷子生产的基础。应选择地势高、排水良好，土层深厚，结构良好，质地松软，肥力较高，有机质含量1.2%以上的地块；以壤土、沙质壤土为宜。要避开污染源，在农药残留量低，生态环境良好的地区种植；谷子连作病害严重，杂草多，因此，忌重茬。最好种在前茬为豆类、甘薯、麦类、玉米、高粱、棉花、烟草等茬口的地块。

## 二、精细整地

前茬作物收获后，及时深翻，耕深20cm以上，施肥深度15~20cm效果为佳。早春耙耱保墒，播前浅耕，耙细整平，使土壤疏松，达到上虚下实。秋季深耕可以熟化土壤，改良土壤结构，增强保水能力，加深耕层，利于谷子根系下扎，使植株生长健壮，从而提高产量。没有经过秋冬耕作或未施肥的旱地谷田，春季要及早耕作，以土壤化冻后立即耕耙最好，耕深应浅于秋耕。春季整地要做好耙耱、浅犁、镇压保墒工作，以保证谷子发芽出苗所需的水分。

## 三、选用优质品种

选用优良品种是谷子丰产的内因。要根据谷子品种特征特性、适宜地块和气候条件及生产用途，全面衡量，综合考虑。目前适宜我市山丘地区夏谷栽培的品种主要有鲁谷10号、济谷12号、济谷13号、济谷15号、济谷16号、济谷17号、济谷18号等。其中济谷12号、济谷13号营养品质好，适口性强；济谷15号、济谷16号抗拿扑净除草剂，通过苗期喷施拿扑净可有效防除谷田禾本科杂草。济谷17号为灰米谷子，济谷18号为黄米糯性谷子，在2013年国家夏谷区试种产量排名第一。

## 四、种子处理

首先是精选种子，通过筛选或水选，将秕谷或杂质剔除，留下饱满、整齐一致的种子供播种用。其次是晾晒浸种，播种前将种子晒2~3天，用水浸种24小时，以促进种子内部的新陈代谢作用、增强胚的生活力、消灭种子上的病菌，提高种子发芽力。还可进行拌种闷种，即用50%多菌灵可湿性粉剂，按种子重量的0.3%拌种，防治谷子白发病、黑穗病。用种子重量的0.3%辛硫磷闷种可防治地下害虫。

## 五、播期、播量及播深

适期播种是培育壮苗的关键，春谷播期在4月下旬至5月上中旬。夏谷播期均在夏收后的6月中下旬。

播量应根据种子质量、墒情、播种方法来定，以一次保全苗、幼苗分布均匀为原则，一般每亩用种0.5~1kg。谷子播种深度以3~5cm为宜，播后镇压使种子紧贴土壤，以利种子吸水发芽。播种方法应采用条播，行距30~45cm。

## 六、密度

谷子栽培密度与当地的气候条件、土壤与肥水状况、种植方式及所用的品种密切相关。一般山岭地春谷每亩留苗3.5万~4.5万株；平原旱地夏谷每亩留苗4万~5万株。

## 七、施肥技术

谷子栽培中施肥技术对产量有直接的影响，应把握好基肥、种肥、追肥3个施肥环节。

1. 基肥

高产谷田一般以每亩施腐熟的农家肥5 000~7 500kg为宜，中产谷田1 500~4 000kg为宜或每亩施用优质有机肥1 500~2 000kg、尿素 15~20kg、过磷酸钙 40~60kg、硫酸钾 5~10kg。基肥秋施应在前茬作物收获后结合深耕施用，有利于蓄水保墒并提高养分的有效性；基肥春施要结合早春耕翻，同样具有显著的增产作用；播种前结合耕作整地施用基肥，是在秋季和早春无条件施肥的情况下的补救措施。基肥常用匀铺地面结合耕翻的撒施法、施入犁沟的条施法和结合秋深耕春浅耕的分层施肥方法。

2. 种肥

在播种时施于种子附近，主要是复合肥和氮肥，施肥后应浅耧地以防烧芽。因谷子苗期对养分要求很少，种肥用量不宜过多，每亩硫铵以 2. 5kg 为宜，尿素 1kg 为宜，复合肥 3~5kg 为宜，农家肥也应适量。

3. 追肥

谷子拔节到孕穗抽穗时期，是生长发育最旺盛的阶段，应结合培土和浇水每亩追施尿素 15kg，以满足谷子生长发育的需要。

## 八、田间管理技术

科学管理是谷子产量与品质的重要保证。必须采取抢时紧管半个月，做到 2 次间苗 2 次清棵，中耕划锄 3 遍。

1. 苗期管理

以及早疏苗、晚定苗、查苗补种、保全苗为原则。一般是在 4~5 片叶时先疏一次苗，留苗量是计划数的 3 倍左右，6~7 片叶时再根据密度定苗。留苗要在间苗的基础上进行，采取小墩密植、平行留墩、三角留苗，对生长过旺的谷子，在 3~5 片叶时压青蹲苗、控制水肥或深中耕，促进根系发育，提高谷子抗倒伏能力。

2. 灌溉与排水

谷子一生对水分要求的一般规律可概括为早期宜旱，中期宜湿，后期怕涝。播前灌水有利于全苗，苗期不灌水，拔节期灌水能促进植株增长和细穗分化，孕穗、抽穗期灌水有利于抽穗的幼穗发育，灌浆期灌水有利于籽粒形成。谷子生长后期怕涝，在谷田应设排水沟渠，避免地表积水。

3. 中耕与除草

中耕可以松土，促根下扎，同时，防止杂草滋生，达到养根壮棵控秆的目的。旱地中耕以保墒为主，一般 3~4 次。苗期多锄，灭草保墒，促根生长下扎；拔节期深锄拉透，断老根，促新根，一般深度 15cm 以上。孕穗期中耕结合培土，促进气生根生长，增加吸收能力，防止后期倒伏。化学除草，减少用工，播种后用谷田专用除草剂 44%的谷友（原谷草灵）每亩 80g 对水 50kg 均匀喷雾土表，可有效防除双子叶杂草，控制单子叶杂草，防止草荒。抗除草剂的品种可使用配套除草剂。

4. 后期管理

谷子抽穗开花期，既怕旱又怕涝，应注意防旱保持地面湿润，缺水严重时要适量浇水，大雨过后注意排涝，生育后期应控制氮肥施用，防止茎叶疯长和贪青晚熟，同时谨防谷子倒伏。倒伏后及时扶起，避免互相挤压和遮阴，减少秕谷，提高千粒重。

## 九、病害的防治

临沂市谷子主要病害为白发病、黑穗病、红叶病，其防治原则为预防为主，综合防治，以农业、生物防治为主，化学防治为辅。其防治方法为选用抗病品种，选留无病种子，拔除病株、烧毁或深埋，春谷应适当晚播，使用瑞毒霉、拌种双、甲基异硫磷等农药对种子进行拌种、闷种。

## 十、收获时期

谷子蜡熟末期或完熟初期应及时收获，此时谷子下部叶变黄，上部叶黄绿色，茎秆略带韧性，谷粒坚硬，种子含水量 20%左右。谷子收获过早，籽粒不饱满，谷粒含水量高，出谷率低，产量和品质下降；收获过迟，纤维素分解，茎秆干枯，穗码干脆，落粒严重。如遇雨则生芽、使品质下降。谷子脱粒后应及时晾晒，干燥保存。

## 第六节　甘薯优质栽培技术

临沂市丘陵旱地和砂性土壤多达600万亩，适耕性好，土壤中富含钙锌硒等利于人体健康的微量元素，适合甘薯生长。目前临沂市甘薯常年种植70余万亩，占全省的21.3%；鲜薯总产量220万t，占全省的24.8%，面积和总产均居全省首位。自20世纪90年代以来，随着市场经济的发展，甘薯产业得到进一步发展，已成为临沂市富民增收的一项重要支柱产业。

### 一、引种注意事项

甘薯选用什么品种好，要看市场需求、作什么用，同时，还要考虑当地栽培生态条件，特别是土壤病害等条件。总的目标是选用抗灾、抗病、优质、高产、高效的甘薯脱毒品种。引种时，特别注意以下5点。

（1）引种严禁从疫病区（北方甘薯主要病害是茎线虫病，南方比较严重的传播性病虫害包括蔓割病、薯瘟病、蚁蟓等）引种。

（2）要弄清品种和种薯（苗）的真实性。要经实地考察看品种茎叶、薯块各特征特性与该品种是否相符？还要弄清3个问题：一看品种是否经省、国家审定或鉴定、或认定（新品种、外引种例外，开始可到国家甘薯育种科研部门少量引种试验，如经多年、多点、验证后确实好，再大面积应用）；二看有无国家法定部门的品质分析结果；三看是否有国家甘薯科研部门的抗病鉴定结果，弄清抗什么病？不抗什么病？如以上都不清楚，可向国家甘薯育种科研部门咨询，不可盲目大量购种，以防给生产带来巨大损失。可少量引种在不同病地观察其抗病性及丰产性，对表现优良者，再扩大应用。

（3）种薯生产用种，选择甘薯脱毒原种，甘薯脱毒科研单位、脱毒中心原种基地及甘薯脱毒繁育专业原种场且无任何病虫害的单位去引种。利用3~5年的无病生茬地生产1级脱毒良种。

（4）加工原料及商品薯生产用种，到甘薯脱毒繁育场地且无任何病虫害的单位，选择1级脱毒良种或2脱毒良种，脱毒1级良种是用脱毒原种繁育的1代脱毒良种，比多年未经更新过的自繁退化种薯增产10%~20%。

（5）要注意品种的适应性。甘薯品种对土质、栽培方式、气候等因素有特殊适应性，可在示范试验的基础上扩大种植，不要盲目引进，特别是远距离引种更要充分了解适应性。

## 二、丘陵旱薄地甘薯增产规范栽培技术

沂蒙山区的丘陵旱薄地是山东省种植春甘薯的主要基地，常年栽培面积有13.5万$hm^2$，由于丘陵地存在着无灌溉条件、土层浅薄、肥力差、耕作管理粗放等缺点，平均单产一般只有2 000kg/亩。为促进甘薯种植业与加工产业化的发展，近几年通过旱地开发，总结出了“选用良种、培育壮苗、深沟大垄、合理密度、均衡施肥、增施有机肥、抓好3期管理、化除化控”等一整套规范化高产栽培技术，使甘薯平均产量达到了3 000kg/亩，比当地老品种增产1 000kg/亩，新增收益600元/亩，取得了较好的经济效益，探索出了旱作农业实现中产变高产的又好又快发展之路。

### （一）选用高产抗逆新品种，以种节水

在品种的选择上要选用抗旱耐瘠、根系发达、生活力强、增产潜力大的抗逆性强的新品种，如徐薯22、苏薯8号、烟紫薯3号、济薯21等，这些品种能较好地弥补旱薄地水分不足、养分匮乏的缺点，达到以种节水的目的，一般比其他老品种常规栽培增产10%以上。

### （二）搞好种薯处理，培育健苗

培育壮苗是获得高产的基础。可于3月下旬选用塑料拱棚覆盖酿热温床的双增温方法进行育苗，苗床宽度一般为1.50m左右，

长度可根据需要而定。床土挖深40cm左右，挖出的部分床土放在四周，加高床沿，底面整平后，铺上一层15~20cm厚的酿热物如牛马粪、作物秸秆等，在苗床两头可多铺些酿热物，以便缩小苗床四周与床中间的温度差，利于出苗整齐。酿热物铺平后喷洒适量的水，以利分解、酿热，其上再填5~10cm厚的细土，然后排种，每平方米一般排20kg左右，薯块稀植平放，大小薯分开，分清头尾，做到上齐下不齐，薯块间距1~2cm，可使苗子生长均匀、粗壮，无大小之分。排好后分2次盖粪土，第一次先盖甘薯似露非露，每平方米用20kg左右的多菌灵药液（1∶500）灌泼，浇透为宜，然后再盖一层3~5cm的细土，高于薯块1~2cm即可。苗床建好了，前5~7天进行高温催芽，温度保持在36℃左右，以后降温至28~30℃、相对湿度保持在60%~80%，15~23天快速出苗、齐苗，苗高5~7cm时转入低温炼苗，温度控制在20~25℃，成苗后揭开薄膜让苗子在自然环境下生长成壮苗。

### （三）精耕细作，深沟大垄

整地时要深耕细作，加深活土层，打破犁底层，耙透耙细，无明显坷垃，整平地面，起深沟大垄，一般垄距90~95cm、垄高30~32cm，能保温抗寒、减少水分散失，增加抗旱保墒效果好，提高保肥水能力和增加光合空间，给甘薯创造良好生长环境，增强前期茎叶抗旱早发快发、中后期耐涝不早衰效果，利于干物质向块根转换与积累，取得深垄结大薯的高产效果。

### （四）均衡配套施肥

根据不同地力，合理施肥的原则要掌握多施有机肥、沼肥，巧施氮肥，配施磷肥，增施钾肥；肥料选用上以农家肥为主，化肥为辅；施肥方式上以基肥为主，追肥为辅，达到前期土壤养分含量足、中期不过量、后期不脱肥。试验表明，高产田（3 000~4 000kg/亩）氮、磷、钾比例一般为1∶1.2∶2.0，即需用纯氮7.5~9.0kg、纯磷8~15kg、纯钾13~18kg。中肥力地块最佳施肥水平为每亩有机肥3 000kg或沼肥1 500kg、硫酸钾复合肥40kg；

施肥方法是有机肥或沼肥及70%的化肥用作基肥，在起垄时用包陷法集中施于垄中，剩余30%的化肥于团棵期作追肥用；甘薯生长中后期为避免茎叶脱肥早衰，可用0.3%的磷酸二氢钾溶液喷洒茎叶1~2次，补充营养，以促进块根膨大和增产。

**（五）科学用药，预防线虫为害**

为预防线虫为害，宜在窝中同时施予药剂，可用1.8%阿维菌素2 500倍液浇灌，也可用5%米乐尔颗粒剂3.5kg/亩或5%茎线灵颗粒剂1.5kg/亩拌土撒施。

**（六）提高栽插质量与合理密植**

春甘薯在临沂市于5月上旬开始移栽田间，此期一般是高温干旱季节，土壤墒情差，管理的关键是提高栽插质量、确保全苗。栽插时选长约6叶节、粗细一致、无病的顶头苗，剪去基部，埋2叶节平放法呈“L”形栽插，外露4叶节直立，栽深3~5cm，浇足活棵水，精细培土，保证成活率。群体适中是取得高产的保证，据试验，徐薯22等品种春栽株距一般在25~30cm，密度为3 000~3 500株/亩。

**（七）抓好前、中、后3期管理**

1. 前期管理

主攻方向是保全苗，促早发，为形成旺盛的群体奠定基础。栽插3天左右要查苗、补苗，保证苗全苗壮；遇旱时应抓紧浇水缓苗，以利扎根成活；在甘薯活棵后，分别于5月下旬至7月上旬进行3次中耕、培土，深度适宜，做到头遍浅、2遍深、3遍不伤根；通过中耕划锄，既能疏松土壤，清除杂草，还可蓄墒保墒，达到以管保水之目的，为幼苗提供充足的水分、养分，促进秧苗发育，利于早结薯、结大薯。

2. 中期管理

主攻方向是促控结合、协调地上和部地下部的矛盾。完善田间排水渠道，遇涝及时疏通垄沟，排除积水，预防涝害；注意防治食叶害虫的为害，可选用2.5%天王星乳油或1.8%爱福丁乳油

3 000 倍液交替喷雾，保证茎叶正常；发现茎叶有旺长的势头要及时化除、化控，防止秧蔓徒长和草荒为害，可应用 15%多效唑 50~70g 或缩节胺 10g 对水 75kg 喷洒叶部来控上促下，一般 7 月下旬雨季来临后第一次喷施，以后每隔 10~15 天喷 1 次，连喷 3~4 次。

3. 后期管理

主攻方向是保叶促根促增重。到了后期，茎叶一般有脱肥表现，可通过叶面追肥方式补充茎叶生长所需养分，以延长茎叶生长活力，促进干物质向块根转化。方法是用叶面肥或 0.3%磷酸二氢钾水溶液 75kg/亩喷洒茎叶，隔 7~10 天喷 1 次，连喷 2~3 次，一般增产效果达 15%以上。如遇秋旱，叶面喷施 500 倍的旱地龙，可有效控制植株水分叶面蒸腾和散失，提高根系生长活力，增强抵御季节性干旱的能力。旱情严重时要适时浇水，以延长叶片功能期，增加块根膨大速度。

### （八）适时收获

甘薯收早了会降低产量和出粉率，收晚了也会受到冻害，降低品质。10 月中下旬日平均气温达到 15℃、地上茎叶衰老枯黄时，可组织收获，气温降到 10℃前要收完，保证丰产丰收。

## 三、甘薯无公害高产种植技术

### （一）育苗选苗

1. 品种要纯

甘薯生产应尽量采用同一品种和种苗质量一致，当不同品种或优劣种苗混栽时，极易导致减产，这是目前甘薯低产劣质的主因之一。由于甘薯不同品种间和优劣种苗间存在较大差异，有的前期生长旺盛，有的前期生长迟缓，有的品种耐肥，有的品种耐瘠，还有的品种蔓较长，有的品种蔓较短，那么，混栽后部分植株获得优势，营养生长过盛，从而影响了另一部分弱势植株的生长，另外，有些优势植株的茎叶旺长，反而会导致薯块产量低于正常水平。一般情况下，就算 2 个高产品种混栽也会降低产量。

2. 选用良种

目前国内甘薯品种较多，应根据当地土壤条件和种植目的选用优良新品种。用于保健、鲜食的可以选用京薯 6 号、济 18 号、苏薯 8 号、心香等；用于干粉加工的可以选用出干率高的徐薯 25、27、商薯 19 等；土壤肥力高的可选用增产潜力大的济 18 号、徐紫 1 号、徐薯 27 等。

3. 早育壮苗

培育既早又粗壮的不定根，是使幼苗成活快、结薯早而多、产量高的基础。

（1）准备苗床。山东地区一般在春分至清明季节晴天时下种育苗，选择背风向阳，地势高燥，土壤通透性好，富含有机质，管理方便的沙质土或沙壤土做苗床。苗床宽 1.2m，深 20~30cm。亩施腐熟人粪尿 500~750kg，经土壤吸透吸干后进行排薯。

（2）排好种薯。温度达到 15℃左右时，将甘薯种子排放在苗床上，一般每平方米用种薯 18kg 左右，背朝上，头部略高，尾部着泥，头尾方向一致，再亩用腐熟栏肥 500~750kg，均匀盖在种薯上面，上覆 1.5~2cm 细土压实。

（3）苗床管理。苗床管理主要抓好保温、保湿、通风等措施，以温度为主。出苗前，晚上要盖草帘，保持床温 25~35℃。出苗后温度控制在 20~25℃，要防止高温灼苗，如膜内温度超过 30℃，要及时通风散热，防止烧苗。寒潮来临时要做好保温工作。种薯出苗前一般不浇水，以利高温催芽、防病和出苗。如苗床过干，可用喷雾器在苗床上喷清水。出苗后要注意苗床湿度，当苗床发白时要及时浇水，湿润床土和浇洒稀人粪尿，以促进薯苗生长。当薯苗长至 6~7 叶时，揭膜炼苗，当苗高于 30cm 以上时，及时采苗插植。采苗前 5~7 天，适当降温炼苗培育壮苗。壮苗标准：百株苗重 500~700g，苗高 20~25cm，5~7 个节，茎粗，节间短，叶片肥厚，顶 3 叶齐平，剪口浆汁浓，无病虫害。

### （二）深耕起垄，科学施肥

1. 深耕

选择土壤肥沃、土质疏松、透气性好的砂壤土种植，春薯应在秋冬季节深耕冻垡，深耕能加深活土层，疏松熟化土壤，增强土壤养分分解，提高土壤肥力，增加土壤蓄水能力，改善土壤透气性，有利于茎叶生长和根系向深层发展，从而提高甘薯产量。一般深耕30cm 比浅耕 10cm 增产 20%左右。宜在晴天深耕，切忌在土壤粘湿时耕作，以免造成泥土紧实。深翻要结合施有机肥，增加土壤有机质，以改善土壤理化性质，有利于提高土壤肥力。

2. 起垄

甘薯主要是在春季起垄种植，垄作优点是，比平作栽培增加地表面积，增大受光面积，增加土体与大气的交界面，昼夜温差大，且有利于田间降湿排水。在起垄时要尽量保持垄距一致，如宽窄不匀会造成邻近的植株间获得的营养不同，造成优势植株过分营养生长，而弱势植株可能得不到充分的阳光及养分，生长不匀影响产量。起垄方式有多种，其中，大、小垄方式为大垄垄距 90～100cm，垄高 30～40cm 小垄垄距 67cm，垄高 25～30cm。起垄要求垄端行直，高垄深沟，垄型饱满，垄面平整。

3. 施肥

总的施肥原则是平衡施肥，促控并重，掌握前期攻肥促苗旺，中期控苗不徒长，后期保尾防早衰，具体施肥原则是以有机肥为主，化肥为辅，以基肥为主，追肥为辅，追肥又以前期为主，后期为辅。一般来说，由于甘薯多种在沙壤土或瘦地，所以，要注重早施重施，并多施有机肥和草木灰等。基肥一般施农家肥 2 000kg/亩、磷酸二铵 30kg/亩、硫酸钾 35kg/亩，结合起垄时施入沟内。追肥主要在甘薯生长后期因根系吸收养分的能力变弱且追肥不方便，进行根外追肥，用 0. 5kg 尿素或 0. 2kg 磷酸二氢钾对水 100kg 喷雾，每 7 天喷 1 次，连续 2～3 次。

### （三）适时栽插，合理密植

1. 栽插时间

春薯在当地终霜期过后即可争取适期早栽，一般在 4 月下旬栽插，夏薯要求前茬收获后及时栽插。

2. 栽插方法

选用顶头苗、淘汰弱小苗，防止大苗欺小苗，采用“L”形水平栽插法。栽插时先挖窝，后浇水，再栽苗覆土。注意浇水时不要溅到秧苗外露叶片上，有利于提高成活率。

3. 栽插密度

合理密植，可提早封垄以增强覆盖，减少水分蒸发，提高土壤含水量，从而提高甘薯产量。一般实行单行栽植，株距 25～30cm，春薯栽植 3 500～4 000 株/亩、夏薯栽植 4 000～4 500 株/亩。

4. 地膜覆盖

地膜覆盖栽培有利于提高地温，减少杂草为害，防止蔓茎伸长后消耗土壤养分和水分，达到增产增收的目的。地膜覆盖的地块起垄后要求垄面平整，盖膜时做到平、紧、实、严，盖膜后每隔 3～4m 压一道土带，以防大风揭摸。盖膜的方法是：先栽插后覆膜，然后将膜口封严，以减少水分蒸发。

### （四）田间管理

1. 前期管理

重点是查苗补苗，防止缺株断垄，及时用大苗、大蔓补栽，保证密度。扦插后 10～15 天进行第一次中耕，在肥水条件较好，长势旺的地块将薯苗摘顶，以促进茎基部分枝，以利多结薯、结大薯。

2. 中期管理

注意除草：在中后期一般小草生长受到抑制，主要危害是高秆杂草，要及时拔除。杂草太多不但和甘薯争养分，遮挡影响甘薯光合作用，藤蔓间通风透气差，呼吸加剧，养分积累少，产量严重降低，杂草多还会影响收获机械化。

一般不要翻蔓：翻蔓会严重打乱甘薯生长秩序，在翻动过程中容易折断藤蔓，容易造成减产。同时，翻蔓还会消耗大量工时，提高种植成本。一般个别藤蔓接地生根不会影响产量，适当的提蔓就可以了。

适当控制生长：中后期藤蔓生长已经成形，如果太旺盛将会影响养分向地下部转移，进而影响块根产量，此时很难控制，可适当喷施缩节胺等调节剂控制，但不会起到根本性作用。理想的藤蔓结构是大部分分枝直立或半直立，尽量减少接地藤蔓比例，提高冠层高度，保证有良好透气，从上部观察能看到5%的地面。

合理追肥：如果藤蔓生长缓慢，能看到10%以上地面，叶片小，在收获前40~60天可用复合肥稀释浇根部，肥料用量每亩折合磷酸二铵3~5kg，硫酸钾2kg，注意稀释倍数要高，防止烧根。如遇茎叶徒长，可用15%多效唑喷施，控制地上部徒长，以利薯块膨大。巧施裂缝肥，促进薯块膨大。一般是在待垄面开裂时施裂缝肥，以氮肥和钾肥为主，每亩用量为尿素5kg和硫酸钾10kg。在不同时期施用追肥，可利用雨后撒施，其施用量要根据土壤、基肥用量及茎叶长势，分别在苗期、茎叶旺长期、薯块膨大期用尿素加钾肥施用。

注意拔除病株：近年来甘薯病害传播很快，造成严重减产，在中期要注意拔除具有明显症状的植株，如茎基部开裂、植株发黄、叶片表现异样颜色、藤蔓皱缩等，减少病害传播风险。

3. 后期管理

重点是看苗补施根外追根，防止早衰。甘薯中后期如遇连续阴雨，地上部茎叶旺长，应采用提蔓方法。折断茎节上发生的不定根，控制地上部生长，以利块根膨大。切忌用翻蔓的方法，人为造成不必要的减产，并适当延迟收获。

**（五）病虫害防治**

1. 薯黑斑病

薯黑斑病在甘薯育苗，大田生长和藏贮期均有为害，病斑多在伤口上发生，呈现黑色至褐色、圆形或不规则形，中央稍凹临。病薯变苦，不能食用。一般采用50%多菌灵可湿性粉剂1 000倍浸种10分钟，也可用50%多菌灵500~700倍浸苗2~3分钟，效果良好。

2. 软腐病

软腐病主要发生在贮藏期薯块上，软腐病菌首先从伤口侵入内部发展，破坏细胞的中介层，呈现软烂、多水，农民称"水烂"，受害薯肉呈现淡黄白色，并发出芳香酒味。防治方法可用50%~70%甲基硫菌灵可湿性粉剂500~700倍液浸薯块1~2次，效果良好。

3. 甘薯根腐病

甘薯根腐病又称甘薯烂根病，根系染病形成黑褐色斑，后变成黑色腐烂，叶片染病呈现萎蔫状，枯黄、脱落，薯块染病，呈褐色至黑褐色病斑形成畸形薯，防治方法可采用50%甲基托布津可湿性粉剂700~1 000倍液喷雾2次，效果良好。

4. 甘薯虫害

成虫啃食甘薯幼芽、茎蔓和叶柄皮层并咬食块根呈小孔，严重时影响产量，防治方法：前期可用农地乐或用功夫的混合液喷薯头，直到滴水，让溶液流进薯头，喷苗效果良好。

**（六）收获与安全贮藏**

一般正常收获期在9月下旬至10月下旬，留种用甘薯应在10月20日前收获，避免霜冻。保持适宜的窖温和85%~90%的相对湿度是贮藏好甘薯的关键。湿度大，病菌繁殖快，病害蔓延迅速；湿度小，薯块水分丧失过多，影响薯块品质及发芽能力。

1. 贮藏期的窖温

甘薯窖温度管理可分前、中、后3期进行。

（1）前期。入窖20~30天。有加温设备的大屋窖、小屋窖、大窑窖以及棚窖均可采用高温处理，以防止黑斑病及软腐病的为害。高温处理分3个阶段，即升温、保温、降温。在升温阶段，从加温到薯堆温度达到 35℃需 1～2 天。加温要猛，温度上升要快，待气温上升到 36℃时停止，使温度逐渐达到上下一致，最后使温度稳定在 35～37℃。加温期每隔 1 小时测量 1 次薯窖各部位的温度。保温阶段，在 35～37℃内保持 4 昼夜。降温阶段，降温要快，1～2 天以内窖温降至 15℃，以后进入常温管理。无加温设备的，窖温保持在 12～15℃。

（2）中期。入窖 1 个月至翌年立春。窖温应保持在 10～13℃，以保温为主。

（3）后期。立春以后，此时气温逐渐回升，但窖温仍应维持在 10～13℃。晴暖天可通风换气。每个薯窖中安放温度计且温度计校正的最大误差不能超过 1℃。

2. 薯窖湿度的调节

甘薯窖湿度应保持在相对湿度的 85%～90%。湿度过低薯块失水快而降低新鲜度，薯皮干燥色暗。湿度低时，可用窖内洒水、挂湿草苫等措施。

# 第二章　蔬菜高效优质栽培技术

## 第一节　棚室黄瓜高效栽培技术

黄瓜是主要蔬菜之一，在我国各地都有种植。黄瓜采用棚室栽培可以较好地控制上市时间，已成为目前主要的栽培方式之一。现就主要栽培技术介绍如下。

### 一、常见栽培茬口及茬次安排

1. 常见栽培茬口

栽培茬口主要有秋冬茬、越冬茬、冬春茬等。

2. 茬次安排

秋冬茬，8 月上旬播种育苗，9 月中旬移栽定植，11 月上旬开始收获，盛果期在 11 月中旬至翌年 3 月下旬。越冬茬，9 月中旬播种育苗，10 月中下旬定植，12 月中旬开始收获，盛果期在 12 月下旬至翌年 4 月下旬。冬春茬，12 月下旬播种育苗，翌年 2 月上旬移栽，3 月中旬开始收获，盛果期在 3 月下旬至 7 月上旬。

### 二、根据茬口安排，选用优良品种

1. 越冬茬栽培主要品种

越冬茬黄瓜品种应具备耐低温、弱光，早熟性好，中前期产量高、品质好。目前适合日光温室越冬茬栽培的主要品种（普通型）有津优 35、津优 28、寒秀 12 号、强势 319、金秋 3 号、冬春 3 号、澳宝新秀、澳宝新星、津绿 21-10、冬丰 8 号、富农 3 号、冬棚状元、巴菲特、尊贵 18-01、圣欣 1 号、津旺 88-1、津棚 90、津棚 93、盛冬 3 号等；水果型主要有圣者、布瑞斯 15-18、爱尔兰、贝隆、荷兰安妮、雅美特、小美、尼罗、托斯加等。

2. 冬春茬栽培主要品种

冬春茬黄瓜品种除具备早熟性好、前期产量高外，还应具备苗期耐低温能力强。目前适合冬春茬和早春大棚栽培的主要品种（普通型）有津优 22 号、津优 33 号、津优 10 号、博杰 6 号、博杰 10 号、寒秀、寒秀 12 号、绿美 3 号、冬瑞 2 号、万丰 1 号、德瑞特 736B、德瑞特 721B、津绿 21-10、津棚 93、津棚 90、津科 38、世纪春绿、新春 2 号、中研 17、春秋霸主等；水果型主要有莱福 13-18、朵拉、泰利亚、苏珊、亮箭、马哈、津棚 203 等。

3. 秋冬茬栽培主要品种

秋冬茬栽培的黄瓜品种应具备苗期耐热能力强，抗病性好，结瓜期耐低温的中晚熟品种。目前适合秋冬茬或秋延迟栽培的主要品种有奥林 009、盛绿 3 号、春秋霸主、德瑞特 789C、德瑞特 721C、奥宝新秀、丰冠 1 号、丰冠 5 号、津优 11 号、津优 12 号、津旺 18 号、津棚 12 号、中农 15 号、中农 16 号、中农 21 号、佛罗里达、秋棚嘉丰、豫艺 201、秋棚元冠等；水果型有京研迷尔 2 号、蔬研 4 号、布瑞斯 15-18、冬青、雅美特、托尼、米 K160 等。

## 三、培育壮苗

培育嫁接壮苗，在棚室黄瓜生产上具有特殊重要的意义：一是能避免发生镰刀菌枯萎病等土传病害的发生和为害；二是植株生长势强，耐寒、耐热、抗病等抗逆性和适应性能大大增强；三是嫁接的黄瓜显著增产，可比不嫁接的增产 30%。此环节主要应抓住以下几项主要技术环节。

1. 确定棚室黄瓜各茬次的播种育苗时间

要了解黄瓜从播种到始收期所需时间，始收期到盛产期约需 15 天，因此，播种期到始收期的天数，再加上 15 天，便是从播种到盛产期所需的天数（表 2-1）。

**表 2-1　黄瓜从播种到始收期的天数**

| 品种熟性 | 日光温室育苗 | | | 加温温室育苗 | | | 电热温床育苗 | | |
|---|---|---|---|---|---|---|---|---|---|
| | 播种至定植 | 定植至收获 | 播种至收获 | 播种至定植 | 定植至收获 | 播种至收获 | 播种至定植 | 定植至收获 | 播种至收获 |
| 早熟 | 45 | 30 | 75 | 42 | 30 | 72 | 40 | 30 | 70 |
| 中熟 | 48 | 37 | 85 | 45 | 37 | 82 | 43 | 37 | 80 |
| 晚熟 | 50 | 45 | 95 | 47 | 45 | 92 | 45 | 45 | 90 |

2. 在播种和定植前，实施一系列消毒灭菌

因棚室是常年进行蔬菜栽培的园艺设施，其环境条件易发生病虫为害，病虫基数高。为提高棚室黄瓜栽培的成功率，实现高产稳产高效益，就必须对病虫害防重于治，在播种前和定植前采取一系列的消毒灭菌措施。

（1）种子消毒灭菌。种子消毒灭菌一般采取以下其中的 1 项措施即可。

①72. 2%普力克水剂或 25%甲霜灵可湿性粉剂 800 倍液浸种 30 分钟。

②50%多菌灵胶悬剂或可湿性粉剂 800 倍液浸种 20 分钟。

③40%福尔马林 150 倍液浸种 90 分钟。

④温汤浸种：将种子放入 55℃的温水中浸种 10~15 分钟，并不断搅拌直至水温降到 30℃后，再浸泡 3~4 小时，然后将种子反复搓洗后用清水洗净黏液，催芽，可以预防黑星病、炭疽病等病害。将浸泡好的种子用干净的湿布包好，放在 28~32℃的条件下催芽 1~2 天，待 70%种子露白时，即可播种。

另外，为防止种子带毒，可采用 50℃温水浸种 20 分钟后，再用 10%磷酸三钠 1 份，对清水 9 份，浸种 20 分钟。

（2）肥料灭菌杀虫。对苗床施用的有机肥和定植前施用的有机肥，都要在施用前 1~2 个月，按每立方米施 50%的辛硫磷乳油

和50%的多菌灵可湿性粉剂各150g，然后高温堆闷，使有机肥充分发酵腐熟。

（3）苗床消毒杀菌。按每平方米苗床施农药5g，将农药与2 000倍的干细土掺拌成药土，播种前撒铺1/3，播种后覆盖2/3。农药可用以下几种。

①50%的多菌灵可湿性粉剂。

②50%甲基硫菌灵可湿性粉剂。

③50%拌种双粉剂。

④25%的苗菌敌可湿性粉剂。

⑤40%的地菌一次净。

（4）土壤、大棚消毒灭菌。土壤消毒：黄瓜定植前，结合整地，按每平方米撒施40%敌克松或70%乙膦铝锰锌或40%福美双可湿性粉剂8~10g。大棚消毒：在使用前15天，先用58%的雷多米尔锰锌或70%的百菌清可湿性粉剂800倍液喷洒墙面、地面、立柱等，然后密闭大棚，连续高温闷棚5~7天，具有良好的消毒杀菌效果。

3. 播种

黄瓜嫁接主要是插（劈）接法和靠接法，在适播期内，靠接法砧木（黑籽南瓜等）较黄瓜晚播5~7天；插（劈）接法比黄瓜早播4~5天。种子催芽：黄瓜选用饱满的种子，用30℃水浸泡4小时后催芽。也可用100倍福尔马林溶液浸泡种子10~20分钟，洗净后清水浸种3~4小时，然后置于28~30℃的条件下催芽，1~2天可出芽。黑籽南瓜，将种子投入70~80℃热水中，来回倾倒，当水温降至30℃时，搓洗掉种皮上的黏液，再于30℃温水中浸泡10~12小时，捞出沥净水分，在28~30℃条件下催芽，2~3天可出芽。待70%以上种子“露白”时即可播种。

4. 播种后—嫁接前管理

播种后覆盖地膜。苗出土前床温保持白天25~30℃，夜间16~20℃，地温20~25℃。幼苗出土时，揭去床面地膜。苗出齐后在床内撒施0.3cm厚半干的细土。幼苗出土后至第1片真叶展开，白天苗床气温24~28℃，夜间15~17℃，地温16~18℃。

5. 嫁接

嫁接场所要温暖、潮湿。嫁接方法为靠接法和插（劈）接法。嫁接前要将竹签、刀片等工具用70%的酒精中消毒。

（1）插接法。黄瓜幼苗子叶展开，砧木南瓜幼苗第1片真叶至5分硬币大小时为嫁接适期。操作时，将竹签的先端紧贴砧木一子叶基部的内侧，向另一子叶的下方斜插，插入深度为0.5cm左右，不可穿破砧木表皮。用刀片从黄瓜子叶下约0.5cm处入刀，在相对的两侧面切一刀，切面长0.5~0.7cm，刀口要平滑。接穗削好后，即将竹签从砧木中拔出，并插入接穗，插入的深度以削口与砧木插孔相平为好。

（2）靠接法。黄瓜第1片真叶开始展开，砧木南瓜子叶完全展开为嫁接适期。将砧木苗和接穗苗从育苗盘中仔细挖出，先用刀片切掉南瓜苗两子叶间的生长点，在子叶下方与子叶着生方向垂直的一面上，呈45°角向下斜切一刀，斜割胚轴一半，最多不超过胚轴直径2/3。黄瓜苗在子叶下1.5cm处，呈45°角向上斜切一刀，深达胚轴直径的1/2~2/3处。将黄瓜与南瓜的切口对准、迅速地插在一起，并用嫁接夹固定。嫁接后的姿势是南瓜子叶抱着接穗黄瓜子叶。两者一上一下重叠在一起。嫁接后将嫁接苗栽入营养钵中。

嫁接时应注意的技术要点：一是苗子起苗后，要用清水冲洗掉根系上的泥土；二是嫁接速度要快，切口不小于幼茎粗的1/2，不大于幼茎粗的2/3，镶嵌要准；三是嫁接好的苗子立即栽植，刀口处不能沾上泥土。四是边嫁接、边栽植、边遮阴。

6. 嫁接后的管理

嫁接成活率的高低，固然与砧木种类、嫁接方法、嫁接技术有关，但与嫁接后的管理技术也有着密切的直接关系。值得注意的是嫁接后的管理技术对于苗期的花芽分化、雌雄花比例、结瓜早晚、前期产量都有着密切的联系。嫁接后的管理技术要点是为嫁接苗创造适宜的温度、湿度、光照和通风条件，加速接口愈合，促进幼苗生长发育。

（1）温度管理。适于黄瓜接口愈合的温度为25℃。如果温度过低，接口愈合慢，影响成活率；如果温度过高，则易导致嫁接苗失水萎蔫。因此，嫁接后一定要控制好苗床温度。一般嫁接后3~5天，白天温度控制在24~26℃，不超过27℃；夜间温度控制在18~20℃，不低于15℃。3~5天以后开始通风降湿，白天可降至22~24℃，夜间可降至12~15℃。

（2）湿度管理。嫁接苗床的空气湿度较低，接穗易失水萎蔫，会严重影响嫁接苗的成活率。因此，嫁接后3~5天内，苗床的湿度应控制在85%~95%。3~5天以后，逐渐开始通风降湿，使苗床湿度控制在80%~85%。

（3）遮阴和光照时间。遮阴的目的是防止高温和保持苗床的湿度。遮阴的方法是在小拱棚的外面覆盖稀疏的草帘，避免阳光直接照射秧苗而引起秧苗凋萎，夜间还起保温作用。一般嫁接后2~3天，可在早晚揭掉草帘接受散射光，以后要逐渐增加光照时间，1周后不再遮光。但应通过揭放草帘调节光照时间为8~10小时，以短光照促进花芽分化和雌花形成。

（4）通风。嫁接3~5天后，嫁接苗开始生长时，可开始通风。初通风时通风量要小，以后逐渐增大通风量，通风的时间也随之逐渐延长，一般9~10天后可进行大通风。若发现秧苗萎蔫，应及时遮阴喷水，停止通风，避免通风过急或时间过长造成秧苗损害。

（5）接穗断根。在嫁接苗栽植10~11天后，即可给黄瓜断根。用刀片割断黄瓜根部以上的幼茎，并随即拔出黄瓜根。断根5~7天，黄瓜接穗长到4~5片真叶时，即可定植。

7. 促进雌花增多的技术措施

（1）黄瓜苗期关系着前中期产量的花芽分化。当第1片真叶展开时，已分化出第12茎节，其中下部9节已分化花芽。当第2

片真叶展开时，已分化出第 16 茎节，其中，下部 3~5 节的花芽已决定性别。当第 6 片真叶展开时，已分化出第 27 茎节，其中，下部 23 节已分化花芽，14 节已决定花芽性别。当第 10 片真叶展开，决定花芽性别的节位已超过 30 节。因此，黄瓜第 10 片真叶前的苗期所分化形成的雌花，是形成中前期产量的雌花。

（2）短日照和适宜的昼夜温差能促进花芽分化和雌花增多。为了增加雌花数量，在苗期可利用季节短日照和揭盖大棚覆盖物来调节日照时数和温度，使日照时间 8~10 小时，昼温 20~25℃，夜温 13~15℃，昼夜温差 8~12℃。尤其是在夜温较低的情况下，具备 8~12℃的昼夜温差，促进雌花增多的效果会更佳。

（3）苗期的土壤水分适当，可促进雌花增多。据试验分析，土壤湿度在 70%~80%，能促进花芽分化和雌花形成。比土壤湿度 90%以上时，雌花增加 1 倍，比土壤湿度 40%以下严重干旱的条件下，雌花数量增加 2~4 倍。因此，苗床营养土湿度应保持在 80%，定植缓苗后，膜下垄背土壤见干见湿，土壤湿度控制在 70%~80%，有利于花芽分化和雌花增多。

（4）育苗的营养土有适量的氮磷钾速效化肥，能促进苗壮，有利于雌花形成。据试验，充分发酵腐熟的有机肥 4 份，肥沃的田园土 6 份配比成的营养土，每立方米加入尿素 480g、硫酸钾 500g、过磷酸钙 3 500g，或加尿素 300g、磷酸二铵 1 500g、草木灰 5 000g，均能促进苗壮早发，多形成雌花。

（5）适当增加二氧化碳含量，能抑制雄花形成，相对增加雌花数量。

（6）在苗期，喷施适当浓度的乙烯利，能抑制徒长，促进雌花形成，增加雌花数量。特别在秋延迟黄瓜的苗期，于 2~4 片真叶，喷施 50~80mg/kg 的乙烯利，能显著抑制徒长，促进花芽分化，增加雌花数量。

## 四、适时定植

1. 整地施肥

黄瓜适于在肥沃的壤土上生长，喜欢腐熟的农家肥，所以，重施腐熟农家肥是培根壮蔓的基础。每生产 1 000kg 黄瓜果实吸收氮 2. 8～3. 2kg、磷 0. 8～1. 3kg、钾 3. 6～4. 4kg、镁 0. 6～0. 7kg。苗期对氮、磷、钾的吸收量仅占总吸收量的 1%左右，从定植到结瓜时吸收的养分除对磷的吸收量较大以外，对氮、钾的吸收量不到总吸收量的 20%，而 50%的养分是在进入盛果期以后吸收的。黄瓜叶片中氮、磷的含量较高，茎蔓中钾的含量较高。当黄瓜进入结果期以后，约 60%的氮、50%的磷、80%的钾集中在果实中。由于黄瓜需要分期采收，养分随之脱离植株被果实带走，所以，需要不断补充营养元素，进行多次追肥。

棚室黄瓜的产瓜期是露地黄瓜的 3～4 倍，产量也是露地黄瓜的 3～4 倍，因此，施肥量也应是露地黄瓜的 3～4 倍。

一般亩施优质农家肥 12 000kg，过磷酸钙 100kg，深翻 30cm，整细耙平，整成 50cm 宽的管理行，70cm 的栽植行，起双垄，呈凹字形，垄宽 25～30cm，垄高 15～20cm，并覆盖地膜。

2. 定植时间

秋冬茬于 9 月中旬定植；越冬茬于 10 月中下旬定植；冬春茬于 2 月上旬定植。

3. 定植

当幼苗 3～4 片真叶时，按株距 26～30cm，亩不少于 4 000 株；嫁接口不要接触土面；栽后用湿土盖好苗眼，以防膜内热气外溢伤苗，并在凹字形垄沟内膜下浇水印至高垄，并在管理行地面内铺废旧薄膜，隔湿增温。

## 五、定植后的管理

1. 缓苗期管理

从定植到定植后长出一片新叶为缓苗期，需 10 天左右。此期管理的主攻方向是：防萎蔫，促伤口愈合，促发新根。

主要管理措施：在浇足定植水的基础上，掌握高温促新根，遮阳防萎蔫。不浇水、不追肥、3 天内不通风降湿。前 3 天保持较高的温度（地温 25℃，白天气温 25～32℃，夜间气温 25～20℃）和较高的空气湿度（90%～95%）。若遇晴好天气，中午前后盖草苫，防止幼苗萎蔫、凋萎。3 天后，若中午前后棚内气温达到 38～40℃时，开顶缝通风降温至 32℃，以后使棚内最高气温不超过 32℃，并逐渐降低夜温，使夜温不高于 18℃。

2. 缓苗后至结瓜初期的管理

此期是指定植缓苗后至多数植株的第 1 朵雌花开放或座住瓜，一般需 30～35 天。此期是棚室黄瓜管理上技术性最强、最重要的时期。

（1）管理主攻方向。既要促进根系发育，又要保持地上部分有一定的生长量，从而形成较强壮的营养体；既要促进花芽分化，增加雌花数量，又要使植株长势不弱，茎叶发达，花蕾发达；既要要求植株旺盛，多数植株开花后能座住瓜，又要不出现徒长现象。总的来说，就是要做到植株组织充实，积累较多的有机物质，长秧和做瓜齐头并进，并能较强地适应突变天气的变化。

（2）掌握的技术原则。主要是协调好温度、光照和水分的三者关系。

温度：通过覆盖保温和通风降温等措施，使棚内气温控制在白天 24～28℃，夜间 14～18℃，昼夜温差 10～12℃。垄背土壤温度比气温，白天低 2℃，夜间高出 2℃。

光照：通过调节揭放草苫等不透明覆盖物的早晚，争取每天 8～10 小时的短日照。平日要勤擦拭棚膜，增加棚膜的透光性；有条件的可张挂反光幕，尽可能增加光照强度。

土壤湿度：在地膜覆盖条件下，减少浇水，使垄土湿度保持在70%~80%，最高不高于85%，最低不低于65%。

（3）不良天气的管理技术。秋冬茬、越冬茬、冬春茬棚室黄瓜的缓苗至座瓜初期，分别处在11月上旬、12月上旬和3月上旬，此生育阶段若遇到连阴雨雪等不良天气时，要突出加强防寒保温和争取光照时间的管理技术。当寒流和阴雨雪天到来之前，要严闭大棚；墙体厚度达不到标准的，要在墙外用玉米秸秆或废旧草苫防护；降雪时要及时除雪，视天气揭放草苫和通风降湿；不良天气转晴第1天，揭草苫时要根据需要随时喷洒15~20℃的温水或放草苫覆盖，以防闪苗死棵。

另外，此期还要及时引蔓上架。

3. 结瓜期的前、中期管理

越冬茬黄瓜的结瓜期前中期在12月上旬至翌年3月下旬；冬春茬黄瓜在3月上旬至5月下旬；秋冬茬黄瓜在11月上旬至翌年2月下旬。

（1）棚室黄瓜结瓜期前、中期的生育特点。营养生长与生殖生长齐头并进，叶面积大，果实收获量逐渐加大，产量约占总产量的70%，经济效益约占总效益的90%；植株光合作用旺盛，要求光照时间长，光照强度大，温度较高，昼夜温差大，水肥供应及时而充足；随着植株生长和棚内环境条件的变化，病虫害的发生往往有逐渐增多和加重的趋势，要及早防治。

（2）主要管理技术措施。主要是通过温度、湿度、光照调节和水肥供应，协调和平衡营养生长和生殖生长，以达到提高产量，降低病虫为害的目的。

温度管理：通过增光提温、保温、通风降湿等一系列措施，使棚温控制在：

深冬晴天棚内气温：揭草苫前8~10℃，上午20~30℃，下午24~28℃，上半夜18~20℃，下半夜14~16℃，凌晨最低温度

8～10℃。

深冬多云天气棚内气温：上午 24～26℃，下午 20～24℃，上半夜 14～18℃，下半夜 10～14℃，凌晨最低温度 8℃以上。

深冬连阴雨雪天气棚内气温：上午 20～22℃，下午 18～20℃，上半夜 16～18℃，下半夜 12～16℃，凌晨最低温度 8℃以上。

春季正常天气棚内气温：上午 28～32℃，下午 24～28℃，上半夜 18～22℃，下半夜 12～16℃，凌晨最低温度 10℃左右。

（3）水肥管理。掌握“前轻、中重、三看、五浇五不浇”的肥水调节技术。

所谓前轻、中重，就是在第 1 次采收根瓜后，开始随水冲施化肥，以后一般 10～15 天浇 1 次水，隔次冲施 1 遍化肥，每亩次冲施尿素和磷酸二氢钾各 5～6kg，或相应的冲施肥。进入采瓜盛期（日亩采摘量 50kg 以上），一般每 7～10 天浇水 1 次，并随水冲施速效化肥，每亩次冲施氮磷钾复合肥 10～15kg，并辅助喷施叶面肥料。有条件的可在晴天中午前，追施二氧化碳。

所谓三看、五浇无不浇，是通过看天气预报、看土壤墒情、看植株长势来确定浇水的具体时间，并做到晴天浇水，阴天不浇；晴天上午浇水，下午不浇；浇温水，不浇冷水；浇暗水，不浇明水；浇小水，不大水漫灌。

（4）采收。及时采收嫩瓜，防止和减少连续节间坐瓜而化瓜。

（5）防病虫害。及时防治病虫害，把病虫害消灭于点株发生阶段。

4. 结瓜后期管理

秋冬茬、越冬茬、冬春茬黄瓜的结瓜盛期分别在 1 月底至 3 月中上旬、4 月中下旬至 6 月上旬、6 月中上旬至 7 月中上旬。其主攻方向及技术措施：管理主攻方向是防止植株早衰，延长结瓜期，增加后期产量。主要技术措施如下。

（1）温度。上午 16～28℃，中午前后 28～32℃，下午 24～28℃，上半夜 18～22℃，下半夜 14～18℃。5 月中旬以后，实行全日通风降温。

（2）植株调整。一般每株保留20~30片功能叶，且分布要均匀，及时打去老叶、病叶，并适时落蔓。

（3）肥水管理。结瓜后期，植株生长势渐弱，根系吸收能力逐渐降低，在肥水供应上应掌握少食多餐的冲施和叶面喷施补肥的原则，一般每7~8天浇水1次，并追施氮钾肥，追施量为中期的2/3。

## 六、棚室黄瓜常见的生理性障碍

1. 化瓜

黄瓜雌花未开放或开放后子房不膨大，迅速萎缩变黄脱落，称为化瓜。棚室中出现的黄瓜化瓜现象是由环境条件、栽培季节及栽培品种等多方面因素引起的。

（1）花芽分化受阻引起的化瓜。育苗期温度经常低于10℃以下的低温，可能导致花芽分化不正常而化瓜；温度过高，水、肥过大，秧苗徒长时花芽得不到充足的养分，分化受阻易引起化瓜；干旱缺水、光照不足时也会造成花芽分化不良，引起化瓜。防治措施：育苗期内严格控制温度、湿度、光照及肥料，培育壮苗。因苗期低温造成的化瓜可以采用叶面喷0.5%磷酸二氢钾+1%葡萄糖+0.5%尿素来补救。

（2）营养生长过旺引起的化瓜。生长期植株的营养生长过旺，抑制了生殖生长，营养集中在茎叶上时，也易发生化瓜，特别是在甩蔓期，过早地追肥浇水，往往使根瓜化瓜而发生徒长。防治措施：推迟追肥和浇水期，控制氮肥的施用，以防止营养生长过旺。已发现植株节间过长，生长细弱，有徒长迹象时可喷20mg/kg的矮壮素，抑制徒长，防止化瓜，促进瓜条生长。

（3）生长期中高温、干旱、缺肥或氮肥过多易造成化瓜。防治措施：降低温度，适时灌水，增施磷钾肥，每亩追施人粪尿500~700kg，叶面喷施0.3%磷酸二氢钾+0.5%尿素+1%葡萄糖混合液。

(4) 连续低温、阴天引起的化瓜。0.5%磷酸二氢钾+1%葡萄糖+0.5%尿素叶面喷施（主要在苗期使用）；越冬黄瓜，在结瓜期用100mg/kg赤霉素（即1g赤霉素加水10kg）喷花，可促进瓜条生长，并防止低温化瓜；在黄瓜开花后2～3天用500～1 000mg/kg的细胞激动素喷洒小瓜，能加速小瓜生长，防止低温化瓜；在黄瓜7叶时，喷0.2%的硼酸水溶液进行保瓜，防止化瓜脱落。

(5) 根瓜采收不及时引起的化瓜。防治措施：适时采摘根瓜。若田间出现由于根瓜采摘晚而造成化瓜时，可采取追施人粪尿和根外喷施磷钾肥的方法来弥补。

(6) 病虫为害引起的化瓜。霜霉病、灰霉病、白粉病、炭疽病、角斑病等病害直接侵害叶片而影响光合作用，蚜虫、白粉虱危害也会引起化瓜。防治措施：加强病虫害的防治，喷施一些植物生长调节剂，加强肥水管理，提高黄瓜抗病性，促进健壮生长。

2. 花打顶

黄瓜花打顶又称花抱头，是棚室黄瓜生产常见的一种生理障碍，通常表现为生长点附近的节间缩短，没有心叶形成而出现花簇，呈花抱头状。花打顶多发生在结果初期，对黄瓜的产量和品质影响很大，通常分为3种类型。

(1) 发育失调型。前期温度低，且昼夜温差大，植株因营养生长受到抑制而生殖生长过快出现花打顶。

(2) 伤根型。棚内高温干旱，尤其是土壤干旱时，由于肥料过多，水分不足而导致烧根，或者土壤过湿，但气温和地温偏低，造成沤根，都容易形成花打顶。

(3) 生理性缺肥型。土壤条件不适，根系活动弱，吸肥困难，导致生理性缺肥时也会出现花打顶。

(4) 防治方法。

合理调控温度：防止温度过低或过高，及时松土，提高地温，必要时先适量施肥、浇水，再松土提温，以促进根系发育。

合理运用肥水：棚室黄瓜施肥，要掌握少量、多次、施匀，施用有机肥时必须充分腐熟，防止因施肥不当而伤根。适时适量浇水，避免大水漫灌而影响地温，造成沤根。

补救措施：已出现花打顶的植株，应适量摘除雌花，并用磷酸二氢钾 300 倍液叶面喷施；出现烧根型花打顶时，及时浇水；出现瓜秧生长停滞，龙头紧聚，生长点附近的节间呈短缩状，即靠近生长点的小叶片密集，各叶腋出现小瓜纽，大量雌花生长开放，造成封顶现象时应采取喷施尿素 0.5%加磷酸二氢钾 0.5%或 1 200 倍液的喷施宝，以促其生长。

## 第二节　棚室番茄高产优质栽培技术

番茄是喜温湿、怕高温的一年生茄科草本植物，根系分布广而深，入土深度可达 1m 以上。当移植定植以后，主根被切断，侧根发育好，其主要根群分布在 20~30cm 的耕作层内。茎多为半直立，侧枝发芽能力强，在茎节上易发生不定根。根系在定植前生长缓慢，定植后逐渐加快，始花期发育旺盛，以后随着结果数目的增加，根或茎的生长速度减慢。一般在幼苗长出 2~3 片真叶时，开始分化第 1 个花序，是具有较高经济价值的蔬菜之一。番茄根据花序着生的位置及主轴生长的特性，分为有限生长型（自封顶）和无限生长型两大类。目前，棚室番茄栽培的主要品种基本属无限生长型。

### 一、番茄生理对环境条件的要求

番茄为一年生草本茄科植物，种子在 11~40℃范围内均能发芽，最适宜温度为 25~30℃。生长发育的最适宜温度为白天 20~25℃，夜间 15~17℃，30℃以上就会妨碍坐果，植株徒长，并容易诱发生理缺素症及病毒病，10℃以下生长发育缓慢，5℃时茎叶停止生长。适宜地温为20~23℃。

## 二、棚室番茄常见的栽培茬口

近年来，随着蔬菜栽培设施的不断完善和发展，番茄栽培基本上实现了周年上市供应，从而丰富了城乡居民的菜篮子，增加了广大菜农的经济收入。目前，在鲁南地区，番茄栽培主要有以下4种栽培茬口安排。

（1）秋延迟（秋冬茬）。7月中上旬播种育苗，8月下旬至9月上旬移栽定植，11月中上旬进入采收初盛产期。

（2）越冬茬。8月下旬至9月上旬播种育苗，10月中上旬移栽定植，翌年1月中上旬进入初盛产期。

（3）冬春茬（早春茬）。12月上旬播种育苗，2月上旬移栽定植，4月下旬进入初盛产期。

（4）越夏茬（伏茬）。4月上旬播种育苗，5月中上旬移栽定植，7月中下旬进入初盛产期。

## 三、品种选择

鲁南地区主要品种有：金棚M6033、金棚M6099、中研冬悦、欧冠、齐达利等。

1. 金棚M6099

无限生长高秧粉红类型，高抗根结线虫、番茄花叶病毒病，中抗黄瓜花叶病毒病，在部分地区抗叶霉病、枯萎病，没有发现筋腐病。高圆形，光泽度好，耐贮运，货架寿命长。一般单果重可达200~250g，大的可达300~350g甚至350g以上。连续坐果好，可连续坐果4~5穗果实。

2. 中研冬悦

为杂交一代无限生长型粉果番茄。耐低温弱光，果实高圆，颜色亮丽，厚皮硬肉，特别耐贮运。单果重260g左右，果个均匀整齐，无花疤，商品性佳。抗病性强，高抗叶霉、早晚疫等病害。植株长势旺盛，不黄叶，不早衰，丰产性好。抗寒能力强，适宜越冬日光温室及春秋大棚栽培。

3. 欧冠

荷兰引进的杂交一代，为无限生长型品种。果实圆球形，大小均匀，平均单果重240~320g，高抗烟草花叶病、条斑病、早疫病、晚疫病等病害。适宜秋延迟、深冬、早春保护地栽培。

4. 齐达利

杂交一代大红番茄品种；无限生长型，中熟品种，植株节间短；果实圆形偏扁，颜色美观，萼片开张，单果重约220g，果实硬度好，耐贮运；抗番茄黄化卷叶病毒、番茄花叶病毒、枯萎病、黄萎病。适宜西北区域秋延、东北越冬、南方露地秋延栽培。

## 四、培育壮苗

苗床设置与育苗营养土的配制要根据茬口不同和育苗的季节不一样有所区别。冬春季育苗苗床设置的关键应围绕提高苗床温度、减少热量损失、增加光照等方面进行。可根据实际情况采用电热阳畦苗床、加温温室、不加温温室内拱小棚电热苗床等设置；夏秋季育苗正处于高温、多雨和病虫害多发期，苗床设置措施应围绕遮阴、降温、避雨、避蚜及避强光进行。

育苗肥是培育壮苗、减少番茄畸形果、增强抗病性和获得高产的基础。培育壮苗不仅需要肥沃疏松的床土，而且还需要土壤中有丰富的速效氮、磷、钾和其他养分，pH 值在 6.0~7.0。番茄育苗营养土是由土壤与肥料人工配制而成。土壤应采用近 3 年未种过茄科作物及烟草的田园上，最好是葱蒜地或麦田地里的表土。肥料选择优质的有机肥为主。将田园土和腐熟有机肥分别破碎并过筛，然后按 1∶1 的比例混合均匀成营养土。一般栽培一亩番茄约需 11.7$m^2$ 苗床，需施入 0.4$m^3$ 营养土。

1. 种子处理

番茄播种前进行种子处理可以有效地预防减少苗期病害及疫

病、茎基腐、枯萎、溃疡、病毒病等种传或土传病害发生。同时，缩短出苗期，根好苗壮，提高幼苗质量。其主要方法如下。

先将种子放在干净的容器内，再缓缓加入52~55℃温水，边倒边搅拌，使种子均匀受热，持续15分钟，水温自然降至30℃时停止搅拌，再继续泡4~6小时，使种子充分吸胀水分。然后将种子捞出来再放入10%磷酸三钠溶液中浸20~25分钟，捞出种子后立即用清水冲洗干净药物，便可催芽。常用催芽方法是将浸过种子装进潮湿布袋中，放入灯泡加温的小缸内，或用湿麻布包好，放置温暖处，保持25~30℃，低于10℃或高于35℃均不利于发芽。为了给种子发芽提供良好的水分和氧气环境，促使出芽整齐，需每天用20~30℃的温水淘洗种子1次，待大部分种子露白后，便可播种。

2. 播种

冬春季育苗播种应在晴天上午进行，以便苗床吸收更多的太阳能。若遇阴雨天气不能播种，应将种子放在10~12℃处摊开，上盖湿布，待天气转晴后再播种。播种前，苗床要浇足底水，通常以集中浇水后苗床表面积水深5cm左右为宜。待水渗完后，将待播的种子均匀撒播在苗床上，然后覆盖过筛细培养土0.5~1.0cm，用一窄薄板或竹竿将床面刮平，使覆土均匀。

3. 苗床管理

播完应立即覆膜，提高床温，使床温全天保持在25~30℃。为了能保证这一时期的床温，一般采用晴天草帘早揭早盖，阴雪天看是否出苗，可不揭或短时间揭草帘；晴天可根据床温白天不加温，晚上加温，阴雪天可全天加温。

当种芽顶土时，降低床温，使夜温保持在12~15℃，白天应使苗床多见光，即使是阴雪天气，也要揭帘见光。这时，若发现有“带帽”出苗现象，应在晴天中午覆“脱帽土”土0.3~0.5cm。

苗齐后至2片真叶期，既要防止幼苗徒长，又要促使幼苗健壮生长发育。通常的做法是苗出齐后，要立即通风，降低温度。白天当床温升到22℃时应开始通风，下午当床温下降至22℃时要关闭通风口。通风的原则是，背向通风，由小到大，严禁中午床温过高（35℃以上）进行大通风。若通风不及时造成床温过高，可采用回帘遮光降温，再通风的办法。

幼苗开始顶心时，应适当提高床温，晴天20~25℃，阴天18~20℃，夜间10~14℃，促进第1片真叶伸展。当幼苗生长到2片真叶时，要加大通风量，降低床温，使床温白天保持15~21℃，夜间6~10℃。同时，叶面喷施1次“海状元818”植物卫士800~1 000倍液。草帘要早揭晚盖，锻炼幼苗。

幼苗长到3片真叶时，应及时分苗。分苗后将分苗床四周封严，草帘要晚揭早盖，使床温保持在30℃左右。缓苗后，新叶开始生长，要逐渐加大通风量，草帘要早揭晚盖，使床温白天保持在23~25℃，夜间10~14℃。定植前7~10天，应加大通风量，减少苗床保温材料，逐渐降低夜温，使最低温度可达7~8℃，以适应定植后的环境。

夏秋季育苗应特别注重避蚜、避雨和遮阴降温等措施。通常的做法是在通风、排水良好的田块挖好平畦苗床，摆好营养钵（钵内的营养土配比按上述方法进行配制），绕足底水，待水渗完后，每钵播5~6粒种，分散点播。苗床上搭拱棚，顶部用塑料薄膜防雨，拱棚四周围绕银灰薄膜条，以避蚜、通风。为了减少强光对幼苗的影响，应采用草帘或遮阳网等覆盖物搭阴棚。

出苗后，应及时间苗、覆土。幼苗2叶1心时，每钵可定苗1~2株。苗床管理的重点：一是减少浇水促进根系发育。通常2叶前不浇水，2叶后选晴天早晚浇水1~2次。二是防雨、降温。通常在晴天10: 00左右盖上阴棚，16: 00—17: 00揭除，阴天不盖，雨天还应盖好塑料薄膜。随着幼苗长大，高温过去应逐渐缩短阴棚覆盖时间，直到移栽前1周完全不盖。三是定期喷施“海状元818”植物卫士800~1 000倍液，通常在幼苗2叶1心定苗后开始喷施，每隔10天左右1次，喷施时最好是下午避开高温进行。

4. 壮苗标准

番茄的壮苗标准是根深、叶茂、茎粗。一般冬季育苗 70~80 天；春季 50~60 天苗龄；夏、秋季育苗 30 天左右。壮苗株高 15~20cm，茎粗在 0.5~0.8cm，节间短；叶片 7~9 片，叶色深绿，叶片肥厚；第 1 花穗已现大蕾；根系发达，侧根数量多；花芽肥大，分化早，数量多。植株无病虫害，无机械损伤。

## 五、定植前准备

1. 做好茬口安排

番茄忌连作，轮作茬口以葱、蒜、韭和豆科作物最好，十字花科、叶菜类次之，需要在定植前 15 天左右拉秧倒茬，清除前茬残枝枯叶。

2. 施基肥

前茬作物收获后要及时清理田地，深翻施足基肥。每亩撒施经过充分发酵腐熟灭菌的有机肥 10 000kg，复合肥 40kg，中微量元素肥料 25kg，各种肥料混拌均匀撒施后耕翻。整地起垄，结合深翻 30cm，使肥料与土搅拌均匀。耙细整平后起垄。一般采用大垄高台，膜下暗灌方式种植，做宽 80cm，高 10~15cm 的大垄，垄距 40cm，起垄后浇透底水。

3. 棚室消毒

结合整地，每平方米撒施 40%敌克松或 50%乙膦铝锰锌可湿性粉剂 8~10g，进行土壤杀菌消毒；定植前 2 天，选用百菌清或异丙威烟剂熏棚 12 小时，放风排烟无味后定植。也可于定植前 7~10 天，选择连续 3~5 个晴天，严闭大棚，进行高温消毒灭菌。

## 六、定植

1. 定植时间

越冬茬，10 月中上旬移栽定植；冬春茬（早春茬）；2 月上旬移栽定植；越夏茬（伏茬），5 月中上旬移栽定植。

2. 定植密度确定原则

在定植密度上应掌握，早熟品种比晚熟品种要密；自封顶类型比无限生长型的要密；单秆整枝比双秆整枝的要密；土壤相对瘠薄比土壤相对肥沃的要密。一般有 2 种定植密度：一是大行距 70cm，小行距 50cm，株距 30~40cm，亩定植 3 000~3 500 棵；二是大行距 75cm，小行距 45cm，株距 45~55cm，亩定植 2 100~2 400 棵。

3. 定植

定植前对秧苗采用恶霉灵+恩益碧沾根处理可预防茎基腐病。一般采用坐水稳苗，扶垄栽苗定植。具体做法是：按株行距平地开沟、浇水，待水渗下 2/3 时，按株距栽苗，苗坨顶面略高出地面。带栽植完成后，按需要进行覆土起垄。

## 七、定植后的管理

1. 缓苗期管理

定植后的 7 天之内，管理的重点是改善土壤透气条件，减少叶面蒸腾，调节好温度，尤其是地温，促进幼苗扎根生长。

（1）冬春茬、早春茬。定植后当晚应立即覆盖草苫，4~5 天通常不通风，白天及时揭苫，增加棚内光照，提高棚温，促进缓苗。若遇低温，可采用临时加温措施。白天气温一般控制在 25~30℃，夜温 15~17℃，中午不超过 32℃。

（2）秋延后茬、越夏茬。定植后，外界环境条件能满足秧苗正常的生长发育。此时不必扣棚，使棚内外温度基本相同。

（3）越冬茬。定植后，外界气温较低，以保温为主，密闭不放风，尽量提高棚温，白天 25~30℃，夜间 10~18℃。

2. 缓苗后至第一穗果膨大的管理

此期是番茄由营养生长逐渐过渡到营养生长和生殖生长并重的时期，也是番茄对养分吸收越来越多的时期。其管理主攻方向是：蹲苗，防徒长，协调营养生长和生殖生长平衡关系。

（1）温、湿度。主要是通过草苫揭放、通风放气等措施来调节棚内的温湿度，白天一般保持在20~25℃，夜间12~15℃；空气湿度白天50%~60%，最大不超过75%，夜间空气湿度80~85%。

（2）浇水追肥。自缓苗后至第一穗果如核桃大小前，一般不宜浇水和追肥，只有在幼苗生长缓慢、肥效不足时，才可轻追一次速效化肥，一般亩追施尿素6~8kg；另外，在第一穗花序开花坐果时，如出现干旱时，可浇1次小水。待第一穗果长至核桃大小时，要结合浇水及时追施膨果肥，一般亩追施三元素复合肥15~20kg。

（3）化控技术。坐果前，如发现植株有徒长现象，要及时进行化控。一般用25%助壮素1 500~2 000倍液，或用15%多效唑700~1 000倍液进行喷洒植株顶部。

（4）防落花落果。一是用2，4-D（2，4-二氯苯氧乙酸）药液涂抹花柄。其使用浓度为：棚温15℃以上时，使用浓度为10mg/kg；棚温15℃以下时，使用浓度为15mg/kg。二是用防落素（对氯苯氧乙酸）喷花。其使用浓度为：棚温15℃以上时，使用浓度为30mg/kg；棚温15℃以下时，使用浓度为50mg/kg。

（5）整枝打杈。株高50cm左右时，要及时吊绳绑蔓，采用单秆整枝方法。

3. 结果期管理

从第一穗果核桃大小至最后一穗果成熟，为结果期。此阶段的主要特点：一是越冬茬和秋冬茬都处在外界气温低的时期；冬春茬、越夏茬都处在外界气温较高和高温的阶段。二是番茄的生殖生长占主导地位，养分消耗大，需要大量的营养供应结果。因此，在管理上必须根据外界气候条件和植株的生长发育特点，采取相应的温度、光照、湿度等管理措施。

（1）温度。白天控制在20~30℃（以23~27℃为最适宜），夜温12~18℃（以14~18℃为最适宜）。增温的主要措施：一是适时揭放草苫，争取更多的光照时间；二是夜间草苫上加盖薄膜；三是放顶风，不放溜地风，减少通风时间；四是浇温水，不浇冷水。降温的主要措施：首先加大通风量；其次覆盖遮阳网。

（2）湿度。一是浇水时做到“五浇五不浇”。即晴天浇水，阴天不浇；晴天上午浇水，下午不浇；浇温水，不浇冷水；浇暗水，不浇明水；浇小水，不大水漫灌。二是浇水后要注意通风排湿。三是对越夏茬和冬春茬番茄，在大雨来临之前，要封棚避雨。

（3）光照。对秋冬茬、越冬茬番茄，要尽可能延长光照时间，也可张挂反光膜；对越夏茬、冬春茬番茄，要适当遮光，技术去除老叶，改善通风透光条件。

（4）追肥。一是每采收一层果，结合浇水追施 1 次速效化学肥料，一般亩追施三元素复合肥 10~15kg，或相应的冲施肥。二是为防止植株早衰，提高植株的抗病能力和果品品质，一般每 10 天左右，喷施 1 次叶面肥料。

（5）整枝疏果。要及时抹杈、绑蔓，当幼果长至蚕豆大小时，及时进行疏果，大果型一般每穗果留 2~3 个，中果型品种一般每穗果留 4~6 个，小果型品种每穗果留 7~9 个，樱桃番茄留 20~40 个。疏果时要注意消毒，不能吸烟，以防传毒。

## 第三节　棚室辣（甜）椒生产技术

辣（甜）椒为茄科辣椒属，为一年生或多年生植物，原产于中美洲和南美洲热带地区。我国自明代引入，现南北各地均有大面积栽培。依照产品的鲜与干，辣椒果实分为菜椒和干椒两类，棚室栽培的辣椒为菜椒。菜椒按辣味轻重，又分为辣椒、半辣椒和甜椒。

### 一、辣椒对环境条件的要求

1. 对温度的要求

辣椒种子发芽的最适宜温度为 25~30℃，最低温度 15℃，低于 12℃或高于 35℃都不能发芽都不能发芽。植株生长适温为 20~30℃，低于 15℃，个体生长发育停止，长期低于 5℃，植株就会死亡，适宜的昼夜温差为 10℃。辣椒在不同的生长发育阶段，对温度的需求也有所不同，一般在生长发育的前期要求较高的温度，到生长发育后期要求温度较低。如在开花坐果期，要求白天温度 26~28℃，夜间 16~18℃，而到果实膨大期，则要求适当降低温度，加大昼夜温差，才有利于果实的膨大生长。

2. 对湿度的要求

辣椒根系不够发达，吸水力弱，不耐旱，也不耐涝。土壤干旱时，叶片少，发棵慢，果实僵小。在整个生育期中，要求空气湿度较小，苗期如水分过多，幼苗会徒长，形成高脚苗，甚至染上幼苗猝倒病等。开花结果期若水分过多，空气太湿，则授粉受精不良，果小，易发生病害。辣椒不耐涝，积水一昼夜会受涝灾，植株萎蔫，甚至死亡，因此，宜采用深沟高畦栽培。

3. 对光照的要求

辣椒对日照时数的要求不严，在长短日照下均能正常开花结果，最适日照时数 8~10 小时。育苗床中光照不足，易引起幼苗徒长，生长纤弱，抗逆性差。若定植后光照不足，植株不健壮，易感病，开花不良，影响结果和产量。

辣椒要求中等强度光照，光照不足，会引起落花落果，光照过强则易诱发病毒病和果实日灼病。

4. 对土壤营养的要求

辣椒对土壤的要求不严格，在沙壤土、黏壤土或壤土上种植均能生长，但以土层深厚，肥沃疏松，排水良好的砂壤土为最好。盐碱地栽培辣椒，其根系发育差，易感病毒病，最适 pH 值为 5.5~6.8。

辣椒耐肥力较强，幼苗期需要有充足的氮肥，开花结果期需较多的磷、钾肥，使根群发达，提高抗病力。其对氮磷钾三要素的需求比例大体为 1：0.5：3，且需求量较大。

## 二、棚室栽培的主要模式

（1）秋延迟栽培。7月中下旬播种育苗，9月中上旬定植，11月上旬开始采收。

（2）越冬茬栽培。8月上中旬播种育苗，10月中上旬定植，翌年1月上旬开始收获。

（3）早春栽培。12月下旬至翌1月上旬播种育苗，3月下旬定植，5月中旬开始收获。

## 三、栽培品种选择

适宜栽培主要品种有湘研6号、湘研8号、洛椒四号、洛椒316、砀椒三号等。

（1）湘研系列。湘研系列是湖南省蔬菜研究所育成的系列配套的一代杂种。湘研6号属于辣味型的品种；湘研8号，耐热，抗病，丰产，微辣甜味，适于夏秋栽培。

（2）洛椒四号。极早熟一代杂交种，开花25天即可采收，株高50~60cm，果实粗牛角形，果长18~20cm，单果重90~100g，最大可达120g，皮色青绿，味微辣、风味佳、坐果率高，果实膨大快，抗性强，适应性广，可做早春保护地、露地及秋延后栽培。

（3）砀椒三号。极早熟，一代杂交种，抗病毒病，耐低温、弱光，连续挂果力强，果实膨大快，前期挂果多、集中、果个大、果实长灯笼形，皮薄、微皱、果实绿色，前期产量集中，上、下层果实基本一致，经济效益可观，比同类品种果更大，产量更高，一般单果重60~100g，果长12~16cm，亩产5 000kg以上，秋延、早春栽培经济效益显著，适宜湖南、湖北、海南、四川、重庆等省市和苏、鲁、豫、皖及全国大部分地区的秋延、早春露地保护地栽培。每年8月上市。

## 四、培育壮苗

1. 育苗设施

秋延迟辣椒育苗正处于高温、多雨季节，应在地势高燥、通风、灌排水条件较好的地块设置遮阳、防雨苗床；越冬茬辣椒育苗正处于外界温度逐渐转凉的季节，应在背风、向阳的地方设置苗床，以便以后扎风障或架设拱棚进行保护；早春茬辣椒育苗正处于寒冷季节，应选用日光温室或改良阳畦进行育苗。

2. 育苗土配制与消毒

育苗土一般采用 3 年内没有种过茄科作物的 6 份大田土加 4 份充分腐熟的圈肥，经捣细过筛后配制而成。然后，按每立方米育苗土加三元素复合肥 1~1.5kg、50%多菌灵可湿性粉剂 80g，80%敌百虫 60g，充分混匀，盖膜堆闷 10~15 天后，装入育苗钵或铺于育苗床内，浇透底水，以备播种。

未配制育苗土，直接利用苗床的，除使用相应肥料外，消毒一般采用 1:(60~80) 倍的福尔马林药液，按每平方米 1~2kg 的量均匀浇泼在床土上，然后覆膜 5~7 天，揭开薄膜让福尔马林气味散尽后，方可播种。

3. 种子处理

将种子放入 55℃温水中浸泡 10 分钟，并不断搅拌，待水温降至 30℃，捞出后用 0.1%的高锰酸钾溶液再浸泡 10 分钟，然后用清水洗净，浸泡 6~8 小时，捞出、稍凉后，用干净的湿纱布包好，放在 25~30℃的条件下催芽，一般经 3~5 天后种子露白时即可播种。也可用 10%磷酸三钠溶液浸种 15 分钟，起到钝化病毒作用。在催芽过程中，每天至少要用 30℃的温水淘洗种子 1 次，以防烂种。

4. 播种

床土整平以后，浇足底水，待水渗下后，播种。播种一般采用撒播，撒种要均匀，每平方米苗床播种 18~22g（以干种计算），撒完覆土 0.8~1cm，覆土后盖地膜保墒，保持高温、高湿的环境。使用营养钵育苗的，每钵需播种 2~3 粒种子。

5. 苗床管理

科学合理的苗床管理，是培育壮苗的有力保证。其主攻方向是通过科学调控温、水、气、热，使其能够满足辣椒的生长发育，从而培育出适合栽培需要的壮苗。

（1）播种至出苗前的管理。播种后，应适当提高温度，以促进出苗，此期，地温须控制在 20℃左右，白天气温控制在 28~30℃，夜间 18~20℃。待 70%~80%的辣椒种子出齐后，及时揭掉薄膜等保湿设备。

（2）出苗后至分苗前的管理。当幼苗出齐、子叶展平后，为防止幼苗徒长，应适当降低温度，白天控制在 25~27℃，夜间 15~18℃，以保证子叶肥大、叶柄长短适中、生长健壮。分苗前 3~4 天，加强通风，白天温度控制在 25℃左右，夜温 15℃左右，对幼苗进行低温锻炼，以利分苗。

（3）分苗。待幼苗长至 2~3 片真叶，要及时分苗。分苗前 1~2 天要浇“起苗水”，以利于起苗，防止散坨，减少伤根。栽苗时，拣选大小基本一致幼苗每钵栽 1 株。栽苗不要过深，起码应把叶子露在外面，栽后浇水，水量一般不宜过大。早春茬辣椒分苗时温度低，要特别注意在晴天上午进行，16:00 前结束。炎夏季节分苗，要注意在阴天或傍晚时进行。光照过强时，还要适度遮阴，减少植株萎蔫，以利缓苗。

（4）分苗后的管理。温度：分苗后 1 周内，应适当提高温度，促进缓苗。此期地温控制在 18~20℃，白天气温控制在 25~30℃。1 周后，幼苗新叶开始生长时，适当通风降温，白天气温 25~27℃；夜间气温 17~18℃。以防幼苗徒长。白天气温 25~27℃；夜间气温 15~18℃。湿度控制：分苗后在新根长出前不要浇水，新叶开始生长后可根据幼苗长势，土壤墒情，适当浇小水，浇水后要注意通风排湿。3~4 叶时，为防止幼苗生长，可喷洒 60mg/kg 的助壮素或 300~500 倍液的克旱寒增长剂。

(5) 炼苗。移苗前 5~7 天开始降温炼苗，使温度逐渐降到白天 18~20℃，夜间 13~15℃。移植前一天轻浇 1 次水，以利起苗。

6. 壮苗标准

辣椒苗龄在 70~100 天，株高 18~20cm，茎粗 0.4cm 以上，叶片 10~12 真叶，叶色浓绿，90%以上的秧苗已现蕾，根系发育良好，无锈根，无病虫害和机械损伤。

## 五、棚室辣椒定植

1. 棚室消毒

根据栽培季节和实际情况，采取相应的消毒方法。

越冬茬、早春茬栽培的棚室可在定植前一周，每亩用硫黄粉 1 000g加锯末混合，拌匀后分放在棚室内各点，暗火点燃后密闭温室熏蒸 12 小时。或用 45%百菌清烟雾剂每亩用药 1 000g熏蒸温室，熏蒸后仍密闭温室 7~10 天消毒灭菌，定植前 1~2 天打开通风口通风。

秋延迟茬栽培的棚室可用福尔马林 300~500 倍液对温室内的墙体骨架及各部位和角落实行喷洒消毒，喷洒 7 天后打开通风口通风，15 天后即可定植。

2. 整地施肥

辣椒为吸肥量较多的蔬菜类型，每生产 1 000kg 果实约需要氮 5.19kg、五氧化二磷 1.07kg、氧化钾 6.46kg。同时，辣椒在不同的生育期，所吸收的氮、磷、钾等营养物质的数量也有所不同。从出苗到现蕾、初花期、盛花期和成熟期吸肥量分别占总需肥量的 5%、11%、34%和 50%。从初花至盛花结果是辣椒营养生长和生殖生长旺盛时期，也是吸收养分和氮素最多的时期。盛花至成熟期，植株的营养生长较弱，这时对磷、钾的需要量最多。在成熟果采收后，为了及时促进枝叶生长发育，这时又需较大数量的氮肥。一般结合整地，需亩铺施充分发酵腐熟的优质厩肥 10 000kg，三元素复合肥 50~75kg，中微量元素肥料 15~20kg，深翻 25~30cm，整平耙细后起垄。起垄标准为：垄宽 110cm，每垄定植 2 行，小行距 40~45cm，大行距 65~70cm，小行距间略呈小沟，垄高 15~20cm。

3. 定植

垄上开沟，施入腐熟饼肥，一般亩施 400~500kg，并与土充分混匀后，按株距 25~30cm 进行栽苗，浇水，一般亩定植 4 000~5 000 棵。待水全部渗下后，封埯盖膜，并及时将苗引出膜外。大架栽培，株距 40~50cm，亩栽植 2 500 株左右。

## 六、定植后管理

1. 温光管理

棚室辣（甜）椒定植后的缓苗期，需要有较高的温度，特别是地温，以促进幼苗生根，加快缓苗。因此，在管理措施上应闭棚提温，使棚内温度保持在白天 26~30℃，夜温 16~18℃，凌晨最低温度不低于 15℃。秋延迟茬、越冬茬辣椒的缓苗期，外界温度尚高，白天棚内保持较高的适宜温度不成问题，但应注意在定植前上好棚膜，备好草苫等覆盖物，以备保温或遮阴降温。当夜间温度降至 15℃时，要及早上好草苫，适时覆盖保温。早春茬辣椒的缓苗期正值外界温度较低的季节，基本上掌握闭棚提温，适当早揭早盖草苫，增温保温，使棚内温度保持在白天 26~30℃，夜温 16~18℃，昼夜温差 10~12℃的适宜范围内。缓苗后，适当降低温度，当白天温度超过 32℃时，就要开顶缝放风降温，降至 26℃时，关闭风口进行保温，使棚内夜温不低于 15℃。

待辣椒进入开花结果期，要争光调温，促株壮，促进开花坐果，加速果实膨大。此期以保持棚温白天 22~27℃，夜温 15~17℃，昼夜温差 10℃为宜。

2. 肥水管理

辣椒定植时，浇足定植水后，缓苗期基本不用浇水。此期若出现干旱现象，可于小沟膜下浇小水，使棚内土壤湿度保持见干见湿，以控制和降低空气湿度，提高棚温，促进根系发育，植株健壮。开花坐果后，辣椒对肥水需求量大增，此时应结合浇水进行第1次追肥，一般亩追施磷酸二铵15~20kg或相应的高氮高钾冲施肥；待对椒采收后，进行第2次追肥，一般亩追施尿素20kg，过磷酸钙、硫酸钾各7~10kg，以后追肥应掌握每采收一层果实，就随水追肥1次，结果盛期，还要进行叶面喷施叶面肥。浇水可依据墒情，及时进行浇水，但要注意阴雨天、寒冷季节的下午不能浇水。

3. 保花保果

棚室辣（甜）椒由于环境特殊，易造成落花落果，降低产量。其保花保果的主要措施除防止高温、低温、高湿等环境障碍外，目前常采用的有效方法就是使用坐果灵、防落素、2，4-D等激素进行处理（表2-2）。

**表2-2　激素使用说明**

| 名称 | 气温（℃） | 使用浓度（mg/kg） | 配制及使用 |
|---|---|---|---|
| 防落素 | 低于15 | 30 | 每毫升加清水0.375kg喷花 |
| | 高于15 | 20 | 每毫升加清水0.5kg喷花 |
| 坐果灵 | 低于15 | 30 | 每毫升加清水0.85kg喷花 |
| | 高于15 | 20 | 每毫升加清水1.25kg喷花 |
| 2，4-D | 低于15 | 30 | 每支加清水1kg喷花 |
| | 高于15 | 20 | 每支加清水1.5kg喷花 |

4. 整枝疏叶

门椒以下侧枝长至4~5cm时，及时抹除；到结果中后期，下部果实采收完毕后，及时摘除老叶、病叶、黄叶和无效枝条，以利通风透光，减轻病虫害的发生为害。

大架栽培可采取2~3干整枝，门椒以下侧枝及时抹除，随果实采收，摘除下部叶片。

5. 适时采收

除门椒要适时早收外，一般于开花后 30～35 天，果实长足，果肉变厚，果皮变硬有光泽，果色变深时为最佳采收时间。这时果实重量大，耐贮运，有利于提高产量。

## 第四节　保护地茄子栽培技术

茄子是喜温作物，较耐高温，原产于东南亚、印度，在我国种植已有 1 000 多年的历史，是人们喜食的主要蔬菜品种之一。近些年来，随着保护地蔬菜生产的发展，茄子生产已由原来的夏秋生产转为全年生产，是周年上市的主要蔬菜品种。

### 一、对环境条件的要求

（1）温度。茄子喜高温，种子发芽适温为 25～30℃，幼苗期发育适温白天为 25～30℃，夜间 15～20℃，15℃以下生长缓慢，并引起落花。低于 10℃时新陈代谢失调。

（2）光照。茄子对光照时间、强度要求都较高。在日照长、强度高的条件下，茄子生长发育旺盛，花芽质量好，果实产量高，着色佳。

（3）水分。门茄形成以前需水量少，茄子迅速生长以后需要水多一些，对茄收获前后需水量最大，要充分满足水分需要。茄子喜水又怕水，土壤潮湿通气不良时，易引起沤根，空气湿度大容易发生病害。

（4）土壤。适于在富含有机质、保水保肥能力强的土壤中栽培。茄子对氮肥的要求较高，缺氮时延迟花芽分化，花数明显减少，尤其在开花盛期，如果氮不足，短柱花变多，植株发育也不好。在氮肥水平低的条件下，磷肥效果不太显著，后期对钾的吸收急剧增加。

## 二、常见的栽培模式

(1) 早春栽培。11 月下旬至 12 月上旬播种育苗，3 月中上旬定植，4 月中上旬开始收获。

(2) 秋延迟栽培。7 月中上旬播种育苗，8 月中下旬定植，9 月中旬开始收获。

(3) 越冬栽培。8 月中上旬播种育苗，10 月上旬定植，12 月上旬开始采收。

## 三、目前适合保护地栽培的主要品种

茄子品种要选择高产抗病适宜本地种植的优良品种。茄子温室种植常用的品种主要是布利塔、10-702 和尼罗，常用的嫁接砧木有托托斯加、托鲁巴姆、金马托巴姆、金马阿纳姆、无刺常青树等。

1. 布利塔

植株开展度大，无限生长，花萼小，叶片中等大小，无刺，早熟，丰产性好，生长速度快，采收期长。适于日光温室、大棚多层覆盖越冬及春季提早种植。果实长形，长 25~35cm、直径 6~8cm，单果重 400~450g，紫黑色，质地光滑油亮，绿萼，绿把，比重大。味道鲜美，耐储存，商品价值高。正常栽培条件下，亩产 18 000kg 以上。

2. 10-702

植株开展度大，叶片中等大小，绿萼无刺，早熟，丰产，生长速度快，采收期长。适应于冬季温室和早春保护地种植。果实长形，果长 35~40cm，直径 5~7cm，单果重 300~400g。果实紫黑色，质地光滑油亮，绿把、绿萼、比重大，味道鲜美。货架寿命长，商业价值高。周年栽培亩产 20 000kg 以上。

3. 尼罗

品种植株开展大，株型直立，门茄着生节位低，一般在 8~9

节。花萼小，叶片小，无刺，无限生长型，生长势中等，坐果率极高，连续结实能力极强。早熟，丰产性好，采收期长。可适应于冬季温室和早春保护地种植。

## 四、育苗技术

培育适龄壮苗，是实现高产高效的重要环节。其壮苗标准为：苗龄期 80~90 天，株高 16~20cm，主茎 7~9 片真叶，平均节间长 2cm 左右，茎基粗 0.6~0.8cm，门茄现蕾，叶色浓绿，根系发达，无病虫为害。

1. 种子处理

种子处理是防止种子带菌、带毒，提高种子发芽整齐度，其处理方法是：一是晒种。一般在浸种前，选晴好天气，晒种 1~2 天。二是种子消毒。一般可用 0.1%的高锰酸钾药液浸种 10~15 分钟，或用有效成分 0.1%的多菌灵溶液浸种 30 分钟。三是温汤浸种。将种子放入 55℃ 的温水中浸泡 10 分钟，并不断搅拌，直至降到 30℃，浸种 10~12 小时，然后搓洗种子，把黏液除掉。浸种完毕后，将种子从水中捞出，摊晾 10~20 分钟，使种子表面水分散失后，用洁净的湿布包好，于 27~30℃下催芽。催芽期间，每天用 30℃左右的温水淘洗 1~2 次，稍晾后继续催芽。若采用 16 小时 30℃和 8 小时 20℃变温催芽，整齐度明显会提高。

2. 育苗设施

根据季节不同，选用大棚、阳畦、温床等育苗设施。夏秋季育苗应配有防虫、遮阳设施，创造适合秧苗生长发育的环境条件。

3. 育苗营养土的配制

营养土是培育壮苗的重要基础。营养土必须具有较好的保水性能和良好透气性，含有幼苗生长发育所需要的各种营养元素。一般取 3 年内未种过茄科作物的无病虫肥沃田园土 6 份，腐熟农家肥 4 份，配制而成，土、粪都要经过过筛，调配均匀。另外，每立方米加入腐熟鸡粪 8~10kg，过磷酸钙 1kg，草木灰 5~6kg，或用三元素复合肥 1.5~2.0kg。

为防止苗期病虫害发生，营养土须经过药剂处理。一般是每立方米营养土加 50%的多菌灵可湿性粉剂 60~80g，50%辛硫磷或 80%敌百虫 50~60g，充分混匀后，堆闷 5~7 天。

4. 播种

播种之前浇足底水，冬季、早春季节要选晴好天气播种，夏季，最好在傍晚前播种。

茄子播种一般采用撒播。播种要均匀，每平方米播种 3~4g（营养钵育苗，每钵 1~2 粒），播种后覆盖营养土 0.8~1.0cm。覆土后，每平方米苗床再用绿亨一号可湿性粉剂 2g，拌干细土均匀撒于床面，以防猝倒病发生，然后，覆盖地膜保湿。

5. 苗期管理

播种后，保持白天 25~30℃，夜间 16~20℃，一般 5~6 天可齐苗。出苗后揭掉地膜。齐苗后，适当降低温度，防治幼苗徒长，一般白天超过 25℃ 开始通风，夜温 15℃。当 2 片子叶展开之后，进行间苗。间苗时要注意间掉病苗、弱苗、杂苗，间苗间距以 2.5cm 为宜。当幼苗长出 2~3 片真叶时，白天温度降至 23~25℃，并适当加大通风量，以备分苗。此期若遇阴雨雪天，雪后要及时揭苫采光；连阴天骤晴，应放花苫，以防因植物蒸腾骤增而导致幼苗萎蔫。

（1）分苗一般在 3 叶期进行。分苗目的是为了扩大单株营养面积，改善苗子的通风透光条件，促进苗子健壮，为培育壮苗创造条件。一般做法是：分苗前一天要浇“起苗水”，便于起苗、减少伤根，加速分苗后的缓苗。起苗时要尽量少伤根，一次起苗不能太多，要随起随栽，注意遮阴，避免秧苗失水太多。同时，结合起苗要进行一次选苗，把根少、缺枝叶、受病虫为害的苗以及老化苗、徒长苗淘汰掉。幼苗栽入分苗床时，株行距以 10cm×10cm 为宜。要求浅栽，子叶露出地面，栽后灌水，水不宜太大。最好是采用营养钵进行分苗，以利于保护根系。冬季分苗时应选晴天 10:00—

15:00前进行，以提高温度，有利缓苗。

（2）分苗后的管理。

温度管理：分苗后要立即采取保温、增温措施，保持白天28~30℃，夜间16~20℃。白天温度过高时，可适当遮阴降温。待幼苗心叶开始生长时，应逐渐加大通风量，适当降低温度，尤其是夜温。一般白天控制在25~30℃，夜间15~18℃。

水分管理：以满足秧苗对水分的需要为原则，既不要浇水过多，也不要过分控制水分。通过观察秧苗长势和表土水分情况酌情处理。当表土已干，中午秧苗有轻度萎蔫时，应选晴天上午适当浇水。在秧苗正常生长的情况下以保持畦面见干见湿为原则。

施肥管理：如果床土有机肥充足，秧苗生长正常，一般不需追肥。如发现苗子颜色淡绿，秧苗细弱，可用温水将磷酸二氢钾和尿素按1∶1比例溶解后配成0.5%的溶液用喷壶喷洒，随后用清水再喷洒1遍，以防烧伤叶片。

炼苗：早春育苗白天15~20℃，夜间5~10℃。夏秋育苗逐渐撤去遮阳网，适当控制水分。

## 五、定植

1. 整地施肥

茄子属喜肥作物，生育期长，采摘期长，产量高，养分吸收量大，适宜富含有机质，土层深厚，保水保肥能力强，通气排水良好的土壤。茄子的需肥规律大体上与番茄相似，但对氮素肥料要求较高，尤其是在中后期，缺氮可导致开花少，产量下降。一般来说，每生产1 000kg茄子需氮（N）3.2kg，五氧化二磷（$P_2O_5$）0.94kg，氧化钾（$K_2O$）4.5kg。一般亩撒施腐熟农家肥10 000kg（腐熟鸡粪减半）。三元素复合肥50~60kg，硫酸钾30~40kg，深翻25~30cm，整平耙细，然后按栽培模式进行起垄，起垄高度为15~20cm。一般早熟品种，株型矮小，垄宽60cm，株距30cm，亩栽约4 000株；中晚熟品种，株型高大，垄宽70~80cm，株距33cm，亩栽 2 500~3 000 株。

2. 提温闷棚消毒

定植前 10~15 天，结合闭棚提温，每立方米温室，用硫黄粉 4g，80%敌敌畏 0. 1g 和锯末 8g，混匀后点燃，密封温室 24 小时，然后开口放风。

3. 定植

定植应选在晴天进行，在垄上开穴、浇水，待水渗下一半时，将苗放入穴中，水全部渗下后，封掩。定植深度以盖住苗坨 1~2cm 为宜。定植完成后，立即覆盖地膜，引苗出膜，用土封住苗孔。

## 六、定植后的管理

1. 缓苗期管理

越冬茬和早春茬，茄子定植后，正值外界较寒冷季节，温度低是影响缓苗的重要因素。因此，管理重点是提高棚温。一般是定植后 7~10 天不通风或少通风，白天气温保持 28~30℃，夜间 15~18℃，以利提高地温，促进缓苗；秋延迟茄子定植后，外界自然温度可以满足缓苗的需要。但此间，晴天中午温度往往过高，土壤蒸发和植株蒸腾量大，往往会造成茄子萎蔫，所以，定植后要适当浇水，晴天中午适当遮阴降温。缓苗以后，白天气温以 25~28℃ 为宜，夜间 15℃以上，土温保持 15~20℃。

2. 结果前期管理

定植缓苗后，到门茄采收，大约需要 35 天，此期为结果前期。此期的主攻方向是：促进植株稳健生长，搭好丰产架子，提高坐果率，防止落花落果。

（1）温度。加强棚温管理，使棚温白天保持在 26~30℃，超过 32℃，要通风降温。夜间加强保温，使棚温保持在 16~20℃，最低不低于 12℃。如果白天持续高于 35℃或低于 17℃，就会引起落花或出现畸形果。

（2）整枝。一般早熟品种多采用三杆整枝；中晚熟品种采用双杆整枝，一次分枝以下抽生的侧枝要及时打掉，以提高其通风透光条件。

（3）肥水。在肥水管理上，门茄“瞪眼”之前，应尽量不浇水，多中耕划锄，如遇干旱，可浇小水。切忌大水漫灌，造成植株徒长，导致落花。门茄“瞪眼”后，要加强肥水管理，开始追肥浇水。一般结合浇水，亩追施尿素10~15kg，硫酸钾10kg。

（4）生长调节剂的使用。影响坐果率的因素很多，除花器构造缺陷和短花柱之外，持续高温高湿和低温、阴雨，都可引起落花。为防止落花落果，除要有针对性地加强管理外，使用植物生长调节剂是提高坐果率行之有效的方法。目前最多使用的生长调节剂是2，4-D，使用浓度为20~30mg/kg。在此范围内，气温高时浓度可适当降低，反之可适当提高。处理方法是：涂抹果柄或蘸花。

3. 盛果期的管理

门茄采收之后，茄子即转入盛果期，也是提高茄子产量的关键时期。此期茄子生长量大，结果数量增加，不仅要求有充足的肥水供应，又要有良好的光照条件和适宜的温度。

（1）温度。越冬茬和早春茬，随着盛果期的到来，外界气温有所回升，但还是很低，且寒流反复出现。因此，温度管理显得十分重要。一般白天棚温保持在25~30℃，夜间15~20℃，昼夜温差保持在10℃左右。白天如超过32℃，就要开顶缝放风降温。浇水后，除注意排湿外，应闭棚提温，以气温提地温。到盛果后期，外界气温升高，应注意高温危害。

（2）光照。光照时棚室热量的重要来源，也是光合作用的动力源泉，因此，改善光照条件，是夺取高产的重要措施。主要做法是：一是勤擦拭棚膜；二是使用无滴膜、棚膜防水剂；三是采取膜下灌水，灌水后及时排湿，降低棚室湿度；四是在阴雨天，可考虑人工补光。

（3）肥水。盛果期是茄子一生中需肥水最多的时期，必须加强和保证肥水供应，才能夺得高产。进入盛果期以后，一般每 8~10 天浇水 1 次，并做到结合浇水进行追肥，肥料以三元素复合肥、磷酸二铵、尿素、硫酸钾等为主，也可追施冲施肥料。除此之外，要结合喷药，每 10~15 天喷施 1 次叶面肥，如茄果类专用天达 2116 等。

（4）植株调整。为改善通风透光条件，要及时摘除植株下部的变黄老叶，门茄以下如有侧枝出现要及时抹除，适当疏除空枝和弱小植株。

### 七、采收

茄子采收过早会影响产量，采收过晚会造成品质下降，还会影响后面果实的生长发育，同样会降低产量。适宜的采收期要看“茄眼”，即萼片与果实相接处的浅色环带。环带明显，则表明果实还正处在生长中，环带狭窄或已不明显，说明果实生长已转慢，应及时采收。

## 第五节　秋播大蒜地膜覆盖栽培技术

中国大蒜的主要产地，它原产于西亚和中亚，至今已有 2 000 多年的历史。大蒜又称蒜头、胡蒜，是半年生草本植物。大蒜不仅是人们日常生活中不可缺少的调料，而且还具有杀菌和抗癌的功效，因此，深受广大消费者的喜爱。

大蒜采取地膜覆盖栽培的好处：一是可有效加速大蒜冬前幼苗生长，提高其抗寒能力。二是可使大蒜幼苗在翌年春季返青早，生长快，从而为丰产奠定良好基础。三是有利于土壤保墒防旱，减少浇水次数。四是大蒜通过地膜覆盖后，阻挡了种蝇向蒜根周围产卵，有效降低了根蛆为害，同时，抑制了杂草的发生和危害。五是根据试验分析，抽薹期可提前 6~10 天，成熟期提前 5~8 天；可增产蒜薹 55.35%、蒜头 44.8%。

## 一、品种选用

秋播大蒜应选择优质、早熟、高产、适应性广、喜光耐寒、生长健壮、抽薹率高、抗病虫、抗逆性强、商品性好、蒜头蒜薹产量高，且适应市场需求的品种。目前，在临沂市常见的栽培品种如下。

1. 金蒜一号

金蒜一号是由山东大蒜研究所最新选育的大蒜新品种。该品种蒜头大，蒜瓣大，皮厚不宜散瓣，种植后出苗齐、壮，蒜杆粗壮青绿，抽薹早而整齐，蒜薹粗、圆、脆。该品种株高 90～100cm，株幅 40cm，根系发达，生长势强，假茎粗大，一般 2.5～3cm，叶片上冲，长相清秀，茎秆强壮，直立挺拔。叶片宽、厚、长，最大宽 4.5～5cm，最大叶长 65cm。叶色墨绿，在大蒜膨大期可保持 9～10 片功能叶，且叶尖无干枯现象。蒜薹产量高，抽薹齐，亩产蒜薹 700～800kg。蒜头大，蒜头直径 7～9cm，最大 11.5cm，亩产鲜蒜 2 900kg，最高产可达 3 000kg 以上。蒜皮紫红色，蒜皮厚，不散瓣，耐运输，蒜瓣夹心少，个头美观，无贼瓣，品质优，氨基酸，大蒜素，维生素，明显优于普通大蒜，且不易感染病毒。它根系发达，活力强、耐旱、耐寒、活杆、活叶、活根成熟，是大蒜育种史上的重大突破，是我国大蒜出口及内销的重要品种之一。

2. 蒲棵蒜

蒲棵蒜是目前苍山县蒜区种植面积最大的秋播品种，约占兰陵县种植面积的 90% 以上。植株高 80～90cm，株幅 36cm。假茎高 35cm 左右，粗 1.4～1.5cm。叶色浓绿，全株叶片数 12 片，最大叶长 63cm，最大叶宽 2.9cm；蒜头近圆形，横径 4～4.5cm，形状整齐，外皮薄，白色，单头重 35g 左右，重者达 40g 以上。每个蒜头有 6～7 个蒜瓣，分两层排列，瓣形整齐。蒜衣 2 层，稍呈红色，平均单瓣重 3.5g 左右。抽薹性好，蒜薹长 35～50cm，粗 0.46～0.65cm，单薹重 25～35g，质嫩，味佳。一般亩产蒜薹 500kg 左右，蒜头 800~900kg，为蒜头和蒜薹兼用良种。生育期 240 天左右，属中晚熟品种。耐寒性较强。

3. 糙蒜

糙蒜植株高 80~90cm。假茎高 35~40cm，粗 1.3~1.5cm。全株叶片数 11~12 片，叶色淡绿，叶片较蒲棵蒜稍窄，最大叶宽 1.5~2cm。蒜头近圆形，白皮，单头重 35g，重者达 40g，每个蒜头有 4~5 个蒜瓣，瓣大而整齐。比蒲棵蒜早熟，生育期 230~235 天。耐寒性较蒲棵蒜差，后期有早衰现象。适宜作地膜覆盖栽培。

4. 高脚子蒜

高脚子蒜长势强，植株高大，株高 85~90cm，高者达 100cm 以上，假茎高 35~40cm，粗 1.4~1.6cm。全株叶片数 11~12 片，叶片肥大，浓绿。蒜头近圆形，皮白色，单头重一般在 35g 以上。每个蒜头一般有 6 个蒜瓣，瓣大而高，瓣形整齐，蒜衣白色。抽薹性好，蒜薹粗而长，长 35~55cm，粗 0.7cm 左右。一般亩产蒜薹 500kg，产蒜头 900kg，蒜薹和蒜头产量在 3 个品种中是最高的，适宜做丰产栽培。本品种为晚熟品种，生育期 240 多天。适应性强，较耐寒。

## 二、整地施肥

大蒜因根系吸肥能力差，故需要富含有机质、保肥、保水、通气良好的壤土栽培。大蒜需肥多，且耐肥，增施有机肥有显著的增产效果。大蒜施肥以氮肥为主，增施磷、钾肥可显著增产。大蒜对硫、铜、硼、锌等微量元素敏感，增施上述微量元素有增产和改善品质的作用。

1. 整地

精细整地是种好大蒜的基础。俗话说“土壤不深翻，蒜须无处钻”，这也充分说明了大蒜深耕的重要性。一般要求深耕 30cm 以上，做到“早、平、松、碎、净、墒”的要求。早，就是早腾茬、早耕翻、早晒垡；平，就是地面平整；松、碎，就是土壤疏松细碎，无坷垃；净，就是土中无作物根茬、废旧地膜等；墒，就是指底墒要足，必须在耕地前3~5天浇足底墒水，然后再深耕。

2. 施肥

大蒜地膜栽培应施足底肥。施肥应以农家肥为主，化肥为辅，氮、磷、钾配合使用，适量施用中微量元素肥料为原则。一般亩用优质腐熟农家肥5 000kg、饼肥80kg，尿素50kg、过磷酸钙80kg、硫酸钾复合肥25kg和神舟54中微量元素肥料20~25kg，耕翻耙细后做畦。做畦标准为：畦宽150~200cm，畦面宽120~170cm，畦埂宽30cm，畦向以南北向为宜。

## 三、适期播种

1. 蒜种的分选与处理

蒜种大小与产量有密切关系。蒜种愈大，长出的植株愈健壮，所形成的鳞茎也就愈肥大。因此，收获前要选头蒜，播种时要选蒜瓣。

2. 选择标准

种瓣选择应选用蒜瓣大小适中均匀，色泽鲜亮纯一，肥大、洁白、无病斑、无伤口的蒜瓣。剔除发黄、变软、虫蛀、霉烂、受伤、过大的蒜瓣。种瓣重大小4.5~5.0g为宜。

3. 种瓣处理

播种前，剥掉蒜皮和干茎盘，以利于吸水和发根，并防止发根后将蒜瓣顶出地面。种瓣大、中、小分成3级，小种瓣宜用于青蒜苗栽培。

4. 确定适宜播期

大蒜适时播种是获得蒜薹、蒜头高产丰产的关键。地膜覆盖大蒜，播种期不宜过早，但也不能过晚。过早，幼苗冬前生长过旺，越冬期间容易受到冻害，还会使中心小瓣蒜增加；过晚则失去覆盖的意义。所以适宜播期应比不覆盖栽培推迟7~10天，保证幼苗在越冬前长出5~6片叶，以提高其抗寒能力。在临沂地区，一般在

10 月中旬播种。

5. 播种

播种前，充分整平畦面，按行距 20~25cm 开沟，开沟要做到沟直、深浅一致，开沟深度为 10~12cm，然后在沟内按放种瓣，集中沟施充分腐熟厩肥 500~1 000kg/亩后，覆土 3~4cm 厚，搂平畦面。

按放种瓣要做到株距均匀，种瓣直立，种背统一朝向一个方向，株距 8~10cm，亩植大蒜 30 000~33 000 株，亩用种量 200~250kg。覆土厚度切忌过深，素有“深葱浅蒜”之说，但也不能过浅，以防发生“跳蒜”现象，一般保持覆土厚度 3~4cm 即可。

播种全部完成后，立即浇 1 次透水，以使土壤沉实，促进种蒜生根发芽。

6. 覆盖地膜

播种后 3~5 天，待土壤表面见干时，及时进行 1 次划锄，然后亩喷洒 33%除草通（施田补）乳油 150g，覆盖地膜。覆盖地膜时，注意要紧贴畦面，拉紧、伸直、铺平，两侧和两头地膜要压实，膜上每隔 2~3m 要压土防风。

## 四、田间管理

1. 越冬前管理

一是破膜引苗，大蒜播种 7 天左右即可出苗，待幼苗长出 1 片展开叶时，要在苗处破膜引苗；二是待土壤封冻前，一般在“立冬”至“小雪”前及时浇 1 次越冬水，以提高其抗冻能力。

2. 越冬后管理

大蒜丰产的关键就是“三水三肥”。大蒜返青后的水、肥管理，是大蒜丰产的关键。大蒜返青以后，对水、肥的吸收量逐渐增大，特别是在孕薹期和蒜头膨大期，是大蒜的需水肥高峰期，所以在大蒜的整个生长期中，要根据苗情、墒情和地力，及时做好浇水追肥，特别要重点浇好“三水”、施好“三肥”。

（1）浇好返青水，施好返青肥。到“春分”时节，蒜苗就已经开始返青发棵，到“清明”前后，种蒜瓣已腐烂，因此，在“春分”后至“清明”前，要及时浇1次返青水，并结合浇水亩追施尿素10~15kg。此期浇水，由于早春地温低，浇水最好在中午进行，以达到促苗早发的目的。以后要适当控水，促进根系发育和蒜薹、蒜头分化。

（2）浇好抽薹水，施好抽薹肥。到“立夏”前后，此时大蒜已开始“甩缨”，进入了蒜薹旺盛生长期。此时要结合浇抽薹水，亩追施氮磷钾复合肥15~20kg，以促进蒜薹生长，提高蒜薹产量。提薹前3~5天停止浇水。

3. 浇好膨蒜水，施好膨蒜肥

蒜薹采收完毕后，即进入了蒜头旺盛生长期。此期应在蒜薹采收完毕后，立即浇1次膨蒜水，并结合浇水亩追施硫酸钾10~15kg，尿素5~10kg，以促进蒜头的膨大，提高蒜头产量。蒜头收获前7天左右，停止浇水。

## 五、适时采收

1. 蒜薹采收

蒜薹抽出叶鞘，开始甩弯时，是蒜薹采收最佳时期。过早，会降低蒜薹产量；过晚，会影响蒜薹的品质。采收蒜薹最好在晴天中午或午后进行，此时植株有些萎蔫，叶鞘与蒜薹容易分离，并且叶和蒜薹的韧性较好，采收时不易抽断。采收蒜薹要做到：直提，用力均匀，稳中有力。

2. 蒜头采收

大蒜抽薹后20天，大蒜顶叶黄枯，假茎变软时，为大蒜收获最佳时期。过早，会影响蒜头产量；过晚，容易造成散瓣、烂头，严重影响蒜头品质。收获时，要注意用蒜叶盖住蒜头，叠放，晾晒3~4天，外皮干软后，捆把或切去上部叶鞘，存放于荫凉通风处贮藏待售。

# 第六节 大棚西瓜高产栽培技术

西瓜，属葫芦科，是由原产于非洲的葫芦科野生植物驯化而来。我国是世界上栽培西瓜面积最大的国家，因经西域传来，古称西瓜。西瓜堪称“瓜中之王”，味道甘味多汁，清爽解渴，是盛夏佳果，西瓜除不含脂肪和胆固醇外，含有大量葡萄糖、苹果酸、果糖、蛋白氨基酸、番茄素及丰富的维生素 C 等物质，是一种富有营养、纯净、食用安全的食品。

## 一、大棚西瓜常见的品种

大棚栽培西瓜应选择早中熟、抗病、抗逆性强、品质优良的品种，同时，还要兼顾市场需求。目前。在栽培上常见的品种主要如下。

1. 京欣 2 号

京欣 2 号是“京欣 1 号”的换代品种。该品种在低温弱光下坐瓜性好，膨瓜快，外观漂亮，整齐，产量高，上市早。全生育期 88~90 天，比“京欣 1 号”生长势稍强。圆果，绿底条纹稍窄，有蜡粉。瓜瓤红色，果肉脆嫩，口感好，甜度高，含糖量为 12%以上。皮薄，耐裂性能比“京欣 1 号”有较大提高。抗枯萎病，耐炭疽病，单瓜重 6~8kg，适合全国保护地和露地早熟栽培。

2. 抗病京欣

抗病京欣中熟种，果实发育期 32 天左右，生长势强健，易坐果，果实圆球形，浅绿皮覆墨绿窄齿条，果皮硬度较强，较耐贮运，果肉深粉红色，中心折光糖 12%左右，肉质脆，纤维少，口感好，平均单果重 6kg 左右。此品种综合抗性好，适宜全国主要瓜区保护地早熟栽培及露地栽培。

3. 早佳（8424）

早佳为杂交一代早熟西瓜。植株生长稳健，坐果性好。开花至成熟 28 天左右。果实圆形，单果重 5～8kg。瓜果绿色底覆盖有青黑色条斑，皮厚 0.8～1cm，不耐贮运。果肉粉红色，肉质松脆多汁，中心可溶性固形物含量 12%，边缘 9%左右，品质佳。耐低温弱光照。一般亩产可达 3 000kg。适宜做保护地早熟栽培。

4. 极品全胜大果王

极品全胜大果王为最新选育适宜全国保护地（大拱棚、小拱棚）栽培的高档优良新品种，开花后 28 天成熟，在低温条件下极易坐果且不易畸形，条带窄无乱纹，外观漂亮，肉色大红，脆甜爽口，含糖 14%，品质卓越，果重在 9～10kg，大果可达 20kg 以上，皮薄抗裂，蜡粉浓厚，货架期长达 30 天，高抗枯萎病、病毒病。

5. 真优美

真优美为中早熟品种，易坐果，开花至果实成熟 30 天左右，单瓜重 8kg 左右。瓜正圆形，花皮，底色深绿色，黑色条纹，蜡粉多，果肉大红，含糖 12 度左右，耐贮运。长势健壮，抗病性强，不易裂瓜，不易畸形。特别是本品种具有持续膨果的特性，所以，在不利环境下也易获得高产。

6. 京阑

京阑为国家蔬菜工程技术研究中心选育。早熟黄瓤小型西瓜。果实发育期 25 天左右，前期低温弱光下生长快，极易坐果，适宜于保护地越冬和早春栽培。可同时坐 2～3 个果，果实近圆形，单瓜重 2kg 左右，皮极薄，皮厚 3～4mm。果皮翠绿覆盖细窄条，果瓤黄色鲜艳，酥脆爽口，入口即化，中心可溶性固形物含量 12%以上，品质优良。

7. 京秀

京秀为国家蔬菜工程技术研究中心选育。小型西瓜，早熟，果实发育期 26～28 天，全生育期 85～90 天。果实椭圆形，绿底色，果实周正，平均单果重 1.5～2.0kg，一般亩产量 2 500～3 000kg。无空心、白筋等；果肉红色，肉质脆嫩，口感好，风味佳；中心可溶性固形物含量13%。与其他同类型的小型西瓜品种相比，果实底色绿，条纹漂亮，外观周正。含糖量高，糖度梯度小，口感脆嫩，少籽。

8. 早春红玉

该品种是由日本引进的杂交一代新品种。该品种耐低温弱光，适于大棚早春设施栽培。极早熟，主蔓5~6节出现第1朵雌花，雌花着生密，开花后在正常温度22~25℃下成熟。果实圆形至高圆形，单瓜重1.5~2kg，果皮深绿色底上带有墨绿色条带，果皮薄约3mm，不耐贮运。果肉黄色，质细无渣，果肉中心可溶性固型物含量12%以上。每亩产2 000kg左右。

9. 小兰

小兰为早熟品种，植株生长强健，极抗病，坐果习性良好，果实圆球形，皮色翠绿覆清晰美观的黑条斑，无论果型和皮色外观均比台湾小兰更漂亮，皮薄坚韧，果肉晶黄，松脆多汁，含糖12度，单瓜重1.5~2.5kg，适合大棚、温室及南北方露地栽培。

## 二、培育嫁接壮苗

1. 育苗时间

育苗时间的早晚，应根据大棚的保温条件、前茬作物的腾茬时间等具体确定。一般是：三膜一苫（大棚、小棚、地膜覆盖、草苫）栽培，于1月中上旬开始播种育苗；二膜一苫（大棚、地膜覆盖、草苫）栽培，于1月下旬开始播种育苗；二膜（大棚、地膜覆盖）栽培，于2月中上旬开始播种育苗。

2. 育苗设施

一般采用日光温室加小拱棚，或改良阳畦育苗。

3. 嫁接培育壮苗

西瓜不宜连作，连作易感染枯萎病死苗，同时，病害多发，严重影响西瓜的产量和品质；采取西瓜嫁接育苗技术，能有效克服西瓜重茬障碍，提高西瓜的抗性和丰产性。其主要技术如下。

（1）砧木选择。西瓜砧木应选择亲和能力强，抗病、抗逆性好，不影响西瓜风味和品质，有效提高丰产性的砧木种子，目前常选用白瓜（葫芦瓜）做砧木材料。

（2）营养土配制。西瓜嫁接育苗一般采用营养杯护根育苗。其营养土的配制一般是：取3~5年内没有种过瓜类作物的肥沃田园土7份，充分充分发酵腐熟优质厩肥3份，混合过筛后，每立方米混合土中掺入硫酸钾型三元素复合肥1.5kg，90%敌百虫原粉50~60g，55%敌克松可湿性粉剂80~100g。拌匀堆闷7~10天后，装入营养杯。

（3）嫁接方法。目前，嫁接方法主要有靠接、劈接和插接3种方法。但西瓜嫁接多采用插接法。

（4）种子处理。西瓜种子处理一般要比种木晚处理10~15天。西瓜种、砧木种在浸种前选晴朗天气晒种1~2天，然后进行温汤浸种。温汤浸种具体方法是：将种子放入55℃的温水中浸泡，并不停地搅拌，待水温降至30℃时停止搅拌，浸种8~12小时后，将西瓜置于25~30℃条件下进行催芽，砧木种子置于28~30℃条件下催芽。催芽期间，应注意每天用温水将种子淘洗1次，防止浆种和烂种现象的发生。

另外，在种子处理过程中还可采取药剂处理。如将浸泡好的种子放入0.1%~0.2%的高锰酸钾溶液或150倍的福尔马林的溶液中浸泡10~15分钟，可有效杀灭枯萎病菌；放入10%的磷酸三钠溶液中浸泡10分钟，可有效杀灭种子所带的病毒。但应注意的是经过药剂处理过的种子，须用清水清洗干净后，方可进行催芽。待70%以上种子露白时，在15~20℃条件下炼芽12小时后，即可拣芽播种。

（5）播种。实行错期播种，接穗（西瓜）要比砧木晚播7~10天。

砧木播种：播前，浇足底水，待水全部渗下后，将砧木种子的胚芽朝下，每钵1粒，播种完成后，覆盖配制好的营养土

1.5~2cm。

接穗播种：将已发芽的种子按（1.2~1.5）cm×（1~1.2）cm见方，点播于砂箱或沙床内，播完覆盖细湿沙1~1.5cm。

嫁接前管理：播种后，闭棚提温，促进出苗。白天棚内温度尽量保持在28~30℃，夜间温度15~20℃；70%以上出苗后，适当降低温度，以防子叶节徒长。此时棚温应保持在白天20~25℃，夜间10~15℃。待砧木苗真叶显露，西瓜苗子叶展平时，要及时嫁接。

（6）嫁接。良好的嫁接习惯和嫁接方法，是提高嫁接苗质量和成活率的有效手段。

嫁接前消毒：在嫁接前一天下午，将砧木浇透水，用50%多菌灵800倍液对砧木和接穗及周围环境进行消毒。嫁接当天，先将接穗从沙床中轻轻拨起，将沙子用清水冲洗干净，淋干水分后，用湿布盖好保湿，以备嫁接；嫁接用工具，如刀片、竹签等，须经75%的酒精消毒，清水冲洗干净后使用。

嫁接：先用刀片将砧木真叶切除，然后用与接穗下胚轴粗细相当的竹签，从子叶的正面基部呈45°角斜插向对面子叶的背面基部下0.5~1cm，注意不要插破表皮，竹签暂不拨出。然后，取接穗在子叶下方0.5cm处，由叶端向根端，从两面轻轻斜削去西瓜根，刀口与竹签插入深度相当为宜。此时，将竹签从砧木上轻轻拨出，随即把削好的接穗顺着方向将接穗插入砧木孔中，使砧木子叶与接穗子叶呈“十”字形轻轻按一下，使接穗与砧木接触吻合。将嫁接好的营养杯紧凑排列，覆盖地膜，保温。保湿。

（7）嫁后管理。

愈合期管理：嫁接后2~3天闭棚提温，棚内湿度要保持在95%以上；白天温度保持28~30℃，夜间15~18℃，以加快接口愈合；同时要加盖遮阳网或草帘，避免阳光直射苗床而导致嫁苗萎蔫。嫁接后第3~7天，于清晨将膜掀开1~2小时后继续覆盖，使湿度保持在90%~95%，温度白天保持28℃，夜间不低于15℃，超过35℃或低于10℃都会影响成活率，同时，早、晚可见散射光，在嫁接苗不萎蔫的情况下，逐步适当延长见光时间，1 周后嫁接苗基本愈合，开始放风，放风口由小到大，逐渐加大通风量，晴天中午光照强，必须用遮阳网遮光，温度白天保持 25~28℃，夜间 14~15℃，10 天后转入正常管理。

愈合后的管理：嫁接苗成活后，适当降低温度，使棚温白天保持在 20~25℃，夜间 10~15℃；育苗期间，一般不需要浇水和追肥，如发生旱情时，可用喷壶适当补水，切忌大水漫灌。另外，此期还要及时摘除砧木长出的幼芽，以促进接穗的正常生长。待瓜苗长出 2 叶 1 心，经 5~7 天炼苗后，即可移栽。

## 三、整地施肥

整地施肥是西瓜高产的基础。因此，在整地施肥时，要根据西瓜生长特性来进行。其主要特性：一是西瓜根系深而广，具有明显的好气性，适宜在通透性良好的沙壤土或壤土中生长；二是西瓜在整个生长发育期中对氮磷钾三要素的吸收比例大约 3.28：1：4.33。但不同生育期对三要素的吸收量和吸收比例不同。幼苗期吸收量仅占一生总吸收量的 0.54%，果实生长盛期吸肥量约占一生总吸收量的 77.5%。

在生产中，一般亩施优质腐熟圈肥 4 000~5 000kg，腐熟饼肥 100~150kg，过磷酸钙 75~100kg，硫酸钾 20~25kg。施肥采取分层施肥法，即把全部圈肥和 1/2 的磷肥施入丰产沟的底部，填入部分熟土混匀，然后将其余肥料施入丰产沟 10cm 左右的土层中。整地时按 170cm 左右的行距，挖深 40~50cm、宽 50cm 左右的丰产沟。挖沟时要注意生熟土分放，晾晒、风化一段时间后回填。回填一般在定植前 7~10 天进行，回填完成后，顺丰产沟浇水，造足底墒。

## 四、定植

大棚西瓜定植应选在寒流刚过的晴朗天气进行。定植时，在垄中央开沟，沟深 10~12cm，沟内浇水，待水渗下 2/3 时，按株距

50cm 左右摆苗，水全部渗下后，抚平垄沟，栽植深度以苗坨表面略低于垄面为宜。栽植完成后，及时盖膜、破膜引苗，亩栽植700~800 株。

## 五、大棚管理技术

1. 温湿度管理

缓苗期管理，大棚西瓜定植时，正值外界气温低的季节，因此，栽植后应以保温为主。西瓜定植后，要进行闭棚提温，草苫早揭晚盖，使白天温度保持在 28~30℃，夜间温度不低于 14℃，最好保持在 15~18℃，以促进缓苗；缓苗至坐瓜前，棚温白天控制在25~28℃，夜间温度控制在 15℃以上；坐果期，白天温度控制在25℃左右；坐果后，棚温提高至 30℃，夜间温度保持在 15~20℃，棚内空气湿度以 50%~60%，以促使果实膨大；果实长到 1kg 大小时，要逐渐加大昼夜温差，提高果实品质。

2. 整枝留瓜

整枝，采取三蔓紧靠式整枝法。即保留主蔓和 2 个健壮侧蔓，剪去其余侧蔓。在结瓜前压蔓，尽头重压。留瓜，一般首先选在主蔓的第 2 朵雌花进行授粉留瓜，若出现主蔓第 2 个雌花坐瓜不住或瓜胎不正时，应尽快在侧蔓进行选留瓜。幼瓜坐住后，及时淘汰其他雌花，并于瓜前 3~5 叶时摘心。

3. 授粉

大棚栽培西瓜一般采取人工授粉。具体做法是：雌花开放当天，在上午 7: 00—9: 00，选当天开放的健壮雄花进行授粉；也可采用座瓜灵等植物生长素进行处理雌花，达到人工授粉的效果。授粉后及时用纸牌作下标志，以为采收作为参考。

4. 肥水管理

大棚西瓜栽培的肥水管理以控制轻施提苗肥，巧施伸蔓肥，开花期控肥水，坐果后大肥大水促果膨大，采收前控肥水为原则。浇水，苗期要适当控制水分，若出现干旱，可浇 1 次小水，不宜过大；伸蔓后，浇水量适当增加，不可大水漫灌；开花坐果期，控制水肥，促进坐瓜；坐瓜后，待幼瓜长至鸡蛋大小时，要水肥紧促，促进果实膨大；到采收前，停止浇水追肥，提高果品品质。肥水管理伸蔓期亩施尿素10~20kg，硫酸钾10~15kg；进入膨瓜期，亩施尿素10~15kg，硫酸钾10kg。采收前10天停止浇水施肥，以提高果实含糖量，改善品质。追肥，一般在植株甩龙头时，结合浇伸蔓水，在植株一侧20cm追施三元素复合肥15~20kg；坐瓜后，幼瓜长至鸡蛋大小时，结合浇膨瓜水，亩追施三元素复合肥25~30kg，并在膨瓜期内喷施叶面肥料2~3次。

## 六、采收

1. 西瓜成熟度的识别

一是标记法，根据不同的品种说明，计算从开花到成熟的天数来识别，一般情况下，早熟品种从雌花开放到成熟需要28~30天，中熟品种从雌花开放到成熟需要30~35天，迟熟品种则需35~40天。二是目测法，果实成熟后，果皮坚硬光亮，花纹清晰、果实脐部和果蒂部向内收缩、凹陷，果实阴面由白转黄且粗糙，果柄上的绒毛大部分脱落，坐果节前后1~2个节卷须枯萎等。三是拍打法，成熟的西瓜用手摸去有光滑感觉；而未成熟的西瓜，用手摸时有发涩感。另外，用手托瓜，敲打或指弹瓜面时，若发出砰、砰、砰的低浊音。四是比重法，成熟西瓜与水的比重在常温下是不同的。水的比重是1，而一般成熟瓜的比重为0.9~0.95。将西瓜放入水中观察，若西瓜完全沉没，则表明是生瓜；浮出水面很大，说明瓜的比重小于0.9，西瓜过熟；若浮出水面不大，则表明是熟瓜。

在实际应用中，为了准确无误地判断西瓜是否成熟，应综合考虑各种因素，不能单凭一个因素来断言。另外，采收成熟度还应根据市场情况来确定。如当地供应可采摘九成熟的瓜，于当日下午或次日供应市场；运销外地的可采收八成熟的瓜。

2. 采收

根据以上介绍的方法综合判别后，待瓜达到8成熟后，即可采收。切不可采收过早，降低品质。

## 第七节　早春大棚薄皮甜瓜高效栽培技术

薄皮甜瓜又称香瓜，它属于葫芦科、甜瓜属一年生、蔓性草本植物。由于甜瓜汁多、味甜，清凉爽口，是夏季消暑的佳品，非常受广大消费者的喜爱。近几年，薄皮甜瓜的栽培面积得到了迅猛发展，采用的设施栽培方法也比较多，是甜瓜的产量有了大幅度的提升，生产效益也得到了明显提高，一般亩生产效益达到了万元以上。

### 一、甜瓜的生长习性

要想种好甜瓜，首先就要了解甜瓜生长适宜的环境条件，在栽培中做到有的放矢，采取有针对性的管理措施，才能取得生产的成功，获取较高的生产效益。

1. 对温度要求

甜瓜整个生长发育期最适合温度是25～35℃，在13℃以下时生长停滞，低于7℃会产生冷害；果实膨大期白天适宜温度为30～35℃，夜间最好保持在15～20℃，这样的温度才能有利于糖分积累，生产出优质、高产的甜瓜。

2. 对水分要求

甜瓜是耐旱作物，但对水分要求是很严格的。生长前期需少量水，土壤过湿将严重影响植株的生长；甜瓜伸蔓期要求土壤水分适中，土壤过干会延误生长发育，达不到早熟的目的；在雌花开放到果实膨大期则需要大量的水分供应，此时如果缺水，果实膨大慢、畸形果多。果实成熟前7天，一般不需灌水。原则是宜干不宜湿，才能生产出果大、味甘、色美的优质甜瓜。

3. 对肥料要求

甜瓜对氮磷钾的吸收比例约为 30 : 15 : 55。甜瓜除需要大量的氮磷钾元素外，还需一定量的钙、镁和微量元素，因此，在加强基肥、追肥的基础上，还要对植株进行叶面喷施一些微量元素肥料，以利于植株的健壮生长，达到高产、抗病的目的。

## 二、早春大棚常见的保温措施

目前，常见的大棚保温措施主要有：三膜一苫（大棚、小棚、地膜覆盖）栽培；二膜一苫（大棚、地膜覆盖）栽培；二膜保温（大棚、地膜覆盖）栽培。

## 三、早春大棚品种的选用

早春大棚薄皮甜瓜栽培应选用耐低温、耐弱光、早熟、高产、抗病的甜瓜品种。砧木要选用抗病性强、亲和性好、生长发育快，对产量和品质无大影响的白籽南瓜。目前栽培中常见的品种主要如下。

1. 陕甜一号

陕甜一号是以优良高代甜瓜自交系 M33 为母本、D4~1 为父本配制的一代杂交种，该品种全生育期 70 天左右，果实发育期 25 天，果实长阔梨形，充分成熟时果面白亮有黄晕，果肉纯白，肉质脆爽香甜，可溶性固形物含量 13%~15%，单瓜重 500~650g，亩产量 3 800kg 左右。植株长势旺，抗病性强，适应性广。

2. 陕甜八号

陕甜八号早熟，高产，耐运薄皮甜瓜新品种。长势强壮，高抗病，耐低温，适应性广，子、孙蔓结果，花后 27 天成熟，果型周正美观，外观白亮，有黄晕，含糖 15%~16%，脆甜爽口，外皮韧性强，耐储耐运性强，单株结果 7~8 个，果重 600~800g，亩产量可达 4 800kg 左右。

3. 日本甜宝

日本甜宝属早熟品种，开花后 35 天左右成熟，果重 0.75～1.25kg。果实为大苹果形，肉绿肉脆，果面光滑等特点。品质优，香甜可口，口感甜度 18～20 度，入口即觉特脆特甜，较抗枯萎、霜霉，叶斑，白粉等病害，抗旱、耐湿，适应性强，高产稳产，亩产量 3 500～5 000kg，是绿皮绿肉薄皮甜瓜王牌品种。

4. 拿比甜

拿比甜花皮超高糖酥脆型特色杂交一代甜瓜新品种。长势强壮，抗枯萎、蔓枯、白粉、霜霉、叶枯等病害，不易死秧；子蔓孙蔓均易坐果，单株结果 4～9 个，瓜坐稳后 25～28 天上市。冷棚吊蔓栽培单瓜重 350～500g。露地栽培单瓜重 350～750g。果实阔梨形至椰圆形（孙蔓瓜比子蔓瓜长且大），果面光滑，熟时果皮深绿色覆浅绿色至黄白色条带，新颖独特。果肉白色，白瓤，可溶性固形物含量 12%～16%，口感香甜，甜度可达 21～26 度，肉质极为脆爽，风味极佳，品质极为优秀。果皮薄，但有韧性，耐摩擦，不打脸，不坏膛，耐贮运，贮后更加香甜。亩产可达 6 000kg。

5. 花姑娘

花姑娘花皮超高糖酥脆型特色杂交一代甜瓜新品种。植株长势稳健，抗枯萎、蔓枯、白粉、霜霉、叶枯等病害；单瓜重 350～550g。子蔓孙蔓均易坐果，单株结果 4～6 个，坐瓜后 28 天左右上市。果实阔梨形至椰圆形，果面光滑，熟时果皮黄白微绿覆绿色条带，鲜艳美观。果肉白色，白瓤，可溶性固形物含量 13%～16%，口感甜度 21 度，肉质酥脆，风味极佳，果皮薄但有韧性，极耐运输。高产地块亩产可达 6 000kg。

6. 金典绿宝

金典绿宝由河北粒尔田种业有限公司最新研制的绿皮绿肉高糖脆肉甜瓜品种，植株长势稳健，抗病、抗逆性好，耐低温、耐弱光，不早衰、不死秧。子蔓孙蔓皆可坐果，孙蔓坐果瓜更大、更整齐，瓜坐稳至上市 24～28 天。单瓜重 450～600g，连续结果能力强，单株结果6~10个。果皮绿色，果实圆形，果肉碧绿，口感香甜度可达24~27度。外观光亮，无棱沟，无杂瓜，瓜型高贵典雅，耐贮存、耐运输，品质佳，口感酥脆爽甜，市场卖相最好，实为绿瓜一流产品。

## 四、培育嫁接苗

在实际生产过程当中，为了防止土传病害，克服连作障碍，早春大棚薄皮甜瓜通常采用嫁接栽培。

1. 种子消毒

当前甜瓜种子带病现象较为严重，种子消毒可以对种子表面及内部进行消毒防病，并可促进种子吸水，保证种子发芽快而整齐。目前，甜瓜种子消毒方法主要是温汤浸种和药剂处理等。

（1）温汤浸种消毒。在浸种容器内盛放入55~60℃的温水，将种子倒入并不断搅拌，待水温降至30℃左右时，停止搅动，浸种4~8小时（浸种时间视种子大小、新旧、饱瘪、种皮薄厚及浸种温度而定），使种子充分吸足水分后，沥干催芽。砧木种子需用温水浸泡24~48小时进行催芽。

（2）药剂消毒。药剂消毒是指利用各种药剂直接对种子进行消毒灭菌处理。其主要方法有以下几种。

防治枯萎病、炭疽病：可用100~300倍的福尔马林（甲醛）浸种15~30分钟。

防治病毒病：可将种子用清水浸4小时后，再于10%磷酸三钠溶液中浸20~30分钟后洗净，可起到钝化病毒的作用。

防治炭疽病和白粉病：可用50%多菌灵（或用25%苯莱特）可湿性粉剂500~600倍液，浸种1~2小时后捞出，清水洗净后催芽播种。

防治各种真菌病害和病毒病：可用2%氢氧化钠溶液浸种10~30分钟。

防治霜霉病、炭疽病：可用50%代森铵200~300倍液浸种

20~30 分钟。

预防立枯病、霜霉病等真菌性病害：可用 0.1%甲基托布津浸种 1 小时，取出再用清水浸种 2~3 小时。

值得特别注意的是：药剂消毒时，当达到规定的药剂处理时间后，注意用清水淘洗干净，否则可能发生药害，然后在 30℃的温水中浸泡 3 小时左右。浸种时应注意浸种时间不宜过短或过长，过短时种子吸水不足，发芽慢；过长时，种子吸水过多，易裂嘴，影响发芽。一般新种子、饱满种子浸种时间可适当长点，在 4 个小时左右。陈种子、饱满度差的种子浸种时间可在 2~3 个小时。另外，种子消毒时，必须严格掌握药剂浓度和处理时间，才能收到良好的效果。

2. 催芽

浸种完成后，捞出种子，沥干水分，用干净湿纱布或毛巾包好，外面再套层塑料袋，置于 25~30℃的条件下进行催芽。一般经 24 小时后即可出芽。

3. 育苗时间

早春大棚甜瓜栽培的育苗时间一般是根据定植时间来确定播种期和嫁接期。一般掌握在：三膜一苫（大棚、小棚、地膜覆盖、草苫）栽培，于 1 月中上旬开始播种育苗；二膜一苫（大棚、地膜覆盖、草苫）栽培，于 1 月下旬开始播种育苗；二膜（大棚、地膜覆盖）栽培，于 2 月中上旬开始播种育苗。

4. 育苗方法

采用营养钵护根嫁接育苗。嫁接方法一般采用插接法。

5. 育苗设施

早春大棚甜瓜栽培育苗时间正处在外界寒冷季节，因此，其育苗设施多采用日光温室加小拱棚冷床育苗。

6. 营养土配制

用未种过瓜类作物的肥沃大田土 6 份，腐熟过筛的牛马粪 4 份配制。每立方米粪土中加入 0.5kg 磷酸二铵和 0.5kg 硫酸钾，再加入防治土传病害的药剂，将化肥农药溶于水中，喷洒入营养土中，一边喷一边拌土，拌匀后堆闷 5~7 天即可。

7. 播种

接穗（甜瓜）一般播在平底沙盘，行株距保持 1.5~2.0cm，播种完成以后覆细沙 0.8~1.0cm，喷水淋湿后，进行保温保湿。

砧木一般播在营养钵中。播种前浇足底水，待水全部渗下后，拣已发芽的种子进行播种，每钵 1 粒。播种完成后，覆盖营养土 1.0~1.5cm 后，刮平保温。

8. 嫁接前管理

播种到出苗前，要进行闭棚提温，促进出苗。一般白天温度保持在 30~35℃，夜间 20℃以上。出苗至叶子展平，是幼苗下胚轴生长最快，最易徒长的时期，应降低温度。一般白天温度保持在 20~25℃，夜间 12~13℃为宜。子叶展平、真叶出现以后，幼苗不易徒长，可以将室温再次提高，白天 25℃，夜间 15℃左右。待砧木以现真叶，接穗两片真叶充分展平后，即可嫁接。

9. 嫁接

嫁接前 1 天，将砧木苗床浇 1 次透水。嫁接当天，将接穗拔出，用清水冲洗掉泥沙，晾去水分后，用湿布覆盖，以备嫁接。嫁接时先用刀片切去砧木的生长点，然后用与接穗下胚轴粗度相当的竹签，从子叶的一方，沿 45°角插向子叶的另一方，深度 0.5~1cm，然后在接穗靠近子叶 0.5~1cm 处斜切 2 刀后，将接穗插入砧木的孔内即可。嫁接后的苗要马上盖膜保湿。

10. 嫁接后管理

嫁接后的管理，以遮阴、避光、增湿、保温为主。为了使嫁接苗伤口快速的愈合，前 3 天，白天小拱棚内的温度控制在 28~30℃，夜间温度在 18~20℃，相对湿度一般保持在 95%以上。在控制温湿度的同时，还要注意遮光，不能使嫁接苗萎蔫，嫁接 3 天后可以适当降低小拱棚内的温度，白天温度可以降到 25~28℃，晚上降到 16~18℃。水分管理上，还是以土壤见干见湿为原则，既不能浇水过多，也不能过分干燥。如果发现表土已干，幼苗有轻度萎蔫时，可用喷壶进行适当补水，切忌浇大水。待幼苗长出 2 叶 1 心时，即可定植。

## 五、定植

1. 定植前准备

一是定植前，对栽培设施进行维护，完善保温措施，防止在栽培过程中出现意外问题；二是整地施肥。一般亩施施充分腐熟的农家肥 3 000~4 000kg，腐熟的豆饼、葵花饼、麻籽饼等饼肥 100kg，施磷酸二铵 25~35kg，硫酸钾 25kg，或硫酸钾型三元复合肥 50~80kg。粪肥必须经高温腐熟，否则易诱发枯萎病、蔓枯病、立枯病、潜叶蝇等病虫害。饼肥要喷辛硫磷和多菌灵杀灭病菌和虫卵预防病虫害。没有农家肥或重茬栽培应增施特效的菌肥及微肥。撒施粪肥后，耕翻 25~30cm，精耕细耙后起垄。

起垄标准：一般是垄宽 100cm，垄高 15~20cm，每垄 1 行。

2. 定植

按小行距 50~60cm，大行距 140~150cm，在垄顶开沟浇水，待水渗下 2/3 后，按株距 30~35cm 摆苗，亩需苗 2 000~2 300 棵。待水全部渗下后，抚平垄面，定植深度以营养土坨略低于垄面为宜。然后覆盖地膜，并及时破膜引苗。

栽植时要注意的是：一是在摆苗时放入一片甜瓜专用缓释农药，主要成分是吡虫啉，含量为 5%。通过对根部一次性隐蔽施药，可以有效预防甜瓜在生长期中的蚜虫发生。二是定植时要选择接口愈合良好，生长健壮的嫁接苗，嫁接口要高出垄面 2~4cm。

## 六、定植后田间管理

1. 温度管理

缓苗期，定植完成后，应以闭棚提温保湿为主，促进缓苗。白天棚温一般保持在 27~30℃，夜间不低于 20℃；缓苗后要通风降温，白天棚温保持在25~30℃，夜间12~18℃；结瓜前，白天温度要保持在28~30℃，不超过36℃不放风，夜温不低于17~18℃；结瓜后仍然保持较高温度，白天在25~32℃；夜间15~18℃，夜间最低温度不低于10℃，如夜温过低，则瓜长不大；但温度不能太高，要早通风，保持一定的昼夜温差。

2. 整枝吊蔓

一般是实行双蔓整枝，即当幼苗长至3~4片真叶时，及时进行摘心，促进侧蔓早发。侧蔓长出10~15cm时，选留两条健壮侧蔓（子蔓）。当侧蔓长至40~50cm时，及时吊蔓。吊蔓一般采用尼龙绳或塑料绳，随着植株的生长，要适时的将茎蔓缠好。吊蔓时，要使秧蔓分布均匀。以后，随着子蔓的生长，下部开始出现孙蔓，这时要打掉下部的3~5个孙蔓，以促进植株的生长，为高产打下丰产的架子。以后再出现孙蔓，即可留瓜，瓜后留1~2叶摘心。

3. 追肥浇水

保护地栽培定植时，外界气温较低，所以，不宜多浇水或浇大水。定植缓苗后，可视土壤墒情及长势浇缓苗水。多在定植后5~7天，选晴天浇缓苗水。甜瓜比黄瓜等蔬菜抗旱，浇水不可太勤。在坐瓜前应不旱不浇水，也不追肥，特别是在花期不能浇水。坐瓜后适时浇水，应保持地面湿润，万不可用干旱来防病控苗。当幼瓜长到鸡蛋大小时及时浇催瓜水，每次浇水都是顺垄沟浇，以缓慢渗入垄内。追肥一般进行2次，分别是在浇第1茬催瓜水和结第2茬瓜时进行。每次亩追施磷酸二铵10kg，硝酸钾10kg。膨瓜期间，一般要每7~10天喷1次叶面肥，以提高产量，改善品质。叶面肥多采用植物动力2003喷洒。

4. 人工授粉

人工辅助授粉可以控制坐瓜节位，提高坐瓜率，减少畸形瓜，提高产量，保证品质。通常情况下，在早上露水干后或16:00授粉，效果最好。常用的辅助药剂是氯吡脲（有效成分含量为

0.1%)，它是一种植物细胞分裂素，具有促进细胞分裂、分化和扩大的作用，对促进坐瓜和瓜胎的生长比较好。在预留节位雌花开花当天或前1~2天，用氯吡脲可溶液剂100倍液对着瓜胎逐个儿的喷施，喷的时候一定要均匀，且不能重复过量喷施。氯吡脲使用的浓度与环境温度有关，使用不当容易产生畸形瓜、裂果、瓜苦等副作用。

## 七、采收

尽量采收成熟瓜，不采生瓜。应看瓜的颜色、花纹、楞沟以及嗅脐部有无香味等进行确定。采收时，应带果柄和一段茎蔓剪下，轻拿轻放，贴上商标，装箱出售。

# 第三章　设施蔬菜及西甜瓜病虫害防治

近年来，随着耕作制度的改革、农田环境的改变，特别是棚室所具有的高温、高湿、封闭和连茬种植的特点，为蔬菜病虫的为害和繁衍提供了适宜的气候条件和越冬场所，从而也使蔬菜病虫害发生的种类、数量、为害程度都有了明显的增加，严重影响了蔬菜的产量和品质。防治好蔬菜病虫害，是蔬菜生产的需要，也是农民的迫切需求。

## 第一节　瓜类蔬菜常见病害的防治

1. 霜霉病

霜霉病是瓜类的重要病害，可侵染黄瓜、节瓜、丝瓜、冬瓜、苦瓜、白瓜、南瓜、甜瓜等瓜类作物。其病原为霜霉菌科多种真菌，主要为害叶片。

**症状**：发病多始于下部叶背，从苗期至收获期均可被感染发病。初期病斑是水渍状淡黄色小圆点，无明显边缘，持续较长时间后，叶背病部湿度大或有露水时长出白色至灰白色霉层。病斑受叶脉限制形成多角形，严重时病斑连成片，病叶呈火烧状。如不及时防治，会导致植株早衰，严重影响产量。

**发病条件**：霜霉病的发生流行与温、湿度特别是湿度有密切关系，在气温稍低（15~20℃）而又忽寒忽暖或昼夜温差大、多雨高湿的春季，或秋季从白露开始容易发生流行。定植后浇水过多或土地黏重、植地低洼、排水不良时发病严重。

**防治措施**：一是选择抗病品种；二是合理密植；三是药剂防治。

化学药剂主要有两大类：一类是保护性杀菌剂如波尔多液、氧氯化铜、代森锌、代森锰锌、百菌清等，这类杀菌剂主要作用为杀死表面病菌防止病菌的侵入，但对已侵入植株的病菌效果很差；另一类是内吸性杀菌剂如金雷多米尔、杀毒矾等，这类杀菌剂能被植物体吸收，是有防病和治病的双重效果，对已侵入植株的病菌起到抑制和杀灭作用。因此，发病前或发病初期可喷施保护性杀菌剂75%达科宁（百菌清）可湿性粉剂600倍液；发病初期起，喷施内吸性杀菌剂58%雷多米尔水分散粒剂600~800倍液或金雷多米尔600~800倍液；64%杀毒矾可湿性粉剂600倍液；25%阿米西达悬浮剂2 000倍液，以上农药交替使用，每7~10天喷施1次，连续2~3次。

2. 白粉病

白粉病是一种常见病害，在保护地、露地普遍发生，主要为害西葫芦、南瓜、甜瓜、黄瓜、冬瓜、西瓜、丝瓜、苦瓜等瓜类作物。

**症状**：要为害瓜类作物叶片、叶柄和茎蔓，发病初期在叶片、叶柄上产生白色近圆形小粉斑，并逐渐扩大成连片粉斑，严重时布满整个叶片，形似撒上一层白粉状物，并于后期变成灰色，病部散生许多黑色小颗粒，严重影响叶片光合作用，造成减产。

**发生条件**：该病发生与流行主要与菌源量、气象条件、品种抗性有关。温室大棚内温度较高、湿度大，干湿交替；并且连年种植，菌源量积累大，这都有利于瓜类白粉病的发生流行，所以，一旦出现中心病株，应立即进行防治。

**防治措施**：一是选用抗病品种。二是合理密植，注意通风透光，及时摘除黄、老、病叶；合理灌水，铺设地膜，降低空气湿度，避免出现高温干旱和高温高湿条件出现；施足有机肥，增施磷、钾肥。三是药剂防治。发病初期及时用药，选用晴菌唑乳油

600倍液喷雾，氟哇唑乳油8 000倍液，硫黄悬浮剂300倍液喷雾，嘧菌酯悬浮液1 500倍液，苯醚甲环唑水分散粒剂2 000倍液，烯唑醇2 000倍液。

技术要点：早预防、午前防，喷药周到大水量。

3. 立枯病

立枯病又称“死苗”，寄主范围广，除为害瓜类、茄果类蔬菜外，一些豆类、十字花科等蔬菜也能被害。

**症状**：多发生在育苗的中、后期。主要为害幼苗茎基部或地下根部，初为椭圆形或不规则暗褐色病斑，病苗早期白天萎蔫，夜间恢复，病部逐渐凹陷、溢缩，有的渐变为黑褐色，当病斑扩大绕茎一周时．最后干枯死亡，但不倒伏。轻病株仅见褐色凹陷病斑而不枯死。苗床湿度大时，病部可见不甚明显的淡褐色蛛丝状霉。

立枯病与猝倒病的区别：

猝倒病常发生在幼苗出土后、真叶尚未展开前，产生絮状白霉、倒伏过程较快，主要为害苗基部和茎部；

立枯病多在育苗中后期发生，发病中无絮状白霉、植株得病过程中不倒伏。

**防治措施**：一是做好种子处理。如采用药剂拌种、种衣剂处理等。二是做好苗床预防。如用绿亨1号2 000倍液在出苗前喷洒床面，防效可达94.2%以上。三是药剂防治。发病初期可喷洒38%恶霜嘧铜菌酯800倍液，或用41%聚砹·嘧霉胺600倍液，或用20%甲基立枯磷乳油1 200倍液，或72.2%普力克水剂800倍液，隔7~10天喷1次。

4. 根腐病

根腐病主要为害幼苗，成株期也能发病。

**症状**：发病初期，只是个别支根和须根感病，并逐渐向主根扩展。主根感病后，早期植株症状不明显，后随着根部腐烂，吸收水分和养分功能的减弱，地上部在中午前后出现萎蔫，但夜间又能恢复。病情严重时，萎蔫状况夜间也不能再恢复。此时，根皮变褐，并与髓部分离，最后全株死亡。

**发病条件**：高温、高湿时，有利于发病；连作、低洼地与土质黏重，有利于发病。发病的适宜温度为25℃。

**防治措施**：一是选择抗病品种。二是大力推广微生物肥。三是实行嫁接育苗。四是与十字花科蔬菜实行3年以上轮作。五是药剂防治。发病前，利用药剂灌根防治，发现病株，及时拔除。药剂可选用77%的多宁与50%扑海因按1∶1混合后的300倍液或用77%多宁50g、兰益微20g对水15L，用其水溶液喷灌根部，能防治黄瓜多种病原菌引发的根腐病。

5. 疫病

幼苗期到成株期都可以染病。

**症状**：幼苗染病，开始在嫩尖上出现暗绿色、水浸状腐烂，逐渐干枯，形成秃尖。成株期主要为害茎基部、嫩茎节部，开始为暗绿色水浸状，以后变软，明显缢缩，发病部位以上的叶片逐渐枯萎。叶片被害产生暗绿色水浸状病斑，逐渐扩大形成近圆形的大病斑。瓜条被害，产生暗绿色、水浸状近圆形凹陷斑，后期病部长出稀疏灰白色霉层，病瓜皱缩，软腐，有腥臭味。

**发病条件**：靠雨水、灌溉水、气流传播。发病周期短，流行迅速，在高温、高湿的条件下容易流行。连续阴雨天发病重。

**防治措施**：一是选用耐病品种。二是与非瓜类作物实行5年以上轮作。三是嫁接防病。四是土壤处理。苗床或大棚常用土壤处理剂有：石灰氮、必速灭、棉隆、敌克松、恶霉灵、恶霜嘧铜菌酯、甲霜灵、甲霜恶霉灵。五是药剂浸种，可用72.2%普力克水剂800倍液或25%甲霜灵可湿性粉剂800倍液浸种半小时后催芽。六是加强田间管理，提高植株抗病能力，合理施肥（特别是氮肥），改善透光强度。七是药剂防治。发病前，喷1次保护性杀菌剂，如96%恶霉灵粉剂3 000倍液、70%代森锌可湿性粉剂800倍液等。发病初期及时拔除中心病株，并喷药防治，选用药剂有：66.8%霉多克或72%霜脲锰锌可湿性粉剂800倍液、25%嘧菌酯胶悬剂1 500倍液、40%三乙膦酸铝400倍液等。

6. 黑星病

黑星病俗称“流胶病”，真菌病害。是黄瓜栽培的主要病害之一，主要为害黄瓜细嫩部位，可造成“秃桩”畸形瓜等。

**症状**：果实染病，初为近圆形暗绿色斑，分泌乳白色胶粒，逐渐变为琥珀色，干硬后易脱落。潮湿时表面长出灰黑色霉层，致病都呈疮痂状，病部停止生长，形成畸形瓜。

**发病条件**：黄瓜黑星病是由真菌引起的病害。黑星病菌以菌丝体或菌丝块在土壤中、架材和种子上越冬。该病病菌在空气相对湿度93%以上，平均温度为15~30℃较易产生分生孢子。植株叶面结露，是该病发生和流行的重要条件。此外，重茬地，雨水多，浇水过多，通风不良，发病较重。

**防治措施**：一是选择抗病品种。二是与非瓜类作物实行2~3年轮作。三是种子消毒，可用55℃温水浸种15分钟，或用25%多菌灵300倍液浸种1~2小时，清洗后催芽，也可用种子重量0.3%的50%多菌灵拌种。四是温室消毒，定植前半月用硫黄熏蒸消毒，每亩温室约用硫黄1 500g，锯末3 000g，分几处点燃，密闭熏蒸一夜，架材也可放室内同时消毒，或用150倍福尔马林150倍液淋洗消毒。五是土壤消毒，在育苗时按每平方米用25%多菌灵16g与10kg细土拌匀，播种时用药土底铺上盖；黄瓜定植前，每亩用50%多菌灵可湿性粉剂1~1.5kg，加细土20kg，拌匀后，撒入地里。六是药剂防治。可选用克星丹500倍液，或用50%多菌灵500倍与50%甲霜灵800倍混合液，或用70%甲基托布津1 000倍液，或用75%百菌清600倍液，或用百菌清烟剂。7~10天1次，连用2~3次。

7. 炭疽病

**症状**：幼苗发病，子叶边缘出现褐色半圆形或圆形病斑；茎基部受害，患部缢缩，变褐色；成株期发病，茎和叶柄上，病斑呈长圆形，稍微凹陷，初呈水浸状，淡黄色，后变成深褐色，病斑环绕茎蔓、叶柄1周时，上部即枯死；叶片受害，初出现水浸状小斑点，后扩大成近圆形的病斑，红褐色，外围有一圈黄色晕圈；病斑多时，互相汇合后成不规则形的大斑块；干燥的条件下，病斑中部破裂形成穿孔，叶片干枯死亡；后期，病斑出现小黑点，潮湿时长出红色黏质物；果实发病，病斑初呈淡绿色，后变为黑褐色凹陷斑，病斑中部有黑色小粒点，潮湿时病斑出现粉红色黏稠物，干燥的条件下，病斑逐渐开裂并露出果肉；病害严重时全株枯死。

**发病条件**：主要通过雨水、灌溉、气流传播，也可以由害虫携带和农事操作传播。高湿是该病发生流行的主要因素。在空气相对湿度80%~98%，温度24℃左右时发病最重，棚室栽培温度低，湿度高，叶面结露时，易发病。氮肥过多、大水漫灌、通风不良，植株衰弱易发病。

**防治措施**：一是选用抗病品种。二是选用无病种子或播种前进行种子消毒，可用50℃温水浸种20分钟，冰醋酸100倍液浸种30分钟清水冲净后催芽。三是培育壮苗，苗床地增施有机肥，以提高植株抗病能力。四是保护地内，上午闭棚，使温度升至30~34℃，下午加强通风，使棚内湿度降至75%以下，创造不利于病害发生的环境。五是增施磷钾肥，与非瓜类蔬菜轮作。六是发现病株后及时清除病叶、病瓜，深埋或烧毁。七是药剂防治。可选用50%甲基托布津可湿性粉剂700倍液、70%代森锰锌可湿性粉剂600倍液、80%炭疽福美可湿性粉剂800倍液等喷雾防治，每7~10天喷1次，连续喷2~3次。

8. 褐斑病

褐斑病以为害叶片为主，很少为害叶柄、茎蔓和果实。

**症状**：叶片染病，多在盛瓜期，中、下部叶片先发病，再向上发展。初期在叶片表面产生灰褐色小斑点，逐渐扩展成大小不等的圆形或近圆形、边缘不整的淡褐色或褐色病斑。后期病斑中部颜色变浅，有时呈灰白色，边缘灰褐色。湿度大时，病斑正、背面均生有稀疏灰褐色霉状物。发病重时，茎蔓、叶柄也能发病，病斑椭圆形，灰褐色。病斑扩展较大时，能引起整株枯死。

**发病条件**：带菌的种子是发病的主要条件。田园不清理，连作，昼夜温差小，偏施氮肥，缺少微量元素硼时，发病较重。温室内湿度过大，叶面结露，光照不足，有利于病菌的扩展与侵染。

**防治措施**：一是选用无病种子或进行种子消毒，选无病瓜留种。二是应与非瓜类作物进行两年以上轮作。三是清除田间病残体，减少初侵染源。四是药剂防治。发病初期用65%甲霉灵（硫菌·霉威）可湿性粉剂1 000倍液，或50%福美双可湿性粉剂500倍液喷雾防治。发病严重时，可追施微量元素硼。

9. 猝倒病

**症状**：猝倒病俗称卡脖子、小脚瘟等。子叶期幼苗最易染病。初染病时在茎下部靠近地面处出现水浸状病斑，很快变成黄褐色，当病斑蔓延到整个茎的周围时，茎基部变细线状，成片折倒、死亡。湿度大时病株附近长出白色棉絮状菌丝。

**发病条件**：病菌生长的适宜地温是15～16℃，温度高于30℃受到抑制。育苗期出现低温、高湿时易发病。一般在子叶期最易发病。

**防治措施**：一是改善和改进育苗条件和方法，加强苗期温湿度管理。育苗场地应选择地下水位低、排水良好的地块做苗床。二是进行种子消毒。三是床土消毒，最好应选择无病的新土做床土。沿用旧土时，可用甲霜灵、代森锰锌、多菌灵等药剂消毒。四是药剂防治。苗床未发病前用多菌灵、百菌清等药剂进行预防。发病初期可喷洒25%甲霜灵800倍液、72%普力克400倍液、64%杀毒矾500倍液、40%乙膦铝200倍液、25%瑞毒铜1 200倍液、多菌灵500倍液、75%百菌清600倍液等药剂，或直接用药液浇灌。尽快清除病苗和周围的病土，在病部灌药。

10. 灰霉病

灰霉病是黄瓜的主要病害，不仅对黄瓜为害较严重，而且可使西葫芦、丝瓜等瓜类和番茄、甜椒、茄子等茄科蔬菜以及韭菜等多种蔬菜受害。对瓜类蔬菜的为害，西葫芦重于黄瓜。

**症状**：主要为害茎、叶、花、果，造成烂苗、烂花、烂果，潮湿时病部产生灰白色或灰褐色霉层。病菌多从开败的雌花侵入，致花瓣腐烂，并长出淡灰褐色的霉层，进而向幼瓜扩展，到脐部成水渍状，花和幼苗褪色，变软，腐烂，表面密生灰褐色霉状物。被害瓜轻者生长停滞，烂去瓜头，重者全瓜腐烂。烂瓜、烂花上的霉状物或残体落于茎蔓和叶片上导致叶片和茎蔓发病。一般叶部病斑先从叶尖发生，初为水浸状，后为浅灰褐色，病斑中间有时产生灰褐色霉层，常使叶片上形成大型病斑，并有轮纹，边缘明显，表面着生少量灰霉。茎蔓发病严重时下部的节腐烂，导致茎蔓折断、死亡。

**防治措施**：采取生态防治抑制病菌滋生，结合初发期用药防治。药剂防治宜采用烟雾法、粉尘法、喷雾法交替轮换施药技术。

一是栽培防病。前茬作物拉秧出园后，要彻底清洁田园，将病残株、蔓、叶、果轻轻装入塑料袋内，带至棚室外烧掉或深埋。在定植前 10~15 天，先于棚内面（包括墙面、地面、立柱表面等）喷洒 86.2%铜大师 1 200 倍液后，选择连续 5~7 天的晴朗天气严闭大棚，高温闷棚，使棚内中午前后的气温高达 60~70℃，可杀灭病菌。实行起垄地膜覆盖栽培，要将整个栽培地面全盖地膜。

二是生态防治。棚内张挂镀铝反光幕，增加棚内光照；勤擦拭棚膜除尘，保持棚膜采光性能良好；设置二氧化碳发生器，上午定时释放二氧化碳，补充棚内二氧化碳的不足。

三是药剂防治，在灰霉病发生初期，宜采用烟雾剂或粉尘剂防治。可用 40%百扑烟剂（百菌清和扑海因）、40%百速烟剂（含百菌清和速克灵），45%百菌清烟剂，10%速克灵烟剂（10%腐霉利烟剂）、40%灰霉-熏净或 15%扑霉灵烟剂。每亩每次用 250~350g 熏烟 4~6 小时，7 天左右熏 1 次，连续 2~3 次，也可采用 10%灭可粉尘剂、10%杀霉灵粉尘剂或 10%多霉威（10%多霉清）粉尘剂，于傍晚闭棚后喷粉，每亩用 1kg，相隔 8~10 天喷粉 1 次，连续或与其他方法交替使用2~3次。

始花期使用保果灵500倍液，保丰灵2 500倍液加入0.1%的50%速克灵或加入0.1%的50%扑海因蘸雌花。

防病初期开始交替喷施下列农药之一：50%速克灵（腐霉利）可湿性粉剂1 500~2 000倍液，50%扑海因可湿性粉剂1 000~1 500倍液，50%利得或50%苯菌灵可湿性粉剂1 000倍液，50%菌霉灵或40%菌核净可湿性粉剂1 000~1 500倍液、50%倍得利，或用50%灰核克星可湿性粉剂1 000倍液，50%灰核威或65%甲霉灵（65%万霉灵1号）或50%多霉灵（50%万霉灵2号）可湿性粉剂1 000~1 200倍液，52%农利灵或86.2%铜大师可湿性粉剂1 200~1 400倍液，或用21%克菌星乳油对水400倍液，每隔7~10天喷1次，连喷2~3次。

11. 病毒病

病毒病主要为害西葫芦、哈密瓜，其次是甜瓜，还为害南瓜、丝瓜、黄瓜。

**症状**：植株受害后，全株矮缩，叶面及果实上形成浓绿色与淡绿色相间的斑驳，瓜小或呈螺旋状扭曲，瓜面斑驳或凹凸不平，或疣状突起，风味差，味苦。叶片皱缩变小，变色，有花叶、斑驳、黄化，畸形（皱缩、疱斑、蕨叶、扇叶、卷叶、叶变）及叶质硬脆。新生蔓细长，扭曲，节间短，花器发育不良，坐果困难。

黄瓜苗期受害，子叶变黄枯萎；幼叶呈现浓绿相间的花叶或斑驳，植株矮小。成株新叶呈现黄绿相嵌状的花叶，病叶小而略有皱缩；严重时叶反卷，变硬发脆，植株下部叶片渐黄枯死。瓜条呈现深浅色相间的花斑，果面凹凸不平或畸形。重病株茎蔓节间缩短，簇生小叶，不结瓜，常萎缩死亡。

南瓜受害，病株叶片呈现系统花叶，主要表现为叶绿素分布不均匀，呈现大块浓绿色相间斑驳或花叶，新叶症状明显。严重时叶面凹凸不平，叶脉皱缩变形，病株顶叶与茎蔓扭曲。瓜果上有褪绿病斑。一般早期发病轻，开花结瓜后病情渐重。

甜瓜受害，表现为系统花叶。上部叶先显症状，呈深浅绿色相间的斑驳花叶，叶小而卷，茎扭曲萎缩，植株矮化，结瓜少且小，上有深浅绿色不均的斑驳。

西葫芦受害，呈现系统性斑驳、花叶，叶上有深绿色疱斑，新叶受害严重；重病株上部叶片畸形呈鸡爪状。植株矮化，叶片变小，不能展开；后期叶片枯黄或死亡。病株不结瓜或结瓜少；瓜面上有瘤状突起或环形斑，小而畸形。

丝瓜受害，幼嫩叶发病，呈浅绿与深绿相间斑驳或褪绿色小环斑。老叶发病则呈现黄色或黄绿相间花叶，叶脉抽缩致使叶片歪扭或畸形。严重的叶片变硬、发脆，叶缘缺刻加深，后期产生枯死斑。果实发病，病果呈螺旋状畸形，其上产生褪绿色斑。

**病原**：主要有黄瓜花叶病毒（CMV）、甜瓜花叶病毒（MMV）和烟草环斑病毒（TRSV）。

**防治措施**：应以选用抗病品种或耐病品种为主，栽培防病为辅的综合防治措施。首先要培植壮苗，多施磷、钾肥，以提高植株的抗病性；其次要注意田间操作卫生，接触病菌以后要及时用肥皂将手洗净。另外，还要做好病害的预防工作，特别是蚜虫的防治，尤其是苗期要防治蚜虫。

当蚜虫发生时，可使用10%吡虫啉可湿性粉剂2 000~3 000倍液进行防治。在发病初期，可喷施20%病毒A可湿性粉剂500倍液或20%病毒灵可湿性粉剂600倍液。在以上药液中如混加天达2116或芸苔素等植物生长促进剂，抑制效果会更好。

## 第二节　茄果类蔬菜常见病害防治

1. 猝倒病

常见的症状有烂种、死苗和猝倒3种。

烂种，是种子尚未萌发就已受病菌感染而腐烂。

死苗，是种子萌发抽出胚茎或子叶的幼苗，在其尚未出土前就遭受病菌的侵染而死亡。

猝倒，幼苗出土后、真叶尚未展开前，遭受病菌侵染，致幼茎基部发生水渍状暗斑，继而绕茎扩展，逐渐萎缩呈细线状，幼苗地上部因失去支撑能力而倒伏地面。湿度大时，在病苗或其附近床面上密生白色棉絮状菌丝。

**发病条件**：育苗期的低温、高湿是发病的重要有利条件。当幼苗子叶养分基本用完，新根尚未扎实之前是感病期。

**防治措施**：一是床土消毒。二是加强苗床管理，选择地势高、地下水位低、排水良好的地块做苗床，播前 1 次灌足底水，出苗后尽量不浇水，必须浇水时，一定选择晴天进行，不宜大水漫灌。三是要及时放风、降湿，即使阴天也要适时适量放风排湿。四是发病初期喷淋 95%恶霉灵（绿亨 1 号）450 倍液，或用 77%多宁 600～700 倍液喷淋。

2. 立枯病

**症状**：刚出土的幼苗及大苗均可发病。病苗茎基部变褐，后病部收缩细缢，茎叶萎垂枯死；幼苗稍大白天萎蔫，夜间恢复，当病斑绕茎 1 周时，幼苗逐渐枯死。

**发病条件**：病菌发育适温 24℃，最高 40～42℃，最低 13～15℃。播种过密，间苗不及时，温度过高易诱发本病。

**防治措施**：一是苗期喷施 0.2%磷酸二氢钾、0.1%氯化钙等，增强幼苗抗病力。二是用种子重量 0.2%的 40%拌种双或 32%苗菌敌可湿性粉剂拌种。三是苗床药土处理。四是药剂防治。

发病初期可用 72.2%普力克水剂 400 倍液，每平方米喷药液 2～3L，也可选 15%恶霉灵水剂 450 倍液。视病情隔 7～10 天喷施 1 次，连续防治 2～3 次。

3. 沤根

沤根是由于棚内土壤、空气湿度过大，根部缺氧引起，是一种生理病害。

**症状**：地下根部不发新根，并逐渐变黑腐烂，地上部则萎蔫，继而枯死。

**发病条件**：除与天气密切相关外，还和浇水不当、通风不够等因素密切相关。地温低、土壤湿度大是发病的重要条件。

**防治措施**：一是要提高地温，播种前底水要适当，出现干旱时，切忌大水漫灌。二是适时适当加大通风量，降低棚内湿度。三是避免过早过深进行根际培土。四是避免用杀菌剂之类的农药进行大量喷洒，此法不但不起防治作用，反而加重了沤根。

4. 早疫病

早疫病又称夏疫病或轮纹病，是一种真菌性病害。夏季露地和保护地番茄受害都比较重，一般减产20%~30%，严重时减产50%以上。

**症状**：番茄叶、茎、果都可发病，但以叶片受害为主。叶片受害，最初出现水渍状暗褐色病斑，以后逐渐扩大后呈近圆形或不规则形病斑，上有同心轮纹，潮湿条件下病斑长出黑霉。发病多从植株下部叶片开始，逐渐向上部发展，严重时下部叶片枯死。叶柄、茎和果实发病，初为暗褐色椭圆形病斑，扩大后凹陷，出现黑霉和同心轮纹。青果病斑从花萼附近产生，重病果实开裂，病部较硬。

**发病条件**：高温、高湿有利于该病的发生和流行。气温15℃，相对湿度80%以上开始发病，气温20~25℃，空气湿度高，病情发展迅速。

**防治措施**：一是选用抗病品种。二是重病田实行与非茄果类蔬菜3~4年轮作。三是施足底肥，增施磷、钾肥，防止大水漫灌，注意通风排湿。四是药剂防治。

药剂防治可选用64%杀毒矾可湿性粉剂500倍液，或用50%扑海因可湿性粉剂1 000倍液，或用70%代森锰锌可湿性粉剂500倍液，每隔7天喷1次，连喷3~4次，每亩用药液50~60kg。如果早疫病和晚疫病混合发生，可以58%甲霜灵锰锌可湿性粉剂500倍液。如果茎部有病斑，可用50%扑海因可湿性粉剂200倍液进行涂抹，效果更佳。

5. 叶霉病

**症状**：叶霉病是保护地的重要病害，主要为害叶、茎、花和果实。初期在叶片背面出现一些退绿斑，后期变为灰色或黑紫色的不规则形霉层，叶片正面在相应的部位褪绿变黄，严重时，叶片常出现干枯卷缩。

发病条件；病菌喜高温、高湿环境，发病最适气候条件为温度20~25℃，相对湿度95%以上。番茄的感病多在开花结果期。

**防治措施**：一是种子消毒。二是土壤消毒。三是与非茄科蔬菜实行3年轮作。四是加强温湿度管理，适时通风，控制浇水，浇水后及时排湿，及时整枝打杈，增施P、K肥，少施N肥，避免植株过旺生长。五是药剂防治。

在发病前或发病初期用加瑞农47%WP（可湿性粉剂，下同）800倍液或65%万霉灵WP 1 000倍液或宝丽安50%WP（多氧霉素）1 000倍液进行预防和控制，或在夜间用45%百菌清烟剂每亩用250~300g熏烟，效果显著。也可用福星600~800倍液、甲基托布津1 000倍液、戍唑3 000倍液、奥力克霉止400倍液、哈茨木霉菌叶部型300倍液，于发病前或发病初期喷雾，喷药次数视病情而定，一般每5~7天喷药1次，喷药时注意喷叶片背面。

6. 晚疫病

**症状**：叶茎果均可受害。叶部发病多从植株上部叶片的叶尖、叶缘发病，形成暗绿色不整齐斑、病部长有明显的白色霉层；茎秆染病呈褐色腐烂状，生白霉；果实染病呈暗褐色，病斑大，果实一般不变软，湿度大时有白霉。一旦发病，扩展很快，造成茎秆、顶部腐烂（即烂杆、烂枝），所以，是腐烂性病害。

**发病条件**：温度低、湿度大易发病。

**防治方法**：一旦发现病株，立即用药防治，药剂有：霜霉威600倍液、银法利600倍液、甲霜灵锰锌600~800倍液喷雾。

7. 病毒病

**症状**：花叶型，典型症状是叶片和果实出现不规则褪绿或浓绿与淡绿相间的斑驳，为害严重时病叶和病果畸形皱缩，叶明脉，植株生长缓慢或矮化，结小果。黄化型，典型症状是植株上部新生叶片颜色逐渐变为浅黄色，植株上黄下绿，植株逐步矮化并伴有明显的落叶现象。坏死型，典型症状是植株顶枯、斑驳坏死和条纹状坏死。顶枯指植株枝杈顶端生长点部位的幼嫩叶片变褐坏死；斑驳坏死多发生在叶片和果实上，病斑不规则形，呈红褐色或深褐色，随后叶片迅速黄化脱落；条纹状坏死主要表现在植株枝条上，病斑呈红褐色，渐沿枝条上下扩展，发病后引起落叶、落花、落果，严重时整株干枯。畸形，典型症状是叶片增厚、叶面皱缩、叶片变小或呈蕨叶状；植株节间变短，株型矮化，枝叶丛生呈丛簇状。发病果实黄绿相间、畸形，果面凹凸不平，容易脱落。

**发病条件**：高温、干旱、蚜虫大发生时，为害重；植株长势弱，重茬也引起该病的发生。

**防治方法**：一是选抗病品种。二是选用无病毒种子。三是及时防治蚜虫、粉虱和其他虫害，减少传播媒介。四是药剂预防。

从苗期开始用马啉胍或病毒 A 600 倍液进行预防，每隔 7~10 天喷药 1 次，连喷 4~5 次。

8. 灰霉病

**症状**：病部灰褐色，腐烂，表面生有灰色霉层。叶片发病，多从叶缘开始向里产生淡褐色“V”形病斑，水渍状，并有深浅相间的轮纹，表面生有灰色霉层。果实发病时，多从花瓣、花托处侵染，向果实发展，果实蒂部呈灰白色水渍状软腐，产生灰色至灰褐色霉层。

**防治措施**：一是农业措施。及时摘除老叶、带虫叶、病果、病叶，带出田外集中深埋，减轻病虫发生基数；采取地膜覆盖，膜下灌水或滴灌，降低温室湿度。二是生态措施。晴天上午适当早揭草苫，延长光照时间，并注意通风，使棚室湿度降到 80%以下；午后闭棚，使短时间棚温升至 33℃以上，以高温抑制病菌发生发展，然后再放风排湿，减轻夜间结露，抑制病菌传播。三是物理措施。

在设施内悬挂黄板诱杀蚜虫、飞虱成，减少虫源数量。四是化学措施。由于灰霉病菌易产生抗药性，在防治中要轮换用药，防止产生抗药性。

熏烟：在灰霉病发病初期亩用45%百菌清烟剂250g，或用10%腐霉利烟剂200～300g，或用15%腐霉百菌清烟剂200～300g，或用15%异菌百菌清烟剂250～300g，点燃放烟。

喷雾：亩用25%腐霉福美双悬浮剂150～200g，或用25%啶菌噁唑乳油50～100g，或用50%啶酰菌胺水分散粒剂35～50g，或用43%腐霉利悬浮剂130～150g，或用50%异菌脲悬浮剂50～100g，加水50kg均匀喷雾，每隔7～10天防治1次，连防3～4次。注意施药后温室内湿度调节。

9. 斑枯病

斑枯病除为害番茄外，还为害辣椒、茄子等茄科作物。保护地茄果类蔬菜发生较重。

**症状**：斑枯病多从植株下部叶片开始发生，叶面呈现圆形或近圆形病斑，边缘深褐色，中间灰白色，稍凹陷，果实上散生黑色小黑点，直径2～3mm，呈鱼眼状。

**发病条件**：病菌发育适温22～26℃，12℃以下或27℃以上能抑制发病。高湿有利于发病，适宜的空气相对湿度为92%～94%，达不到这个湿度时不发病。

**防治措施**：一是应与非茄科作物轮作3～4年；二是药剂防治。

一般用霜脲氰原药600倍液，或用20%氟吗啉可湿性粉剂400倍液，或用64%恶霜锰锌可湿性粉剂500倍液喷雾，若与全溶性钙600～800倍液混用防治，效果会更佳。

10. 茎基腐病

茎基腐病是近年来棚室番茄发生较严重的一种病害。主要为害大苗或定植后番茄的茎基部或地下主侧根。

**症状**：病部开始呈暗褐色，以后绕茎基部或根茎扩展一周，致皮层腐烂，地上部叶片变黄、萎蔫，后期整株枯死。病部表面常形成黑褐色大小不一的菌核。轻者减产，重者绝收。

**发病原因**：一是定植前土壤没有消毒，棚内土壤因连年种植茄果类蔬菜，导致多种病菌在土壤中生存，一旦条件适宜便容易发病。二是越冬茬番茄定植期过早，苗期地温过高，大水漫灌以后，根系透气性降低，使得土壤内的病菌大量滋生繁殖，并侵染茎基部维管束，致使植株感病。三是番茄植株生长势弱，也使得土传病害发生严重。

**防治方法**：一是定植前 1 个月，将大棚内外的残枝落叶清理干净并运出大棚销毁，闭棚提温，进行高温闷棚。二是结合整地，撒施多菌灵、百菌清等广谱性杀菌剂进行土壤消毒。三是定植时要注意剔除病苗、弱苗，减少发病率。四是越冬茬番茄定植要适期，注意晚盖地膜。五是加强栽培管理，切忌大水漫灌。六是药剂防治。

植株一旦表现出病症，如叶片萎蔫、生长缓慢、茎基部表面发黑时，可在茎基部施用拌种双药土；在发病初期喷洒 40%拌种双粉剂悬浮液 800 倍液，或在病部涂抹五氯硝基苯粉剂 200 倍液加 50%福美双可湿性粉剂 200 倍液。也可用 75%达科宁可湿性粉剂 600 倍液，或用 80%大生可湿性粉剂 500 倍液，或用 70%品润干悬浮剂 600 倍液防治。

11. 绵疫病

**症状**：主要为害果实，也能为害茎叶。受害部分以老熟果实为主，长茄品种受侵染时从腰部发病。发病初期病部出现水浸状圆形小斑，最后可扩展到整个果实。病部逐渐收缩、变软，表面出现皱纹。在高温、高湿条件下产生茂密的白色棉毛状菌丝，果肉变湿腐烂。病果一般悬在枝上不立即脱落。病果落在潮湿地面，全果很快腐烂，最后干缩成黑色僵果。

**发病条件**：在气温 25~30℃、空气相对湿度 80%以上的高温、高湿条件下容易发病和流行。

**防治措施**：控制好棚室的空气湿度，及时整枝，摘除老叶，有利于通风透光，减少病害发生。

发病初期用75%百菌清可湿性粉剂500~600倍液，或用25%瑞毒霉800倍液，或用58%瑞毒锰锌400~500倍液，或用64%杀毒矾M8可湿性粉剂400~500倍液，每隔7~10天喷1次，连续喷2~3次。

12. 辣椒疫病

辣椒疫病是一种土传病害，全生育期均可发病，是辣椒生产上的主要病害。

**症状**：叶片感病，在叶缘和叶柄连接处发生不规则形的水渍状暗绿色病斑，病斑的边缘为黄绿色，高温、高湿条件下病斑迅速扩展，造成叶片腐烂，干燥条件下病斑干枯易破碎。茎基部和茎节感病，出现水渍状的暗绿色病斑。茎部多在近地面处发生，病斑初期为暗绿色水渍状，以后出现环绕表皮扩展的暗褐色或黑褐色条斑，病部易缢缩折倒，病部以上部分易凋萎死亡。果实感病，多从蒂部开始，病斑呈暗绿色水渍状软腐，边缘不明显，很快扩展到全果实，引起腐烂，潮湿时病部覆盖白色霉层，干燥后形成暗褐色僵果。

**发病条件**：高温、高湿有利于病害流行，当温度在20~30℃的范围内，相对湿度在80%以上时，田间发病严重。特别是在雨季或大雨过后天气突然转晴，气温急剧上升时，辣椒疫病极易暴发流行。

**防治措施**：一是种子处理。二是农业防治。主要是生长期和收获后，要及时清除田间病株和病残体，严禁将病株和病残体随意堆放，应集中烧毁；发病田不要与瓜类、茄果类蔬菜连作，可与十字花科、豆科等蔬菜轮作，最好采取水旱轮作；移栽前要深翻晒土，增加土壤透气性，促进定植后快缓苗，壮大根系，增强植株抗病能力；基肥应以充分腐熟的有机肥为主，少施氮肥，花蕾期加强追肥；定植后，要浇足定植水，缓苗发根时，要适当控制水分，促进根系深扎，盛果期要充分供水，避免大水漫灌，严禁灌后积水。三是药剂防治。

一般用58%甲霜锰锌可湿性粉剂，或用69%安克锰锌可湿性粉剂8~10g/m$^2$与细土4~5kg混拌均匀，在苗床浇足底水的前提下，先取1/3毒土撒在床面上，播种后再将2/3毒土覆上。重病地块用乙膦铝·锰锌10g/m$^2$，加10倍细干土拌匀，撒于地面，耕翻入土。发病前，每亩用20%吡吗啉悬浮剂有效成分20g对水进行叶面喷雾，每间隔7天喷1次药。发病初期，用44%精甲霜百菌清悬浮剂500~650倍稀释液，或用68%精甲霜锰锌水分散粒剂300倍液，或用75%百菌清可湿性粉剂300倍液，喷施2~3次，每次间隔7天。

13. 细菌性疮痂病

细菌性疮痂病又称斑点病，是近几年保护地茄果类蔬菜的主要病害。

**症状**：植株的所有部位均能发病，但主要为害叶片及果实。发病时，近地面老叶先发病，逐渐向上部叶片发展。发病初期在叶背面形成水渍状暗绿色小斑，逐渐扩展成圆形或不规则形黄色病斑。病斑表面粗糙不平，周围有黄色晕圈，稍凸起，呈疮痂状，后期叶片干枯质脆。茎部感病先在茎节处出现褪色水渍状小斑点，扩展后形成长椭圆形黑褐色条斑，后期病部木栓化，有时纵裂后呈疮痂状。果实上主要为害幼果和青果，果面先出现褪色斑点，后扩大呈现黄褐色或黑褐色近圆形斑，稍隆起，边缘带有黄绿色晕圈，有的病斑可互相连接，呈不规则大型病斑，表面深褐色木栓化，或粗糙枯死呈疮痂状。

**发病条件**：发病适宜温度为27~30℃，高温、多湿条件时病害发生严重。在秋延迟茬或早春茬，管理粗放、长势弱的植株发病重。

**防治措施**：一是实行2~3年轮作。结合深耕，以促进病残体腐烂分解，加速病菌死亡。二是进行种子消毒。三是加强栽培管理，实行起垄覆盖地膜栽培，膜下灌水。四是药剂防治。

发病初期及时喷药防治，常用药剂有72%农用链霉素可溶性粉剂4 000倍液，或用新植霉素4 000~5 000倍液，或用2%多抗霉素800倍液，或用60% DTM可湿性粉剂500倍液，或用14%络氨铜水剂300倍液，或用27%铜高尚悬浮剂600倍液，或用78%波锰锌（科博）可湿性粉剂500倍液，或用40%细菌快克可湿性粉剂600倍液，或用50%氯溴异氰尿酸（消菌灵）可溶性粉剂1 200倍液，或用60%琥铜·乙铝·锌可湿粉剂500倍液，或用“401”抗菌剂500倍液，或用40%细菌灵8 000倍液，重点喷洒病株基部及地表，每7天喷1次，连喷3~4次。

14. 茄子黄萎病

茄子黄萎病是一种土传性病害，又称半边疯、黑心病。

**症状**：多在门茄坐果后发病，盛果期急剧增加。发病初期，植株中下部叶片脉间或叶缘萎黄上卷，并逐渐向上发展，使半边枝叶变黄枯死，果实僵化不长。严重时，全株枯死，叶片干枯脱落，成为光秆。剥开根和茎的皮层，可见维管束变成褐色。

**发病条件**：温度是影响病害发生的一个重要因素。一般气温20~25℃有利于发病。从茄子定植到开花期，日平均气温低于15℃的日数越多，发病越早越重。气温在28℃以上，病害受到抑制。重茬或连作栽培，土壤含菌量多，发病重。

**防治措施**：一是移栽时可以穴施微生物菌剂20~30kg；缓苗后发病前亩施金微多用途800g，按300倍液稀释进行单株灌根，或于发病前用噻唑锌400倍液加6 000倍液天然芸薹素硕丰481喷雾，8~10天喷1次，连喷2~3次。

15. 茄子褐纹病

茄子褐纹病是茄子上一种常见的病害，在我国分布广泛，南北方都有发生，是北方三大茄病之一。

**症状**：褐纹病从苗期到果实采收期都可发病，常引起死苗，枯枝和果腐。幼苗受害，多在幼苗与土表接触处形成近棱形水渍状病斑，以后病斑逐渐变为褐色或黑褐色，稍凹陷并收缩，条件适宜时病斑迅速扩展，环切茎部导致幼苗猝倒。成株期受害，叶、茎、果实都可发病，叶片发病一般从下部叶片先发病，逐渐向上发展，初期为苍白色水渍状小斑点，逐渐变褐近圆形，后期病斑扩大不规则，边缘深褐色中间灰白色，上生有许多小黑点，病斑组织薄而脆，易破裂或脱落形成穿孔。茎部发病，初期呈褐色水渍状纺锤形病斑，后扩展为边缘暗褐色，中间灰白色的干腐状溃疡斑，其上有小黑点，最后皮层脱落，露出木质部，或病斑环茎基1周，整株枯死。果实发病，呈褐色近圆形病斑，稍凹陷，边缘明显，斑面产生同心轮纹，密生黑色小粒点，病斑不断扩大，可达整个果实，病果后期落地软腐，或留在枝干上，呈干腐状僵果。

**发病条件**：温度在29~30℃，相对湿度在80%以上时易于发病。

**防治方法**：一是选用抗病品种。二是要做好种子处理。三是选4年以上未种过茄子及茄科作物的地块种植。四是加强栽培管理。五是药剂防治。

结果后开始喷洒75%百菌清可湿性粉剂600倍液、40%甲霜铜可湿性粉剂600~700倍液、58%甲霜灵锰锌可湿性粉剂500倍液、64%杀毒矾可湿性粉剂500倍液、70%乙膦锰锌可湿性粉剂500倍液、50%苯菌灵可湿性粉剂800倍液，视天气和病情每隔10天左右喷1次，连续防治2~3次。

16. 茄果类蔬菜常见的几种生理性病害

茄果类蔬菜在生长发育过程中，因受气候、营养、栽培管理、有害物质等不良环境条件的影响，常产生各种各样的生理障碍，统称为生理性病害，如落花落果、畸形果、裂果、脐腐、僵果、空洞果、日灼、果实着色不良等。

（1）脐腐病。脐腐病又称蒂腐病，顶腐病；俗称膏药病、“黑膏药”“烂脐’，是番茄常见的病害之一。

**症状**：该病一般发生在果实长至核桃大时。最初表现为脐部出现水浸状病斑，后逐渐扩大，致使果实顶部凹陷、变褐。病斑通常直径1~2cm，严重时扩展到小半个果实。在干燥时病部为革质，遇到潮湿条件，表面生出各种霉层，常为白色、粉红色及黑色。这些霉层均为腐生真菌，而不是该病的病原。发病的果实多发生秋延迟番茄第1~2穗果实上。

**病因**：脐腐病是一种复杂的生理性病害，植株、果实缺钙是发病的主要因素，试验表明，番茄果实中含钙量低于0.2%即可发病。

①高温所致：高温引起叶片蒸腾作用增大，使得大量钙进入叶片，而高温又加速果实膨大，运入果实的钙相对减少，故易引起脐腐病。

②干旱所致：钙的吸收是被动吸收，植株吸钙量与吸水量是呈正相关的，基质缺乏水分，植株吸水减少，则吸钙量也相应减少。

③化学肥料使用过多所致：化学肥料使用过多，引起土壤盐度升高所致。

④低温所致：根际温度太低，根系代谢缓慢，影响对水分和钙的吸收，从而引发其病。

⑤不同营养元素间的拮抗作用所致：钾、镁、铵施用太多，土壤中钾离子、镁离子、铵离子含量太高，影响了对钙的吸收。

⑥钙供应量偏少所致：近几年来种菜施用的有机肥相对偏少，化肥施用却越来越多。尽管土壤中钙元素不缺，却难以被植株吸收利用。

⑦低pH值的影响：据有关资料介绍，pH值过低，则影响钙的吸收，pH值在5.6~8时，钙的有效性含量随pH值升高而增高。

⑧高湿所致：钙的被动吸收有赖于叶片的蒸腾作用。湿度过大，蒸腾作用就越小，植株吸钙量也就随之减少。

**防治措施**：一是加强苗床温湿调控，培育壮苗，移植时避免损伤根系，促进根系发育。二是采用地膜覆盖栽培，保持土壤水分相对稳定。三是蹲苗要适当，浇水及时而适量，在结果期，要保持土壤水分的均衡供应，四是叶面补施钙肥。

一般常采用配方施肥技术，实行根外追施钙肥。在番茄坐果后1个月内是吸收钙的关键时期。可喷洒1%的过磷酸钙，0.5%硝酸钙溶液或0.5%氯化钙加5mg/kg萘乙酸，或用0.1%硝酸钙加爱多收 6 000 倍液，隔 10～15 天喷药 1 次。连续喷洒 2 次。

（2）落花落果。落花落果是一种比较常见的生理性病害，且易引起植株徒长，影响早期产量。

**产生原因**：花芽分化期或开花期温度过高或过低，导致花芽分化和花粉发育不良，难以正常授粉受精而落花；开花结果期光照不足，植株营养生长过旺、花及果实营养供应不足，引起落花落果。

**防治措施**：一是做好光、温调控及肥水管理，培育壮苗，协调营养生长与生殖生长，保证花和果实的营养供应；二是用植物生长调节剂进行处理，通常使用 2，4-D、防落素进行蘸花或喷花。

（3）畸形果。番茄和辣椒都容易产生畸形果。

番茄畸形果是指在不良条件下，花器和果实不能充分发育，或花芽细胞分裂过旺导致心皮数目增多，从而形成的各种变形果实，番茄畸形果从形态上分为变形果、瘤状果和脐裂果 3 种类型。

**产生原因**：一是低温是造成番茄果实畸形的主要原因，从幼苗花芽分化开始，若遇夜温 8℃以下，白天温度 20℃以下持续 1 周，则花芽分化不良，导致果实畸形。二是育苗期间水分供应充足、偏施氮肥、生长过于旺盛，致花芽过度分化，形成多心皮畸形花，果实则呈桃形、瘤形等。三是植物生长调节剂使用浓度过高或处理时间不当，也极易形成畸形果。

**防治措施**：一是选用不易产生畸形的中小果型品种。二是做好苗期温、光调控，提高苗床温度。三是采用配方施肥，避免偏施氮肥，防止徒长。四是根据环境条件、生长状况，合理使用植物生长调节剂。

（4）裂果。番茄和茄子都有裂果现象发生，番茄成尤甚。

番茄裂果通常有 3 种类型：放射状裂果、环状裂果及条纹状裂果。

**产生原因**：一是果实生长期间，土壤水分供应不均衡，前期土壤干燥，果实生长缓慢，其后突降大雨或灌大水，果皮的生长跟不上果肉组织的生长速度，出现裂果；或连续阴雨低温天气后，突遇天气转晴，果皮过度失水而裂果。二是高温、烈日、干旱和暴雨等情况，会导致根系生理机能障碍及硼的吸收运转受阻，果面出现木栓状龟裂。三是植物生长调节剂使用浓度过高，引起花柱开裂，从而大量出现裂果。

**防治措施**：一是选用果皮较厚的抗裂品种。二是采用地膜覆盖和滴灌栽培，使水分供应均衡。三是增施硼肥。可用0.1%～1.0%硼砂水溶液叶面喷雾，每7～10天喷施1次，连续2～3次，或结合整地，亩施硼砂0.5～1.0kg。四是植物生长调节剂的使用浓度不能过高。

(5) 僵果。茄果类蔬菜在生产栽培过程中，常常发现一些不能正常膨大、着色，质地发硬却不脱落的果实，这就是僵果。

**产生原因**：一是开花期温度过高或过低，妨碍花粉萌发和花粉管伸长，导致不能正常受精，这是产生僵果的主要原因。二是有些花即使能正常受精，但由于营养供应严重不足，如缺乏光照，土壤干旱，土壤盐度过高等，也能引起僵果。

**防治措施**：一是加强开花结果期温湿调控，使其温度保持在：番茄白天温度23～27℃、夜温13～17℃；茄子白天温度25～30℃、夜温20℃左右；辣椒白天温度20～25℃、夜温15～20℃。二是加强肥水管理，保证果实的营养供应。

(6) 空洞果。空洞果主要发生在番茄上，表现是果实的胎座发育不充分，与果壁产生分离，种子少或无种子，种子腔成为空洞。

**产生原因**：一是品种因素，早熟品种因心室数目少而易发生。二是花期温度过高或过低，超过35℃或低于10℃就会造成授粉受精不良而产生空洞果。三是果实营养供应不足，如光照不足，生长中后期脱肥等。四是生长调节剂使用浓度过高，使子房壁与胎座发育失衡，或使用过早，在花器未成熟时就进行处理，空洞果率高。

**防治措施**：一是选用多心室的中晚熟品种。二是加强棚室温湿调控，开花结果期避免温度低于10℃或高于35℃。三是适时适量使用植物生长调节剂。四是加强开花坐果期肥水管理，采用配方施肥技术，保证果实营养供应。

(7) 日灼。番茄、茄子和辣椒在强光直晒下，都可能发生日灼。其症状主要表现为果实的向阳面褪色变硬，呈淡黄色或灰白色，革质状。

**产生原因**：主要是强光直射引起，果面曝晒在强光下使果实局部过热而造成。另外，土壤缺水时也易发生。

**防治措施**：合理密植，加强肥水管理，使枝叶生长繁茂，以避免果实被阳光直晒。

(8) 果实着色不良。番茄果实着色不良主要表现有绿肩、污斑。绿肩指果实转色后，果肩部或果蒂附近仍残留绿色斑块，一直不变红；污斑指果实成熟变红后，果皮组织出现黄褐色或绿色的斑块。茄子果实着色不良表现为果实颜色变淡或发暗，严重的呈绿色，或着色不均匀。辣椒果实着色不良表现为果实表面出现紫的色素。

**产生原因**：番茄着色不良主要是因为偏施氮肥，缺硼少钾；果实转色期气温偏低，胡萝卜素和茄红素形成受抑；茄子着色不良主要是由于光照不足引起的，或茄子完全隐蔽在枝叶中间；辣椒着色不良主要由于温度过低，花青素生成受抑而形成。

**防治措施**：一是选用耐低温品种。二是加强肥水管理，增施有机肥，必要时喷施含钾及硼的微肥。三是加强棚室温光调控。番茄果实成熟期和辣椒果实转色期要适当提高棚室温度，通风时避免冷风直吹果实；茄子要加强通风透光，适时疏枝打叶，以保证果实得到充足的光照。

## 第三节　大蒜常见病害的防治

1. 大蒜根腐病

**症状**：多由细菌引起，植株感病后，初生根由根尖向基部腐烂，而后，次生根相继腐烂，部分植株连蒜母一起腐烂，腐烂处有恶臭味，易引发地蛆及其他寄生性害虫。病株叶片褪绿发黄，并从叶尖开始沿叶脉纵向软腐，植株矮小，生长发育失调，严重时植株死亡。

**防治措施**：首先拌种能预防大蒜根腐病发生。一般每100kg种蒜用77%多宁可湿性粉剂150g，加水8kg均匀喷洒蒜种，晾干后播种。其次是药剂防治。

大蒜生长期发生根腐病，可在发病初期每亩用龙克菌（20%噻菌铜悬乳剂）30～90mL加水40～60kg喷雾或灌根；或者亩用灭菌威（50%氯溴异氰尿酸可湿性粉剂）30～60g加水50kg喷雾或灌根，隔5天1次，连续防治2～3次。

2. 大蒜叶斑病

**症状**：只为害叶片。病叶初呈针尖状的黄白色小点，渐扩展成水渍状褪绿斑，后扩大成平行于叶脉的椭圆形或梭形凹陷病斑，中央枯黄色、边缘红褐色、外围黄色。

**防治方法**：一是施足底肥，及时追肥，以有机肥为主，增施磷、钾肥和微肥，大力推广大蒜专用肥。二是实行轮作换茬。三是农药防治。

发病初期，可用70%代森锰锌可湿粉500倍液，或用40%疫霜灵可湿性粉剂500～1 000倍液喷雾防治，7～10天喷药1次，视病情和天气连用2～3次即可。

3. 大蒜锈病

锈病是大蒜主要病害之一，对大蒜品质和产量均有较大影响。

**症状**：主要侵染叶片和假茎。初期叶面产生椭圆形橙黄色稍隆起的小点，后表皮破裂，散出橙黄色粉末，病斑周围具黄色晕圈。生长后期病部形成椭圆形的黑褐色病斑。

**防治方法**：一是选用抗病品种。二是合理施肥和灌水，避免偏施氮肥。三是药剂防治。

可选用25%三唑酮可湿性粉剂1 500倍液，70%代森锰锌可湿性粉剂 600 倍液。每隔 10~15 天施药 1 次，连喷 1~2 次。

4. 大蒜叶枯病

大蒜叶枯病不仅是大蒜的一种重要病害，而且还为害洋葱、大葱、韭菜等葱蒜类蔬菜。

**症状：**主要为害蒜叶和蒜薹。大蒜自 3 叶 1 心时即可染病，叶片染病多从叶尖向叶基发展，由下部叶片向上部叶片蔓延。初呈苍白或灰白色稍凹陷的小圆点，扩大后呈灰白色或灰褐色或浅紫色病斑。潮湿时长出黑褐色霉层。

**发病条件：**多雨、高湿，地势低洼、瘠薄的地块，连作，偏施氮肥旺长或缺肥早衰的蒜田，发病重。

**防治方法：**一是轮作换茬。二是实行配方施肥，增强抗（耐）病力。三是药剂预防。

在发病初期，用 70%代森锰锌可湿性粉剂 600 倍液，或用 25%施保克可湿性粉剂 1 000 倍液，或用 50%施保功可湿性粉剂 2 000 倍液，或用 50%扑海因可湿性粉剂 1 000 倍液，或用 50%叶枯灵粉剂 1 000 倍液，或用 10%杀枯净可湿性粉剂 1 000 倍液，进行喷雾防治，每 7~10 天喷药 1 次，连续 2~3 次。

5. 面包蒜

症状：面包蒜蒜头外观与一般大蒜无异，只是重量较轻，待成熟晾干后，用手一捏，如面包一样干瘪，没有食用价值。该现象有的称面包蒜，对产量影响极大。

**发生原因：**面包蒜发生公认的生理因素是在 2—3 月地上部营养生长过剩，过多的营养促进了退化叶的再生长，导致二次生长及面包蒜出现。另外，基肥中盲目增加氮肥用量，不施用钾肥或钾肥量不足，或者追施氮肥时过早、过大也是形成面包蒜的主要原因。

**防治措施：**大力推广配方施肥技术，建议施用腐熟的优质有机肥 5 000kg/亩、木质素菌肥 1 200kg/亩、尿素 200kg/亩、50%硫酸钾 35~400kg/亩、磷酸二铵 400kg/亩、硫酸锌 1. 50kg/亩、硫酸亚铁 2. 00kg/亩。翌年返青后追肥时，切忌单一追施尿素，可采用富含多种元素的冲施肥。

## 第四节　棚室蔬菜常见害虫的防治

1. 小菜蛾、菜青虫

可用1.8%阿维菌素2 000~2 500倍液或BT粉剂或25%菜喜悬浮剂1 000~1 500倍液、安保1 000倍液、除尽1 200~1 500倍液、15%安打3 500~4 000倍液、5%抑太宝2 000倍液，或用20%灭幼脲1号或25%灭幼脲3号500~600倍液，也可用5%锐劲特2 500倍液喷雾防治。

2. 斜纹夜蛾、甜菜夜蛾

在幼虫3龄以前，用20%杀灭菊酯乳油1 500~2 000倍液，20%灭幼脲500~1 000倍液，鱼藤精500倍液，50%马拉硫磷800倍液，40.7%乐斯本乳油800倍液，5%抑太保乳油1 000倍液，5%卡死克乳油1 200倍液进行喷雾防治。

3. 棉铃虫

孵化盛期至2龄盛期，即幼虫尚未蛀入果内施药。注意交替轮换用药。若3龄后幼虫已蛀入果内，施药效果则很差。常用药剂：2.5%敌杀死3 000~4 000倍液、5%功夫乳油4 000~5 000倍液、21%灭杀毙乳油6 000倍液、2.5%天王星乳油3 000倍液、安保1 000倍液等进行喷雾防治。

4. 菜螟

在成虫盛发期和卵盛孵期进行。可选用18%杀虫双水剂800~1 000倍液，80%敌敌畏乳油1 000~1 500倍液，21%增效氰马乳油或氰戊菊酯乳油6 000倍液，2.5%功夫乳油4 000倍液，20%灭扫利乳油或2.5%天王星乳油3 000倍液；苏云金杆菌制剂B.T乳剂500~700倍液等防治。

5. 豆荚螟

施药要做到“治花不治荚”，从始花期开始喷药防治，每隔5

天左右喷1次，常用药剂：58.5%农地乐1 000~1 500倍液、90%杀螟丹1 000倍液、10%杀虫威100倍液等。

6. 跳甲、黄守瓜、黑守瓜

常用药剂有48%乐斯本1 000~1 500倍液、52.2%农地乐1 000~1 500倍液、2.5%功夫乳油1 500~2 000倍液、2.5%敌杀死乳油4 000倍液、59%跳甲绝1 500倍液、80%晶体敌百虫1 000~2 000倍液，50%敌敌畏乳油1 000~2 000倍液，50%马拉硫磷800倍液，50%杀螟腈乳油800~1 200倍液，鱼藤精800~1 200倍液，20%硫丹乳油300~400倍液等。

7. 美洲斑潜蝇

常用药剂有1.8%爱福丁2 000倍液、40%绿菜宝1 000倍液、18%杀虫双150mL+50%乐果、1.8%害极灭3 000倍或虫螨克、农哈哈、阿巴丁、螨克、绿保素、农地乐、毒死蜱等。药剂一般要轮换使用。

8. 茶黄螨、红蜘蛛

常用药剂有天达哒螨灵、卡死克（氟虫脲）、螨死净（甲螨嗪）、虫螨光（阿维菌素）、霸螨灵（唑螨酯）、螨克、克螨特、速螨酮、尼索朗等。

9. 蚜虫、白粉虱

常用药剂有20%康复多2 000倍液、阿克泰1 000~1 500倍液、5%扑虱蚜2 000~3 000倍液、10%蚜虱净1 000倍液、50%马拉硫磷1 000倍液、4%鱼藤精600倍液、20%速灭杀丁乳油3 000~5 000倍液等。

10. 莲藕潜叶摇蚊

该虫主要为害莲藕的浮叶，不为害离开水面的立叶，被害叶片布满紫黑色或浆紫色虫斑，叶片全无绿色，并从四周开始腐烂，终至全叶枯萎。

常用药剂有：90%敌百虫晶体1 000~1 500倍液，或用80%敌敌畏乳油1 000~2 000倍液，或用50%马拉松乳油1 500~2 000倍液，或用25%喹硫磷乳油1 500倍液等。

11. 根结线虫

近年来，随着设施蔬菜生产面积的迅速扩大，蔬菜根结线虫病对蔬菜生产的为害也日趋严重。根结线虫的寄主范围很广，除葱、蒜目前尚未发现被侵染外，其余几乎所有蔬菜都已受到危害，特别是瓜类、茄果类和豆类等蔬菜受害最为严重。其防治措施主要如下。

（1）注意轮作。线虫虽能侵染多种蔬菜，但在感病程度上有明显差异，可利用蔬菜生长期短，容易轮作换茬的特点，将重病地改种感病轻的蔬菜种类或品种，实行3年以上轮作，能获得明显的效果。

（2）结合夏季休棚，亩撒施生石灰50kg，浅耕土壤10~15cm，高温闷棚15天左右，使棚内温度达到55℃以上，可有效杀死线虫。

（3）瓜类、芹菜、番茄较易感蔬菜，定植时，穴施10%益舒宝颗粒剂5kg/亩。

（4）种植前每平方米用1.8%阿维菌素乳油1~1.5mL对水6kg撒施，种植后再用阿维菌素3 000倍液灌根2次，每株用量300mL，间隔期10~15天。

## 第五节　无公害蔬菜病虫害综合防治技术

### 一、农业综合防治措施

1. 选用抗病良种

选择适合当地生产的高产、抗病虫、抗逆性强的优良品种，少施药或不施药，是防病增产经济有效的方法。

2. 栽培管理措施

一是保护地蔬菜实行轮作倒茬，如瓜类的轮作不仅可明显的减轻病害而且有良好的增产效果；室棚蔬菜种植两年后，在夏季种一季大葱也有很好的防病效果。二是清洁田园，彻底消除病株残体、病果和杂草，集中销毁深埋，切断传播途径。三是采取地膜覆盖，膜下灌水，降低大棚湿度。四是实行配方施肥，增施腐熟好的有机肥，配合施用磷肥，控制氮肥的施用量，生长后期可使用硝态氮抑制剂双氰胺，防止蔬菜中硝酸盐的积累和污染。五是在棚室通风口设置细纱网，以防白粉虱、蚜虫等害虫的入侵。六是深耕改土、垅土法等改进栽培措施。七是推广无土栽培和净沙栽培。

3. 生态防治措施

主要通过调节棚内温湿度、改善光照条件、调节空气等生态措施，促进蔬菜健康成长，抑制病虫害的发生。一是“五改一增加”。即改有滴膜为无滴膜，改棚内露地为地膜全覆盖种植，改平畦栽培为高垅栽培，改明水灌溉为膜下暗罐，改大棚中部放风为棚脊高处防风；增加棚前沿防水沟，集棚膜水于沟内排除渗入地下，减少棚内水分蒸发。二是在冬季大棚的灌水上，掌握“三不浇三浇三控”技术，即阴天不浇晴天浇，下午不浇上午浇，明水不浇暗水浇；苗期控制浇水，连阴天控制浇水，低温控制浇水。三是在防治病虫害上，能用烟雾剂和粉尘剂防治的不用喷雾防治，减少棚内湿度。四是常擦拭棚膜，保持棚膜的良好透光，增加光照，提高温度，降低相对湿度。五是在防冻害上，通过加厚墙体、双膜覆盖，采用压膜线压膜减少孔洞，加大棚体，挖防寒沟等措施，提高棚室的保温效果就能使相对湿度降到80%以下，可提高棚温3~4℃，从而有效地减轻了蔬菜的冻害和生理病害。

## 二、物理防治措施

1. 晒种、温汤浸种

播种或浸种催芽前，将种子晒2~3天，可利用阳光杀灭附在种子上的病菌；茄、瓜、果类的种子用55℃温水浸种10~15分钟，均能起到消毒杀菌的作用；用10%的盐水浸种10分钟，可将混入芸豆、豆角种子里的菌核病残体及病菌漂出和杀灭，然后用清水冲洗种子，播种，可防菌核病，用此法也可防治线虫病。

2. 利用太阳能高温消毒、灭病灭虫

菜农常用方法是高温闷棚或烤棚，夏季休闲期间，将大棚覆盖后密闭选晴天闷晒增温，可达 60~70℃，高温闷棚 5~7 天杀灭土壤中的多种病虫害。

3. 嫁接栽培

利用黑籽南瓜嫁接黄瓜、西葫芦，能有效地防治枯萎病、灰霉病，且抗病性和丰产性高。

4. 诱杀

利用白粉虱、蚜虫的趋黄性，在棚内设置黄油板、黄水盆等诱杀害虫。

5. 喷洒无毒保护剂和保健剂

蔬菜叶面喷洒巴母兰 400~500 倍液，可使叶面形成高分子无毒脂膜，起预防污染效果；叶面喷施植物健生素，可增加植株抗虫病害的能力，且无腐蚀、无污染，安全方便。

## 三、生物防治措施

### （一）虫害的生物防治

（1）以虫治虫。如瓢虫、草蛉、食蚜蝇、猎蝽等捕食性天敌；赤眼蜂、丽蚜小蜂等寄生性天敌；捕食性蜘蛛和螨类等天敌的利用。

（2）以菌治虫。如苏云金杆菌（Bt）等细菌；蚜真菌、白僵菌、绿僵菌等真菌；核型多角体病毒（NPV）；阿维菌素类抗生素；微孢子虫等原生动物的利用。

（3）植物源农药。利用藜芦碱醇溶液、苦参、苦楝、烟碱、双素碱等防治多种害虫。

### （二）病害的生物防治

利用拮抗微生物，如 5406 菌肥、木霉素、枯草杆菌 $B_1$ 等；病原物的寄生物，如黄瓜花叶病毒卫星疫苗 $S_{52}$ 和烟草花叶病毒弱毒疫苗 $N_{14}$；利用非生物诱导抗性，如苯硫脲灌根诱导菜株对黑星病的抗性，草酸盐喷洒黄瓜下部 1~2 叶，产生对炭疽病的抗性等等；还可以使用宁南霉素、井冈霉素、多抗霉素、庆丰霉素、农抗120、Bo-10（武夷菌素）、农用链霉素及新植霉素等农用抗生素和抗菌剂 401、402（人工合成的大蒜素）等植物抗生素。

### （三）科学合理施用化学农药

（1）严禁在蔬菜上使用高毒、高残留农药。如呋喃丹、3911、1605、甲基 1605、1059、甲基异柳磷、久效磷、磷胺、甲胺磷、氧化乐果、磷化锌、磷化铝、杀虫脒、氟乙酰胺、六六六、DDT、有机汞制剂等，都禁止在蔬菜上使用，并作为一项严格法规来对待，为者罚款，造成恶果者，追究刑事责任。

（2）严格掌握农药使用技术。选用高效低毒低残留农药，严格执行农药的安全使用标准，控制用药次数，用药浓度和注意用药安全间隔期，特别注重在安全采收期采收食用。

# 第四章　果茶作物种植技术

## 第一节　草莓栽培技术

草莓又称为红莓、洋莓、地莓，是多年生草本植物，在全世界已知有 50 多种，原产欧洲。草莓植株矮小，呈平卧丛状生长，高度在 30cm 左右。草莓果外观呈心形，鲜美红嫩，果肉多汁，酸甜可口，且有特殊的浓郁水果芳香，深受广大消费者的青睐。草莓棚室栽培自 20 世纪 90 年代发展以来，栽培效益不断提高，现已成为农民发家致富的首选种植项目。

### 一、棚室草莓栽培的主要模式

（1）促成栽培。4 月中下旬至 5 月中上旬育苗，8 月中下旬定植，10 月中下旬扣棚保温，12 月下旬至翌年 1 月上旬开始采收。

（2）半促成栽培。4 月中下旬至 5 月中上旬育苗，9 月中下旬至 10 月上旬定植，11 月中下旬至 12 月上旬扣棚保温，翌年 2 月下旬至 3 月上旬开始采收。

### 二、草莓对环境条件的要求

1. 对土壤要求

适宜的土壤条件是草莓丰产的基础。草莓根系浅，表层土壤对草莓的生长影响极大。草莓适宜的土壤是土壤肥沃，保水保肥能力强，透水透气性良好，质地较疏松的沙壤土，适宜 pH 值为 5. 5 ~ 7。黏土地栽培草莓，果实味酸、色暗、品质差，成熟较沙壤土晚

2~3 天。在缺硼的田块栽培草莓，易出现果实畸形，落花落果严重。

2. 对水分要求

草莓由于根系浅，植株小而叶片大，老叶死亡和新叶生长频繁更替，叶面蒸腾作用强，决定了草莓在整个生长季节对水分有较高的要求。但草莓在不同的生育时期对水分的要求也不一样，如开花期田间持水量保持在 70%以上；果实膨大期田间持水量保持在 80%以上；浆果成熟期要适当控水，保持田间持水量的 70%以上；花芽分化期适当减少水分，保持田间持水量在 60%~65%，以促进花芽的分化。

3. 对温度的要求

草莓对温度的适应性较强，根系在 2℃时便开始生长，5℃时地上部分开始生长。开花期和结果期的最低温度应在 5℃以上，草莓植株生长最适宜温度为 20~25℃；开花适温为 15~24℃，花芽分化的最适温度为 17~25℃；坐果的最适温度为 25~27℃；果实发育适温为 18~22℃。

4. 对光照的要求

草莓是喜光植物，但又较耐阴，在花芽形成期，要求每天 10~12 小时的短日照和较低温度，如果人工给以每天 16 小时的长日照处理，则花芽形成不好，甚至不能开花结果。但花芽分化后给以日照处理，能促进花芽的发育和开花。在开花结果期和旺盛生长期，草莓需要每天 12~15 小时的较长日照时间。

## 三、棚室栽培常用品种介绍

棚室草莓栽培应选用早熟性强，休眠期短，低温、弱光条件下结果良好，果实品质优，风味好的优良品种。目前，栽培上常用的品种如下。

1. 红颜

红颜又称红颊，目前最优秀的日本草莓品种之一。红颜草莓生长势强，植株较高（25cm），结果株径大，分生新茎能力中等，叶片大而厚，叶柄浅绿色，基部叶鞘略呈红色，匍匐茎粗，抽生能力中等，花序梗粗，分枝处着生一大一小两完全叶。红颜草莓每个花序4~5朵花，花瓣易落，不污染果实。该品种果个较大，最大可达100g，一般30~60g。果实圆锥形，种子黄而微绿，稍凹入果面，果肉橙红色，质密多汁，香味浓香，糖度高，风味极佳，果皮红色，富有光泽，韧性强，果实硬度大，耐贮运。

红颜草莓休眠浅，打破休眠所需的5℃以下低温积累为120小时，促成栽培中不用赤霉素处理。红颜草莓生长健壮，多级花序，结果期长，产量高，一般1 400~1 650kg。

2. 章姬

章姬又称牛奶草莓，由原章弘先生于1985年，以久能早生与女峰两品种杂交育成。章姬果实整齐呈长圆锥形，果实健壮，色泽鲜艳光亮，香气怡人。果肉淡红色、细嫩多汁；浓甜美味，含糖量高达14~17°；香味浓，回味无穷；在日本被誉为草莓中的极品。一般亩产2 000~2 500kg。

3. 妙香3号

妙香3号果实圆锥形，平均单果重29.9g；果面鲜红色，富光泽；果肉鲜红，细腻，香味浓，可溶性固形物9.8%，糖酸比11.2，维生素C含量70mg/100g；硬度0.55kg/cm$^2$，比对照品种章姬高22.2%；髓心小，白色至橙红色。保护地促成栽培条件下，白粉病、灰霉病、黄萎病的发病率分别为4.3%、5.1%、6.1%，皆低于章姬。果实发育期50天左右。产量表现：促成栽培条件下，平均产量3 458kg/亩。

栽培技术要点：采用起垄双行栽培，一般亩栽10 000~15 000株，花果和肥水管理等技术与一般保护地栽培品种相同。适宜范围：在山东省草莓产区种植利用。

4. 丰香

丰香为日本农林水产省蔬菜试验场久留米支场由“绯美子X

春香”杂交育成的早熟品种。1985 年引入我国。果实圆锥形，鲜红色，有光泽。平均单果重 16g，最大单果重 35g。果肉白色，果汁多，酸甜适中，香味浓。可溶性固形物含量 9%~11%，含酸量 0.89%，每 100g 果肉含维生素 C 68.76mg。果实硬度中等，果皮韧性强，较耐贮运。

该品种丰产，早熟，抗病力中等，果实美观，品质优良。株产 130.5g，商品果率 77.5%。植株开张，生长势强，匍匐茎抽生能力中等，花芽分化早，温室栽培中能连续发生花序，采收期长达 2~3 个月。休眠浅，5℃以下低温 50~70 小时即可打破休眠，是保护地栽培的优良品种，也可露地栽培。

5. 明宝

明宝为日本兵库农业试验场以"春香×宝交早生"杂交育成。果实短圆锥形，果面鲜红色稍有光泽，果肉白色松软，果心不空。果实中等大小，平均单果重 12.6g。果肉橘黄色，果汁较多。风味酸甜，有独特的芳香味，可溶性固形物含量为 8.7%，含酸量 1.15%，维生素 C 含量 84.3mg/100g 果肉。果实硬度较小，耐贮性较差。

该品种植株生长势中等，株态直立，叶片较大。抗白粉病，对灰霉病抗性也优于宝交早生。休眠期短，在 5℃以下低温 70~90 小时即可打破休眠，适合保护地栽培。为早熟、优质、高产的促成栽培品种。

6. 童子 1 号

童子 1 号为河南漯河天翼生物工程有限公司从美国引进的草莓品种。果实长圆锥形或楔形，果面平整光滑，色泽艳丽，有明显的鲜红蜡质光泽。果型大而整齐，平均单果重在 50g 以上，最大果重 154g。果肉红色，细密坚实，硬度大，可切块或片食用，保质期长，极耐贮运，适合长途运输。果实味甜微酸，香味浓，口感好。果实成熟期一致，采收期集中，产量高。

该品种适应性强，在高温和低温下畸形果少。抗灰霉病、白粉病。休眠性浅，5℃以下低温 60~90 小时即可打破休眠，适合于促成栽培。在塑料拱棚或露地栽培，同样可取得较高的产量。该品种为大果型，抗病、耐贮，鲜食和加工兼用的优良品种。

## 四、育苗与移栽

### （一）育苗

草莓育苗方法主要有种子繁殖法、分株法、匍匐茎繁苗、组织培养（脱毒育苗）等。目前，大田栽培多以匍匐茎繁苗为主。但应注意：一个品种在栽培 2~3 年后，应引进脱毒苗进行更替。匍匐茎繁苗的主要技术环节如下。

1. 育苗地选择

草莓育苗期间，既怕旱，又怕涝，因此，育苗地应选在土层肥沃深厚、地势高燥、水源条件方便，通风条件好，未种植过草莓的沙壤土地块。

2. 苗床准备

草莓生长喜土层深厚、疏松透气条件好的土壤，因此，在定植前要对育苗田块进行深耕细耙，同时，要结合整地亩施腐熟有机肥 5 000kg（腐熟鸡粪减半），耕匀耙细后做成宽 100~120cm 的平畦。

3. 母株选择

从露地栽培田或小拱棚栽培田选择种性纯正、健壮、无病虫为害的植株作为母株。严禁在冬暖棚栽培（促成栽培）田中选择母株，以防降低繁育质量和数量。

4. 母株栽植

栽植时间的早晚，直接影响着草莓苗的繁育数量和壮苗率。母株栽植一般在春季日平均气温达到 15℃以上时栽植，一般于 4 月下旬至 5 月中上旬开始定植。定植方式采取单行定植，2 行间呈“品”字形，株距 50~80cm。栽植的深度为苗心茎部与地面平齐，做到“深不埋心，浅不露根”即可。

5. 苗期管理

定植时要边栽边浇水，栽植完成后，浇1次大水，以后每1~2天浇水1次，以保证充足的水分供应，直至缓苗。母株成活后喷施一次赤霉素（$GA_3$），浓度为50mg/kg，以促进匍匐茎的抽发。匍匐茎发生后，将匍匐茎在母株四周均匀摆布，并在偶数节位培土压蔓，促进子苗生根。另外，要经常耕除保墒，人工除草，见到花序、枯叶、病叶及时去除，减少病虫为害。夏季高温季节，特别是白天温度超过30℃时，最好要进行遮阴降温、防雨，以利于幼苗生长。到8月中旬至9月初，进行断根处理。

6. 壮苗标准

具有4片以上展开叶，中心芽饱满，叶柄粗短，叶色浓绿，根系发达，根茎粗1.0cm以上，单株鲜重30g以上，无病虫为害。

**（二）大田定植**

1. 整地施肥

整地前，要清除前茬和杂草，细致整地，施足底肥，提高地力，以满足整个生长周期对养分的要求。一般亩铺施腐熟厩肥4 000~5 000kg（腐熟鸡粪减半），深翻30cm，经高温闷棚后，施生物有机肥100kg/亩，耙细耙平后起垄，起垄一定要精细，否则会严重影响秧苗栽植成活率和缓苗后的生长。起垄标准为：垄高20~30cm，上宽35~40cm，下宽50~60cm，垄沟宽20~30cm。

2. 消毒灭菌

采用太阳能消毒法。其具体方法是：棚室架材、墙体用菌毒清300倍液喷洒后，将基肥中的农家肥施入土壤，深翻，灌透水，土壤表面盖地膜或旧棚膜，密封棚室，进行高温闷棚。土壤太阳能消毒一般在7—8月进行，时间至少为20天。

3. 定植时间

促成栽培于8月中下旬开始定植；半促成栽培于9月中下旬开始定植。

4. 秧苗准备

一般于移栽当天，或移栽前一天下午起苗。起苗前 1~2 天先浇 1 次起苗水。起苗后，除去老叶、病叶、弱苗等，每株保留 3~5 片功能叶，按大中小 3 级进行分级后，用 5~10mg/kg 的萘乙酸或萘乙酸钠浸根 2~6 小时，以提高成活率。

5. 定植

采用大垄双行，定向栽培。所谓定向，就是指幼苗在匍匐茎生长方向，有一个弓背，一般将弓背朝向垄边，以便于管理、果实着色和采收。具体移栽是：按小行距 25~30cm，开沟移栽，株距 10~15cm，每亩定植 10 000~16 000 株。栽植深度以“深不埋心，浅不露根”为宜。每栽植完 1 垄，要立即灌大水，浇足浇透，以利缓苗。草莓移栽最好选在阴天进行，晴天以傍晚为宜，促成栽培移栽时，应注意适当遮阴降温。

## 五、田间管理技术

草莓的生育周期短，产量又较高，加之喜肥、喜水，必须加强以土、肥、水为中心的各项管理工作。

1. 缓苗期管理

栽植后立即浇 1 次透水，以后每 1~2 天浇 1 次水，连浇 2~3 次，直至缓苗。缓苗后要及时中耕除草，耕除保墒，摘除病叶、老叶，发现匍匐茎时要及时摘除，以促进幼苗生长。

2. 扣棚保温

依据栽培模式、设施保温条件，选择适宜的扣棚时间。促成栽培多在 10 月中下旬开始扣棚；半促成栽培多于 11 月中下旬开始扣棚。

3. 底肥施用

待幼苗开始生长，在垄两侧和小行距中间开浅沟 5~6cm，使硫型三元素复合肥 50~100kg，硫酸钾 10~15kg，复合肥类型最好是腐殖酸型缓释肥，施肥后立即覆土。

4. 地膜覆盖

草莓一般不用除草剂进行灭草，所以，选厚度 0.008mm 的黑色地膜进行覆盖，以利于除草、保温、保湿。覆盖时间为草莓顶花芽显露为宜。

5. 棚室管理

（1）温度管理。大棚覆盖后，保持白天温度 25～30℃，夜间温度 5～10℃，平均日平均气温 15～20℃；开花前，白天温度以 25℃左右为宜，不要超过 30℃；坐果后，白天温度保持在 20～25℃，夜间温度不能低于 5℃，最好保持在 10～15℃；产品收获期应适当降低温度。

（2）肥水管理。浇水，最好采用膜下滴灌方式。浇水要看天、看地、看植株长势进行，以保持“湿而不涝，干而不旱”为原则。追肥，一般于顶花序显蕾时，结合浇水进行第 1 次追肥；顶花序果开始膨大，长至拇指大小时，进行第 2 次追肥；顶花序果开始采收时，进行第 3 次追肥；顶花序果采收盛期，进行第 4 次追肥。追肥要与灌水相结合，追肥量一般亩追施氮磷钾 15-6-21 的冲施肥 10～15kg。

6. 其他管理措施

（1）赤霉素（GA3）处理。为了防止植株休眠，根据草莓品种休眠深浅，在保温 1 周后，30%植株现蕾时，往苗心处喷赤霉素，浓度为 5～10mg/kg。每株喷约 5mL。

（2）植株调整。及时摘除病叶、老叶和匍匐茎；开花坐果后，要进行疏花疏果，花序上高级次的无效花、无效果应及早疏除，每个花序保留 5～7 个果实；果实采收后，残留花枝要及时去除，以促进侧花芽生长发育。

（3）放蜂授粉。草莓花由于特殊结构，自花授粉能力弱，须进行人工辅助授粉。一般于开花前 1 周按每亩棚室放置蜂箱 1～2 箱。

7. 果实采收

待果实表面着色达到80%以上，就要及时采收上市。采收时间在清晨露水已干至中午以前或傍晚转凉后进行。

## 六、草莓病虫害防治技术

1. 灰霉病

**症状**：在叶、花、果柄、果实上均可发病。叶片受害时，病部产生褐色或暗褐色水渍状病斑，在高温条件下，叶背出现乳白色绒毛菌丝团；被害果柄呈紫色，干枯后细缩；果实被害后，初出现油渍状淡褐色小斑点。后斑点逐渐扩大，全果变软，上面着生灰色霉状物。

**防治措施**：一是增施有机肥，适施氮、磷、钾，控制氮肥施用量防止徒长；二是不要栽植过密，将密度控制在8 000株/亩以内，以利通风透光，进行地膜覆盖以防止果实与土壤接触；三是加强清园，及时摘除老枝叶果与感病花序、病果；四是喷药防治，抓好早期预防。从现蕾开始，每隔7~10天喷药1次，连喷3次，用凯泽或乙霉威或过氧乙酸800倍液，或用50%速灭灵800倍液或65%代森锌500倍液喷雾。

2. 叶斑病

叶斑病又称蛇眼病，主要为害叶片、叶柄、果梗和嫩茎。

**症状**：叶片染病，在叶片上形成暗紫色小斑点，扩大后呈近圆形或椭圆形病斑，边缘紫红褐色，中央灰白色，略有细轮，使整个病斑似蛇眼状。

**防治措施**：一是清洁田园，将枯枝落叶烧毁或深埋；二是及早摘除病叶；三是药剂防治。

发病初期用70%百菌清可湿性粉剂500~700倍液，或用70%代森锰锌可湿性粉剂600倍液，每7~10天后喷1次，连喷2~3次。

3. 芽枯病

芽枯病为土壤真菌病害，是多种作物的重要根部病害。除为害草莓外，还为害棉花、大豆、蔬菜等 160 余种栽培植物和野生植物。

**症状**：在草莓上主要为害花蕾、新芽、托叶和叶柄基部，引起苗期立枯，成株期茎叶腐败，根腐和烂果等。

发病时，植株基部在近地面部分初生无光泽褐斑，逐渐凹陷，并长出米黄至淡褐色蛛巢状菌丝体，有时能把几个叶片连缀在一起；侵害叶柄基部和托叶时，病部干缩直立，叶片青枯倒垂，开花前受害，使花序失去生气并逐渐青枯萎倒，急性发病时呈猝倒状；花蕾和新芽染病后逐渐萎蔫，呈青枯状或猝倒，后变黑褐色枯死。

**发病条件**：发病适温为 22~25℃，在肥大水多的条件下容易发病。保护地栽培，温度高，通风不良，湿度大，栽植过密容易导致此病害的发生和蔓延。

**防治方法**：一是适当稀植，合理灌水，保证通风，降低环境湿度；二是及时拔除病株，严禁用病株作为母株繁殖草莓苗；三是药剂防治。适宜的药剂有 10%多抗霉素可湿性粉剂 500~1 000 倍液，10%立枯灵水悬浮剂 300 倍液，敌菌丹水溶剂 600 倍液，每 7 天左右喷 1 次，共喷 2~3 次。温室或大棚栽培情况下，亩用 5%百菌清粉尘剂 110~180g 进行熏蒸，每 7 天熏 1 次，连熏 2~3 次。

4. 根腐病

根腐病又称红中柱根腐病、红心病、褐心病，是冷凉和土壤潮湿地区草莓的主要病害，水旱轮作田和老产区发病偏重。近几年，草莓根腐病有上升趋势，主要为害根系，造成干叶烂根，后期连片死亡，损失很大。

**症状**：主要为害根部。开始发病时，在幼根根尖或中部变褐腐烂，中柱出现红色腐烂，并可扩展到根茎，病株容易拔起。棚室栽培草莓多发生在定植后至初冬期间，老叶边缘甚至整个叶片变红色或紫褐色，继而叶片枯死，植株萎缩而逐渐枯萎死亡。

**发病条件**：该病是低温、高湿病害，地温 6~10℃是发病适温，地温高于 25℃则不发病。

**防治方法**：一是选无病地育苗，实行 4 年以上的轮作；二是在草莓采收后，将地里植株全部挖除干净，施入大量有机肥，深翻土壤，灌水后覆盖透明地膜 20~30 天利用太阳光消毒；三是发现病株及时挖除，在病穴内撒石灰消毒；四是药剂防治。发病初期，对所有植株进行灌根，可用 58%乙膦铝锰锌可湿性粉剂，或用 60%恶霜灵可湿性粉剂 500 倍液，或用 50%多菌灵可湿性粉剂 1 200 倍液，或用 15%恶霉灵水剂 700 倍液等进行灌根，每隔 7~10 天，连灌 2~3 次。

5. 红蜘蛛

**为害状**：在草莓叶背面吸食汁液，被害部位最初出现小白斑点，后现红斑，严重时叶片呈锈色，状似火烧，植株生长受抑，严重影响产量。

**防治措施**：一是摘除老叶和黄叶，将有虫病残叶带出地外烧掉，以减少虫源；二是草莓花开前，用氧化乐果、蚜螨灵等杀卵杀螨剂 1 000 倍液防治 2 次（间隔一周）；三是采果前选用残毒低、触杀作用强的 20%增效杀来菊酯 5 000~8 000 倍液喷 2 次，间隔 5 天，采果前两周禁用；四是收获后喷 800 倍 20%三氯杀螨砜加 0.2 波美石灰硫黄合剂。

6. 蚜虫

**为害状**：主要为害草莓叶、花、心叶，不仅吸取汁液，使其生长受阻，更大的为害是传播草莓病毒病。

**防治措施**：一是及时摘除老叶，清理田间杂草；二是春季到开花前，应喷药防治 1~2 次，用 50%辟蚜雾 2 000 倍液防治。

防治草莓病害，除以上各自特殊防治措施外，以下综合防治措施，更宜多采用。

（1）普遍运用无毒苗，并对草木进行严格的检疫和消毒。在进行生根粉浸泡的同时，按 0.1%比例加入代森铵或用甲基托布津可湿性粉剂 1 000 倍液浸泡植株 5 分钟，均有较好的防治效果。

（2）进行土壤处理，栽植前每亩用 65%可湿性代森铵 1kg，掺细土 15kg 进行沟施或穴施。

（3）用地膜覆盖或地面铺草以提高地温，加速植株生长，提高抗病力，同时，也可减少病害土传机会。

（4）加强栽培管理，搞好田间卫生。在施足腐熟的有机肥的同时，结合追施化肥，使植株生长健壮，及时摘除老叶病叶，拔除病株销毁。防止过密，防止草荒，防止工具带菌。

（5）注意定期换种。一般在新栽植区周围 2km 以内无老园时，应 4~5 年换 1 次种，周围有老园，2~3 年就应换种。但如遇到草莓长势衰退，产量降低，就应提前换种。

## 第二节　桃树栽培技术

临沂市地处沂蒙山区，独特的地理位置和优良的生态环境非常适合桃树的发展，截至 2014 年年底，全市桃园面积 70.5 万亩，产量约 148 万 t，分别占全市水果园面积、产量的 50.57%和 54.68%，占全省桃面积、产量的 37.20%和 44.81%，据全国第一位，已成为我国桃业重要的生产基地和当地支柱性的果树产业。2009 年临沂市被中国果品流通协会授予“中国桃业第一市”称号，蒙阴县 2008 年被全国桃产业协会命名为“中国蜜桃之都”，2014 年“蒙阴蜜桃”区域公用品牌价值 36.18 亿元，位于全国农产品品牌价值排名第 25 位。

### 一、品种、苗木选择原则

1. 品种选择

遵循适地适树的原则，注意早、中、晚熟品种搭配，同一果园内的品种不宜过多，一般 3~4 个为好。从果树类型的组成上来看，我国普通桃占20%、油桃大概占20%多，蟠桃只占3%。普通桃目前建园主要选用果实较大、果形正、外观美、品质优、插空补缺的优良品种，如中桃8号、中桃10号、霞脆、白如玉等。油桃有华光、曙光、艳光、早红珠、早丰甜、丹墨、红珊瑚、早红宝石、千年红、丽春等品种，表现出高产、外观美、品质佳等优点，特别是中油桃8号、中油金辉、中油金瑞等表现突出，黄肉油桃更受市场青睐，显示出较好的市场前景。蟠桃分两种，油蟠桃和毛蟠桃，油蟠桃没有毛，普遍糖度高，风味浓；而且近年来套袋油蟠桃为黄金油蟠，很受市场欢迎；同时，也培育出套袋白色油蟠等新品种，这些新品种的油蟠桃都非常有发展前景。

2. 苗木、砧木选择

砧木以山桃、毛桃较好。建园苗木最好采用二年生苗，苗木品种与砧木纯度≥95%，侧根数量≥5条，侧根粗度≥0.5cm，长度≥20cm，苗木粗度≥1.0cm，高度≥100cm，茎倾斜度≤15°，整形带内饱满叶芽数≥6个，接芽饱满、未萌发、无根癌病和根结线虫病、无介壳虫。

## 二、桃栽植技术

### （一）园址选择与规划

1. 园址选择

桃园要选在生态条件良好、远离污染源，产地空气环境质量、产地灌溉水质量、大气质量按照《NY5013~2006无公害食品　林果类产品产地环境条件》执行。以土质疏松、排水良好的沙壤土为好，pH值4.5~7.5均可种植，但以5.5~6.5微酸性为宜，盐分含量≤1g/kg，有机质含量最好≥10g/kg，地下水位在1m以下。不宜在重茬地建园。

2. 园地规划

建园前统一合理地规划栽培小区、道路、排灌系统及包装车间、果品贮藏库及生产资料库房等辅助建筑物；强调防风帐建设，果园外围的迎风面应有主林带，一般6~8行，最少4行。林带要乔、灌木结合，不能与桃有相互传染的病虫害。

### （二）栽植

1. 果园密度

宜采用宽行密植的栽培方式，一般株行距为（2~3）m×（4~6）m。提倡高密度建园。

2. 授粉树的配置

主栽品种与授粉品种的比例一般在（5~8）：1；当主栽品种的花粉不稔时，主栽品种与授粉品种的比例提高至（2~4）：1。

3. 栽植时期

以春季发芽前较为适宜，也可在秋末冬初落叶后定植，但要采取适当的防冻保护措施。

4. 栽植方法

定植前深翻改土，按株行距要求挖定植沟，深宽80cm×100cm，表土与新土分开。每穴施有机肥25~35kg与表土混合均匀回填并踩实堆成馒头形。栽苗时要将根系展开，深度以根颈部与地面相平为宜。栽后需立即灌水，水渗下后覆土盖膜。推广起垄栽培。

## 三、土肥水管理

加强肥水管理，提升土壤肥力。秋季施基肥，每亩施入腐熟的大豆、豆饼等精制有机肥料和优质农家肥3t以上，同时施入适量氮、磷、钾等速效化肥；推广桃园“畜沼果”生态循环栽培模式，扩大推广沼渣、沼液综合应用技术；推广配方施肥；在坐果期、果实膨大期等关键时期进行适时土壤追肥和叶面喷肥；花前、果实膨大期要根据天气情况及时灌水，果实成熟前20天左右适当控水；降水集中的季节及时排水防涝，必要时推广建立避雨设施；推广果园行间生草和树盘覆盖技术。

### （一）土壤管理

1. 深翻改土

每年秋季果实采收后结合秋施基肥深翻改土。深翻扩穴为在定植穴（沟）外挖环状沟或平行沟，沟宽 50cm，深 30~45cm。全园深翻应将栽植穴外的土壤全部深翻，深度 30~40cm。土壤回填时混入有机肥，然后充分灌水。

2. 覆草或生草

覆盖材料可以用麦秸、麦糠、玉米秸、干草等。把覆盖物覆盖在树冠下，厚度 10~15cm，上面压少量土。连覆 3~4 年后浅翻 1 次，浅翻结合秋施基肥进行。

提倡桃园实行生草制，以豆科、禾本科植物为宜，适时刈割翻埋于土壤或覆盖于树盘，推荐种植鼠茅草、紫花苜蓿、长毛野豌豆或黑麦草等，不提倡种植三叶草等生长量小的草种。

### （二）施肥

1. 施肥原则

按照 NY/T 496《肥料合理使用准则　通则》规定执行，提倡根据土壤和叶片的营养成分分析进行配方施肥和平衡施肥。大力推广应用堆肥、沤肥、厩肥、沼气肥、绿肥、作物秸秆肥、饼肥等农家肥和生物有机肥、复合肥，禁止使用未经无害化处理的城市垃圾或含有重金属、橡胶等有害物质的垃圾；禁止使用含氯化肥和含氯复合肥。

2. 施肥方法和数量

（1）秋施基肥。提倡果实采收后施基肥，以农家肥为主，混加全年化肥使用量的 60%~70%。施肥量按每生产 100kg 桃果施 100~200kg 优质农家肥、氮肥（N）0.7~0.8kg、磷（$P_2O_5$）0.5~0.6kg、钾（$K_2O$）1kg 计算。施用方法以沟施为主，杜绝地面撒施，施肥部位在树冠投影范围内。施肥方法为挖放射状沟、环状沟或平行沟，沟深 30~45cm，以达到主要根系分布层为宜。

（2）土壤追肥。幼龄树和结果树的果实发育前期，追肥以氮磷肥为主；果实发育后期以磷、钾肥为主。一般1年进行3~4次：花前肥：春季化冻至开花前10天施入，以速效氮肥为主；花后壮果肥：落花后至果实开始硬核时施入。以磷钾肥为主，配以氮肥；催果肥：果实成熟前20天施入，氮钾肥配合。

（3）叶面喷肥。全年4~5次，一般生长前期2次，以氮肥为主；后期2~3次，以磷、钾肥为主，可补喷果树生长发育所需的微量元素。常用肥料浓度：尿素为0.2%~0.4%，磷酸二铵0.5%~1%，磷酸二氢钾0.3%~0.5%，过磷酸钙0.5%~1%，硫酸钾0.3%~0.4%，硫酸亚铁0.2%，硼酸0.1%，硫酸锌0.1%，10%~20%草木灰浸出液以及氨基酸叶面肥等。最后1次叶面喷肥应在距果实采收期20天以前喷施。

### （三）水分管理

1. 灌溉

要求灌溉水无污染，水质应符合GB 5084—2005《农田灌溉水质标准》规定，并根据桃果生育时期及降水、土壤性质确定。全年一般需浇萌芽水、幼果速长水、果实膨大水、采后水、落叶后封冻水5次。土壤追施肥后需灌水。灌水以灌透根系分布层（40~50cm）为宜。提倡沟灌、喷灌和滴灌，并根据生产需要加速水肥一体化技术的应用。

2. 排水

桃树怕涝，应在果园设计时设置排水系统，可通过明沟排水，也可通过起垄栽培的方式及时排水。

## 四、整形修剪

调减枝量，改善通风透光条件。对栽植密度较大、郁闭较重的果园，采取间伐、疏除大枝或侧枝重回缩等技术措施，打开光路，改善树冠内光照，使果园行间冠间距保持在0.8m以上，透光率达到25%以上。应根据果园砧木和栽培密度选择合适树形，可采用自然开心形、圆柱形等。同一小区要求树形一致。

### （一）自然开心形

干高 40~60cm，三大主枝轮生，基角 40°~60°，每主枝 2~3 个侧枝，第 1 侧枝距主干 50~60cm，侧枝间 30~50cm，侧枝与主枝的分枝角 50°~60°向外延伸。

1. 整形要点

定干高度 60cm，以 30~60cm 为整形带，对整形带内的新梢，长到 30cm 左右时按树形要求选出 3 个生长强旺、方位合适的新梢作为主枝，对三主枝斜插立柱诱导，使其角度符合要求。

冬剪时对选定的三主枝留 60cm 短截，不够 60cm 时在饱满芽处剪截，对背上和背下枝全部疏除，侧生枝尽量多留，不短截或轻短截。第 2~3 年主枝延长头剪去 1/3，同时，每主枝选留 2~3 个侧枝，大、中、小结果枝组适当错开，插空排列，并根据其生长情况，及时夏季修剪。

2. 修剪

以冬剪为主，夏剪为辅，冬剪主要采取长枝修剪的方法调整树体结构，维持树势平衡；夏剪主要是解决光照，每次夏季修剪量不能超过树体枝叶总量的 10%。

### （二）高密度桃园圆柱形整形修剪技术

高密度圆柱形树型首先在平邑县武台镇水沟三村试验总结出来的。该园栽植罐 5、NJC19 等黄桃品种。这种“桃树圆柱形高密植早丰优质栽培技术”，亩植 444 株，第 3 年亩产突破万斤。目前该项高密度圆柱形树形尚为国内首创。

1. 圆柱形高密植技术特点及优势

（1）树型形成快、早结果、早丰产。传统树型需要 2 年才能成形。采用圆柱形高密植技术，1m×1. 5m 栽植，亩植 444 株，第 1 年成形，第 2 年每株平均结果 5kg，亩产 2 220kg。第 3 年亩产 5 000kg，即可超过传统栽植模式盛果期的产量，第 4 年可达 6 000kg。把盛果期的时间提前了 1~2 年。

（2）养分利用率高，养分运输便捷。由于圆柱树型没有主枝、侧枝，主干上直接着生结果枝组，修剪量小，减少了养分消耗，从根部吸收的养分可以迅速到达结果部位，大大提高了养分利用率。

（3）树型易控制，省工易于标准化管理。圆柱形密植桃树无其他骨干枝，只要稍微调整各枝组间的关系，即可到达生长结果的平衡，修剪上只采用冬疏粗、弱枝，夏疏过密枝即可。由于树冠小，行间有作业空间，中耕、施肥、除草、打药、采摘等十分方便省工，便于机械化作业。以前 1 人管理 3～5 亩，现在可以管理 10 亩。

（4）果实品质高。由于改善了通风透光条件，提高了花芽质量和坐果率，果实着色好果个大，同时，减少了病虫害的发生。

（5）产出投入比高。此项技术减少了人力、物力方面的投入，每亩可增收 1 000 元左右。

2. 整形修剪（栽培）技术要点

（1）建园。园址应选择生态条件良好，土质较好，交通便利的地块。选择健壮苗木，株行距 1m×1. 5m 定植。

（2）土肥水管理。春季进行果园覆草 10～20cm，本栽植模式需要充足的养分作保障，增加施肥次数和施肥量，秋施基肥要早，8 月中下旬施完，以有机肥为主，量要足，在行间施，土施追肥要及时，确保花前肥、花后壮果肥、催果肥。灌水可结合施肥进行。

（3）整形修剪。第一要树立中干优势，保持树干直立。建议栽植健壮苗木，栽后在 40cm 左右定干，加强肥水管理，保持主干直立，主干上新发枝条需要摘心，促进花芽分化。树高不超过 2. 3m，也可以管理者身高来确定，即伸手能够到为准。第二要夏剪促花。夏季修剪时，为了避免树体消耗养分过大，不利于花芽分化，要及早疏除过密枝条，特别是上部过密新梢，使结果枝组均匀分布在主干；限制新梢生长，用摘心、拿、扭、弯枝等方法，限制营养生长，促进营养转化，实现早积累、早成花，使树体形成足量的花芽。摘心可在 8～10 个叶片左右摘，循环摘心。第三要做好采收后修剪。采果后，要对结果枝组进行更新，疏除老结果枝组，注意培育新的结果枝组。第四是冬剪疏缓。即对当年新梢缓放，老枝疏除，但个别地方缺少枝条的不要疏除，可保留老枝基部枝代替用于来年结果。

整形修剪中应注意的几个问题：一是歪干的处理。在大风雨后出现歪干，要及时填充被活动的树窝，以免灌入雨水造成沤根死树，在春秋天进行挖土扶正，扶正后要及时浇水保墒。二是上强下弱的处理。出现上强下弱的情况时，要做好上部枝条的疏理，疏除过密枝条，同时对中部枝条下扭、捋控制其生长，促进下部枝条生长。三是主干过矮的处理。对主干过矮的情况，不要急于上放，先保留顶部枝芽任其生长，急于上放会造成树体歪斜。

（4）其他技术措施。一是这种栽植模式要求品种自花结实率很高且极易座果，不用人工授粉，如 NJC83、NJC19、金童 5 号、金童 8 号等，但要注意疏花疏果。二是为了控制树冠，3 年生树土施 15%多效唑 1g，可结合秋施基肥进行。三是可以在行间铺设反光膜促进果实着色，由于在行间进行，省时省工极易操作，而且效果很好。

## 五、花果管理

花期应用壁蜂授粉或人工授粉技术提高坐果率；通过花前复剪、疏花、疏果等措施，使果实在树冠内均匀分布；推广应用果实套袋技术，在疏果定果后及时套袋，采收前 15~25 天摘袋；摘袋后地下铺设反光膜促进果面着色。

### （一）授粉

桃树的授粉以配置授粉树，通过风、昆虫等传媒来自然完成授粉过程为主，同时，辅以人工辅助授粉。

1. 蜜蜂或壁蜂授粉

（1）合理放置蜂群。中华蜜蜂在桃树开花之前 10 天、角额壁蜂在初花期前 4 天左右放蜂，一般果园放中蜂数量 2 000~4 000 头/亩，放壁蜂 100~150 头/亩蜂茧，对于不是集中释放园区要加大释放量，一般 300~500 头/亩，放蜂后应经常检查，防止各种壁蜂天敌。放蜂期一般在 15 天左右。

（2）加强防蜂后的管理。果园放蜂前 10~15 天喷 1 次杀虫杀菌剂，放蜂期间不喷任何药剂，树干不能药物涂环；配药的缸（池）用塑料布等覆盖物盖好；巢箱支架涂抹沥青等以防蚂蚁、粉虱、粉螨进入巢箱内钻入巢管，占居巢房，危害幼蜂和卵。中华蜜蜂授粉需要注意对蜂群的饲养，果园内要提前栽植一些蜜源植物，气温高于 13℃ 时蜂群才采粉授粉。利用壁蜂授粉需要设置巢箱、巢管和放茧盒，并在巢前挖 1 个深 20cm、口径为 40cm 的坑，提供湿润的黄土，土壤以黏土为好，坑内每天浇水保持湿润，供蜂采湿泥筑巢房，确保繁蜂。

2. 人工授粉

（1）花粉的制取。授粉前 2~3 天，选择生长健壮的桃树，摘取含苞待放的花蕾置于室内阴干取粉，温度控制在 20~25℃，并将筛除花瓣等杂质的花粉装入棕色玻璃瓶中，放在 0℃ 以下的冰箱内储存备用。

（2）人工点授。选择晴天上午，用过滤烟嘴、棉签、气门芯、授粉棒等做成授粉器，沾上稀释后的花粉，按主枝顺序点点授到新开的花的柱头上。一般长果枝点 5~6 朵，中果枝 3~4 朵，短果枝、花束状果枝 1~3 朵；每沾 1 次可授 5~10 朵花，每序授 1~2 朵花。花粉要随用随取，不用时放回原处。

（3）授粉器授粉。花粉与滑石粉按 1∶10（容积）左右充分混合后装入机械授粉器进行授粉，根据树体枝条位置调节喷粉量，以顶风喷为宜，可以提高效率 20~30 倍。

（4）液体授粉。盛花期将采集的花粉制成花粉液，用微型喷雾器喷雾授粉，省工又省时。花粉液的配制：先用蔗糖 250g 加尿素 15g 加水 5kg，配成糖尿混合液，临喷前加花粉 10~12g、硼砂 5g，充分混匀，用 2~3 层纱布过滤即可喷雾，要随配随喷。

### （二）疏花疏果

1. 疏花

桃疏花在生产上一般采用人工，在蕾期和花期进行，原则上越早越好，花蕾露瓣期即花前1周至始花前是花蕾受外力最易脱落的时期，是疏蕾的关键时期。主要疏摘畸形花、弱小的花、朝天花、无叶花，留下先开的花，疏掉后开的花；疏掉丛花，留双花、单花；疏基部花，留中部花。全树的疏花量约1/3。留花的标准：长果枝留5~6个花，中果枝留3~4个花，短果枝和花束状果枝留2~3个花，预备枝上不留花。

2. 疏果

以人工疏除为主，宜早不宜迟，可分2次进行：第1次在生理落果后（约谢花后20天）开始，疏除小果、黄萎果、病虫果、并生果、无叶果、朝天果、畸形果，选留果枝中上部的长形果、好果。已疏花的树，可不进行第1次疏果；第2次疏果也称定果，在第2次生理落果后（谢花后40天左右）进行，早熟品种、大型果品种宜先疏，坐果率高的品种和盛果期的树宜先疏；晚熟品种、初果期树可以适当晚疏。

疏果的原则是以产定果，盛果期树要求亩产量控制在2 000~2 500kg为宜，黄桃园亩产量控制在3 500kg左右。大型果少留，小型果多留，长果枝留3~4个，中果枝留2~3个，短果枝、花束状结果枝1个或不留。

### （三）套袋

1. 袋子的选择

一般以纸袋为主，选用材质牢固、耐雨淋日晒、透明度较好的袋子，目前果袋有报纸袋、套袋专用纸袋、无纺布袋等。

2. 套袋时间

在定果后及时套袋，一般在谢花后50~55天进行套袋，此期疏果工作已完成，病虫大量发生前特别是桃蛀螟产卵前进行，一般在5月中下旬开始套袋，套袋时间以晴天9:00—11:00和15:00—

16: 00 为宜。

3. 套前喷药

套袋前在晴天对树体和幼果喷施 1 次杀虫剂和保护性杀菌剂，杀死果实上的虫卵和病菌。

4. 套袋方法

套袋顺序为先早熟后晚熟，坐果率低的品种可晚套，减少空袋率，应遵从由上到下、从里到外、小心轻拿的原则，不要用手触摸幼果，不要碰伤果梗和果台。树冠上部及骨干枝背上裸露果实应少套，以避免日烧病的发生。果园喷药后应间隔 2~3 天再套袋，宜在早晨露水干后进行。

5. 套袋后的管理

套袋桃园要注意加强肥水管理和叶片保护，以维持健壮的树势，满足果实生长需要。在 7—9 月每月喷 1 次 300~500 倍的氨基酸钙或氨基酸复合微肥。果实膨大期、摘袋前应分别浇一次透水，以满足套袋果实对水分的需求和防止日灼。果实袋内生长期应照常喷洒具有保护叶和保果作用的杀菌剂，以防病菌随雨水进入袋内为害。

6. 摘袋

摘袋一般在果实成熟前 10~20 天进行，在果实成熟前对树冠受光部位好的果实先进行解袋观察，当果袋内果实开始由绿转白时，就是解袋最佳时期，先解上部外围果，后解下部内膛果，一天中适宜解袋时间为 9: 00—11: 00, 15: 00—17: 00；浅色袋不用去袋，采收时果与袋一起摘下，一般在果实采收前 10 天左右解袋；对于单层袋，易着色品种采前 4~5 天解袋，不易着色品种采前10~15 天解袋，中等着色品种采前 6~10 天解袋，先将袋体撕开使之于果实上方呈一伞形，以遮挡直射光，5~7 天后再将袋全部解掉；对于双层袋，采前 12~15 天先沿袋切线撕掉外袋，内袋在采前 5~7 天再去掉。

7. 摘袋后的配套措施

果实摘袋后及时将挡光的叶片或紧贴果实的叶片少量摘去，可使果实着色均匀，摘叶时不要从叶柄基部掰下，要保留叶柄，用剪刀将叶柄剪断。铺反光膜能促进果实着色，对内膛和树冠下部的果实着色非常有利。在行间和树冠外围下面铺银色反光膜，已成为生产高档果品的必要措施。

## 六、桃病虫害防治技术

### （一）桃园的主要病虫害防治

桃园的主要病虫害有蚜虫、梨小食心虫、桃小食心虫、桃蛀螟、潜叶蛾和穿孔病、褐腐病、疮痂病、炭疽病、流胶病等。生产中应根据其发生规律和经济阈值，以农业和物理防治为基础，科学使用化学防治方法，选用生物农药和高效、低残毒农药控制病虫害。桃树各生长期病虫害综合防治措施，见表 4-1。

**表 4-1　桃树各生长期病虫害综合防治措施**

| 物候期（时期） | 主要防治对象 | 防治措施（可选择） |
| --- | --- | --- |
| 休眠期<br>11 月至翌年<br>3 月上旬 | 褐腐病、流胶病、炭疽病、穿孔病、蚜虫、蝽象、梨小等越冬病虫源 | 彻底清园，清理树上、地面残留病僵果、病虫枯枝、落叶，烧毁或深埋，并刮除粗翘皮，翻树盘 |
| 3 月中旬前后 | | 全树喷 3～5 波美度石硫合剂或波尔多液（1∶2∶200）<br>蚧壳虫可用机油乳剂 80 倍液 |
| 花露红<br>（4 月初） | 蚜虫、卷叶蛾 | 20%氰戊菊酯 2 000 倍液+10%吡虫啉 2 000 倍液 |
| 谢花后<br>（4 月中旬） | 疮痂病、缩叶病及穿孔病、流胶病、黄叶病；红蜘蛛、蚜虫、蝽象、卷叶蛾；梨小、桃蛀螟、桃潜叶蛾等 | 1. 10%多抗霉素<br>2. 20%杀铃脲悬浮剂 8 000 倍液＋68. 75%易保 1 500 倍液<br>3. 黄叶病、穿孔病、流胶病用：杀菌优 500 倍液+氨基酸复合微肥 500 倍液灌根，树上喷穿孔流胶净 600 倍液 |
| 新梢生长期<br>（5 月上旬） | | 1. 40%福星 8 000 倍液+10%蚜虱净 2 000 倍液+8%宁南霉素 800 倍液<br>2. 流胶病用 21%过氧乙酸水剂 50 倍或杀菌优 20 倍液涂刷<br>3. 20%杀铃脲悬浮剂 8 000 倍液或 40%毒斯蜱乳油 1 500 倍液 |

（续表）

| 物候期（时期） | 主要防治对象 | 防治措施（可选择） |
| --- | --- | --- |
| 优质果套袋（5月中旬） | 褐腐病、炭疽病；蚜虫、蟏象、梨小、桃蛀螟 | 1. 70%甲基托布津800~1 000倍液、50%多菌灵600~800倍液、70%代森锰锌800倍液、75%百菌清800倍液<br>2. 悬挂糖醋液罐或桃蛀螟诱芯<br>3. 48%乐斯本1 500倍液或20%杀铃脲悬浮剂8 000倍液（桃蛀螟防治关键是在卵果率2%时） |
| 早熟品种成熟前（5月下旬至6月上旬） | 疮痂病、缩叶病、褐腐病及穿孔病、流胶病、炭疽病；红、白蜘蛛；蚧壳虫、桃蛀螟、潜叶蛾 | 1. 70%甲基托布津800~1 000倍液或70%代森锰锌800倍液或75%百菌清800倍液，雨后细菌性穿孔病发病快时可用：21%过氧乙酸600倍液+20%瑞宁（噻枯唑、叶青双）1 000倍液<br>2. 20%哒·四螨等杀螨杀卵剂2 000倍液<br>3. 48%乐斯本1 500倍液或52.52%农地乐2 000倍液<br>4. 25%灭幼脲3号2 000倍液或50%蛾螨灵悬浮剂2 000倍液 |
| 早熟品种采收期（6月中旬） | 褐腐病、炭疽病；红、白蜘蛛、蟏象、梨小 | 1. 80%大生800倍液+梧宁真菌800倍液或65%代森锌800倍液<br>2. 1.8%阿维菌素5 000倍液或20%扫螨净2 000倍液<br>3. 48%乐斯本1 500倍液或20%杀铃脲悬浮剂8 000倍液 |
| 成熟前<br>6月下旬至7月初 | 褐腐病、炭疽病、流胶病；棉铃虫、食心虫、潜叶蛾；缺素症 | 1. 65%代森锌800倍液+25%戊唑醇2 000倍液<br>2. 24%万灵3 000倍液<br>3. 磷酸二氢钾300倍液 |
| （7月中旬） | | 1. 65%代森锌800倍液+磷酸二氢钾300倍液<br>2. 20%杀铃脲6 000倍液<br>3. 氨基酸钙、硼、锌 |
| 花芽分化期<br>7月下旬至8月 | 褐腐病、炭疽病、桃流胶病、疮痂病；食心虫、潜叶蛾 | 1. 70%甲基托布津800~1 000倍液或70%代森锰锌800倍液或75%百菌清800倍液<br>2. 48%乐斯本1 500倍液、52.25%农地乐1 500倍液 |
| 采桃后 | 潜叶蛾、桃一点叶蝉、蚱蝉、食叶害虫 | 10%吡虫啉3 000倍液或25%扑虱灵1 500~2 000倍液（国庆节前后打一遍防治桃一点叶蝉）剪除产卵枝梢，树干涂白 |

## （二）农业防治

（1）重视冬季清园。加强桃园清理，剪去病虫为害枝，刮除枝干的粗翘皮、病虫斑，清除树上的枯枝、枯叶、和枯果，清扫地上的枯枝、落叶、烂果、废袋等，集中烧毁。将冬剪时剪下的所有枝条及时清出果园。清理桃园所有的应用工具，特别是易藏匿病虫的杂物，如草绳、箩筐、包装袋等，最大限度地清除病虫源，减少翌年春季病虫初侵染源。

（2）树干涂白。冬季修剪后，全园喷布波美 5 度石硫合剂 1 次，及时进行树干涂白，以铲除或减少树体上越冬的病菌及虫卵。

**（三）物理防治**

（1）灯光诱杀。利用害虫较强的趋光、趋波、趋性信息的特性，通过悬挂频振式杀虫灯诱杀金龟子、吸果夜蛾等鳞翅目成虫和部分鞘翅目成虫。一般从 5 月中旬安装、亮灯、捕虫，使用结束时间为 10 月上中旬，每天亮灯时间应结合成虫特性、季节的变化决定，可棋状分布也可闭环状分布，以单灯辐射半径 120m 以内为宜，达到节能治虫的目的，杀虫灯设置高度以 2~2.5m 对桃园害虫的诱集效果最好，幼龄树区可将装灯高度降到 1.5m 左右。

（2）糖醋液诱杀。可诱杀金龟子、桃蛀螟、卷叶蛾、食心虫、毛虫、大青叶蝉等害虫，糖醋液的比例：红糖：酒：醋：水=5：5：20：80，糖醋盆应挂在距地面 1.5~2.0m 高度的树杈上，每隔 10~15 天将诱杀的虫子挑检出来并集中深埋，然后再适量添加糖醋液。糖醋盆的放置个数视果园面积大小而定，一般 5 个/亩，并采取梅花 5 点放置。

（3）性诱剂。利用生产的各种性诱芯如桃小食心虫诱芯、梨小食心虫诱芯、金纹细蛾诱芯、桃蛀螟诱芯等诱杀桃小食心虫等各种害虫，也可利用迷向丝（复合胶信搅乱迷向剂）防治卷叶蛾类、潜叶蛾类、食心虫类等害虫，果树的整个生长季节只需悬挂 1 次就能达到防治害虫的目的，其用法为捆绑在距地面 1~1.5m 背阳的树枝上，每棵树悬挂 1~2 根，200~250 根/亩。

（4）黄板诱杀。蚜虫、白粉虱和潜叶蝇等对黄色具有强烈趋性，可设置黄板利用特殊的黏虫胶诱杀成虫，30~50 块/亩，置于行间，使黄板底部与桃树顶端相平或略高。

(5) 绑草诱杀。梨小食心虫等害虫，喜欢潜藏在粗树皮裂缝中越冬，可在它们越冬前，在树干上绑草把诱集害虫进来越冬，然后集中烧毁或深埋杀死，并注意要先取出其中的天敌昆虫。

(6) 人工捕杀。利用金龟子、象鼻虫和舟形毛虫等有假死的特性，可在地下铺设塑料薄膜的基础上摇晃树体，待害虫落下后集中捕杀；或利用人工摘除病虫果、病叶和捕杀金龟子、天牛等害虫。

(7) 贴、堵害虫。有些枝干害虫如天牛可用带药黄泥或透明胶布、塑料薄膜等材料贴、堵住虫孔；也可在主干基部（要先刮出老翘皮）绑缚一段20~30cm的塑料薄膜，使害虫无法攀爬，或涂抹防虫环，粘杀上树害虫。

**(四) 生物防治**

(1) 利用害虫天敌控制害虫。通过天敌如赤眼蜂、瓢虫、草蛉等保护、引进，进行繁殖、饲养、释放，创造有利天敌生存的环境等途径，使其建立健全的各种天敌群达到控制害虫种群数量的目的。在果园农药应用中，应充分利用和保护好捕食性天敌，做到害虫的防治与天敌的保护利用双兼顾，注重维护好生态平衡。

(2) 利用有益生物或其产品，防治桃树害虫。如多抗霉素等各种生物源农药以及利用昆虫性外激素诱杀或干扰成虫交配，潜叶蛾类可用灭幼脲或阿维菌素，食心虫、卷叶蛾类害虫，可用苏云金杆菌可湿性粉即Bt制剂，螨类、蚜虫类、介壳虫类可阿维菌素4 000倍液，10%烟碱乳油800~1 000倍液等生物农药控制其发生和蔓延，保护和利用天敌，“以虫治虫，以菌治虫”，是开展桃树病虫无公害化防治的重要手段。

**(五) 化学防治**

(1) 加强病虫害的预测预报，掌握发生规律，找出具体发生时期和防治的关键环节，以确定防治方案，抓住关键时期细致、周到、均匀的喷药。

（2）安全用药，严禁使用高毒高残留农药，选用生物农药或高效低毒、低残留农药，并要改进喷药技术，以协调防治病虫和保护天敌的矛盾。严格按照规定的浓度、每年使用次数和安全间隔期要求施用，喷药均匀周到。

（3）经济用药，严格防治指标，调整防治时期，改变见虫就喷药的观念，要根据益害比确定防治关键时期，一般天敌和害螨比例在 1∶30 时可不防治，当超过 1∶50 时开展防治，同时，抓住春季害虫出蛰盛期防治，压低虫源基数，可减少全年喷药次数。

（4）合理混配农药，要明确防治的主要对象及发生阶段，确定防治对象的有效药剂或互补药剂，确保混配后有效成分不发生变化，药效不降低，对桃园不发生药害和产生抗性。

（5）提倡使用生物源农药、矿物源农药。

（6）禁止使用剧毒、高毒、高残留农药和致畸、致癌、致突变农药。

（7）使用化学农药时，按 GB 4285、GB/T 8321 规定执行。

## 七、果实采收、分级、包装、冷藏、运输

### （一）果实采收

（1）适时采收。可根据不同品种的发育期确定采收期，但是受气温、雨水等情况的影响，成熟期在不同年份也有变化，也要参考历年的采收期（主要鲜桃品种食用成熟度的基本性状及理化指标见 NY/T 586—2002《鲜桃》）。

（2）把握成熟度。需长途运输的应在八成、九成熟时采摘；贮藏用桃可在八成熟时采收；精品包装、冷链运输销售的桃果可在九成、十成熟时采收；加工用桃应在八成、九成熟时采收。

（3）分期采收。一般品种分 2~3 次采收，少数品种可分 3~5 次采收，整个采收期 7~10 天。采收时间应避开阳光过分暴晒和露水，选择早晨低温时采收为好。

### （二）分级

（1）挑选。剔除受病虫害侵染和受机械损伤的果实以及形状不整、色泽不佳、大小或重量不足的果实。

（2）分级。为了使出售的桃果规格一致，便于包装贮运，必须进行分级。果实按大小、色泽等分成不同等级，分级标准见NY/T 586—2002《鲜桃》。

### （三）包装

果品进入流通前必须进行商品包装，包装材料应新而洁净、无异味，且不会对果实造成伤害和污染。同一包装件中果实的横径差异不得超过5mm。各包装件的表层桃在大小、色泽等各个方面均应代表整个包装件的质量情况。

### （四）冷藏

（1）及时预冷。桃采收时气温较高，采后要尽快将桃运至通风阴凉处预冷，散发田间热，再进行分级包装，并置阴凉通风处待运。

（2）冷库贮藏。桃果品在销售前必须进入冷链系统，提倡果园自建或租用冷库进行贮藏。

### （五）运输

（1）桃属鲜活易腐果品，在长途运输过程中，若管理不好，易发生腐烂变质。桃在1~2日的运输中，其运输环境温度建议保持在0~7℃；在2~3日的运输中，其运输环境温度为0~3℃；若在途中超过6天，则应与低温贮藏温度一致。

（2）鲜桃贮运技术流程为：品种选择→采收→分级→包装→入恒温库→消毒→降温→运输→上市销售。

## 第三节　大樱桃栽培技术

山东省是全国甜樱桃栽培面积最大、产量最多的省份，面积和产量均占全国一半以上。随着山东省农业产业结构的调整优化，甜樱桃作为种植业中的高效作物，得到了快速发展，进入丰产期中等管理水平的樱桃园亩纯收入达到1万元以上。甜樱桃作为山东果品特色产业，在增加主产区农民收入和推进社会主义新农村建设等方面发挥着举足轻重的作用。特别是沂蒙山区春季回温早，生态环境优良，尤其适合大樱桃的生长发育，大樱桃采收期比胶东半岛提早10天，比辽东半岛提早15天，比南京、郑州等市果实含糖量高1~2个百分点，属于全国范围内樱桃的最佳适宜区之一。

## 一、品种和矮化砧木选择

### （一）优良砧木的选择

当前应用的砧木主要有中国樱桃、考特砧、吉塞拉砧木。中国樱桃分布广，根系深，固地性好，嫁接大樱桃后不易倒伏，但不抗根癌病；考特砧根系好、易扦插，对根癌病有一定的抗性，患病后植株表现不明显；吉赛拉砧木有矮化作用，较抗根癌病。

1. 考特（Colt）

英国东茂林试验站1958年用欧洲甜樱桃和中国樱桃做亲本杂交育成，1971年推出3倍体“考特”。与甜樱桃品种亲和性好，嫁接树乔化，分枝角度大，易整形，初期树势较强，随树龄增长逐渐缓和，进入结果期树势中庸。根系发达，水平根多，须根多而密集，固地性强，抗风力强。对土壤适应性广，在土壤排灌良好的砂壤土上生长最佳，对干旱和石灰性土壤适应性有限。“考特”最大的优点是硬枝和嫩枝扦插都容易繁殖，嫩枝扦插5—9月，选择半木质化插条，以粗沙为扦插基质，插条生根快，扦插后20~25天开始生根，45天后就可移栽。栽植成活率高，建园园相整齐。根癌病发生相对较重，树势旺，进入结果期晚，生产中宜嫁接生长势中庸的品种，如“黑珍珠”“砂蜜豆”“拉宾斯”“晚丰”等；嫁接“红灯”“美早”“明珠”等强旺品种时，需要通过修剪、肥水及化控等综合措施控制树体旺长。目前潍坊临朐一带应用较多，山东省其他地市级及其他省份也有应用。

2. 吉塞拉 6 号

吉塞拉 6 号属半矮化砧，酸樱桃与灰叶毛樱桃杂交育成。具有矮化、丰产、早实性强、抗病、耐涝、土壤适应范围广、抗寒等优良特性。其树冠体积是“马扎德”的 70%，长势强于“吉塞拉5”。嫁接树树体开张，开花早、结果量大，第 2 年开始结果、4 年丰产。适应各种类型土壤，固地性稍差，在黏土地上生长良好，萌蘖少，易患“小脚病”。生产中采用正确的修剪、肥水和病虫害防治管理，保持健壮的树体，可以平衡负载量并保证果实的正常大小。主要采用组培、扦插繁殖，嫁接生长势强旺的大果型品种表现优良。

3. 大青叶

从烟台当地中国樱桃（小樱桃）实生苗中选育出的叶片较大、叶色深绿、苗干青绿的甜樱桃乔化或半矮化砧木，是目前全国各地应用最多、最广泛的砧木。其适应性类似中国樱桃。特点是分生根蘖能力极强，分株或压条繁殖易成活，通过压条方法可繁育砧木苗 1 万~1.5 万株/亩；与甜樱桃品种嫁接成活率高，一般可达 95%以上，可嫁接繁育甜樱桃成品苗 5 000~7 000 株/亩；固地性较强、耐旱、较耐涝、较抗根癌病、适应性广，适宜在环渤海湾产区以及四川、青海、甘肃等省甜樱桃适栽区应用。耐寒力相对较弱，在辽宁、河北等省的局部地区有“抽条”现象。以“大青叶”作砧木的甜樱桃树体生长中庸偏旺，进入结果期较早，苗木栽植后 3~4 年开始结果，6~7 年丰产、高产、稳产。在生产中以“大青叶”嫁接“萨米脱”“黑珍珠”“艳阳”“晚丰”“拉宾斯”等大多数品种表现优良；但嫁接“红灯”“美早”“明珠”等生长势强旺的品种表现开始结果偏晚。

4. 兰丁

“兰丁”系列樱桃砧木是北京市农林科学院林业果树研究所樱桃课题组历经 17 年应用远缘杂交技术育成。在北京、烟台、潍坊、郑州、辛集、秦皇岛等城市进行测试表明，该系列砧木根系发达，抗根癌能力强，抗重茬，固地性好，耐瘠薄，较耐盐碱，耐褐斑病。嫁接树整齐度高，形成树冠快，3 年见果，4 年丰产，果实品质优良。适合平原、丘陵、山区等地区栽培。

**（二）优良品种的选择**

选用大果型、硬肉、丰产优质新品种，如早大果、红灯、明珠、布鲁克斯、桑提娜、福星、美早、萨密脱、甜心、奇早等，实现早、中、晚熟合理搭配，鲁南地区宜优先发展早熟品种；选择与主栽品种授粉亲和、花期一致的授粉品种。

## 二、栽植技术

**（一）园址的选择**

要求土壤肥力较高，有机质含量丰富，土壤耕性良好，疏松、透气、保肥、保水能力强，水利条件较好的地方，尤其土层深厚的坡岭地，要求地下水为 1.5m 以上，中性或酸性土壤，土壤相对含水量 60%~80%，土壤有机质含量 1.5%以上。同时，应选择晚霜不易发生的山坡中部，避免在冷空气易沉积的低洼地建园，应选择不易遭风害的背风地段，并加强防风林的建设。

**（二）合理栽植**

1. 栽前准备

（1）土壤深翻与改良。栽前深翻土壤，增施有机肥，活土层达不到深度要求的，要进行全园深翻改造，提倡挖条带栽植，改造前撒施发酵的牛粪 4 000kg/亩或生物鸡粪 200kg/亩以上；对于酸性土壤，加施硅钙镁肥或硅钙钾镁肥 400~500kg/亩，全园深翻耙细。对于黏重土壤，要增施大量的有机肥（或牛粪）、有机物（稻草、作物秸粉碎）进行改良，以增加土壤透气性。

（2）苗木处理。栽植前，修整苗木根系，并在 2 倍 K84 液中蘸一下，预防根癌病。

2. 合理密度，起垄栽培

（1）合理密植。栽植时要根据地理状况、苗木砧穗组合情况、管理技术等方面合理密度，适当密植，以 2m×3m、2m×4m、3m×4m，56~111 株/亩为宜。

（2）授粉树的配置。授粉树配置比例一般为主栽品种与授粉品种的比例（4~5）：1，最好实行三三制。授粉树的配置方式以梅花或间隔式，按照（4~5）：1 的原则，在周围 4~5 棵主栽品种间配置 1 株授粉树。

（3）起垄栽植。栽植要求起垄栽植，垄高 20~30cm，垄宽 80~100cm。春季可在发芽前栽植，秋季可在 11 月上中旬苗木落叶后栽植。要注意对大树树干培土，促进生根，防止倒伏。土堆的大小随树龄的大小逐渐增大加高，一般大树土堆高 30~40cm，土堆雨季前要培实，春培秋扒。垄带覆草或覆膜。

（4）栽后管理。针对北方产区的气候特点及大樱桃的生长特点特性，苗木栽植后第 1 年的工作主要是浇水，而不是施肥；把节省的肥钱用于浇水。全年浇水 11~12 次，其中，6 月底以前浇水 7~8 次，确保苗木成活及苗壮苗旺。7—8 月雨季排水；9—10 月秋旱浇水；土壤封冻前浇 1 次透水，确保樱桃安全越冬。对于采用细长纺锤形整枝的果园，5—6 月通过捋、扭等农艺措施，控制基层发育枝，确保中心领导枝又高又壮。

## 三、土肥水管理

### 1. 土壤管理

（1）盘覆草或地膜覆盖。覆草可在夏季和春季进行，以夏季为好，在果树行间、树盘或全园覆草，厚度 15~20cm，覆草量 2 000~3 000kg/亩。滴灌果园和行间沟渗灌果园，提倡栽植树两边覆盖黑色地膜。不仅有利于保持土壤水分的相对稳定，预防裂果，而且在涝雨季节，排水流畅，防止涝害。

（2）土壤酸碱度调节。大樱桃最适宜的土壤 pH 值为 6.2~6.8。山东省大多数土壤由于过去偏施化学性肥料，造成土壤酸化。对于酸性土壤，可结合秋施基肥施入硅钙镁或硅钙钾镁肥，逐年调节土壤 pH 值在 6.0~7.5 范围。

（3）土壤翻刨。秋季为宜，深度 15cm 左右。可与秋施基肥相结合。

2. 营养管理

（1）合理施肥。以有机肥为主，化肥为辅，实行配方施肥，保持或增加土壤肥力及土壤微生物活性。土肥水管理前期主要目的是促进枝叶生长，迅速扩大树冠，增加枝叶量并促使早日成花；夏秋季追施磷钾肥为主，以促进枝条充实。针对山东果园土壤有机质含量低（大多数 1%左右）的现状及大樱桃根系需氧量大的特点，提出基肥以牛粪为主，不仅成本低，而且对改善土壤透气性和提高有机质含量效果好。也可用发酵的商品鸡粪。生物有机肥对土壤根癌杆菌有一定的抑制作用，但使用成本高。氮磷钾复混肥、土壤调理剂和中微量元素也应在基肥中使用。注意土壤调理剂不要与化肥直接混合，可分别与有机肥混合后分沟施用。土壤调理剂也可于来年春天撒施在树盘下划锄一下。

（2）配方施肥。按每生产 100kg 果实施氮磷钾复和肥（15-15-15）8~10kg，硅钙镁或硅钙钾镁肥 100~200kg/亩，幼树放射状沟施；大树沿行向在树冠投影内挖沟施入。

（3）秋施基肥。一般在采果后落叶前施用，复合肥施用量占全年施肥量的 70%，秋施基肥要早，以有机肥为主，施肥量应根据树龄、树势及有机肥料种类和质量而定，一般是 0.5kg 果 1kg 肥。适当增加无机肥的用量。如幼树可增加氮肥，而幼果期、盛果期的树要拒绝使用单纯氮肥，以生物有机肥、果树专用肥为主，对盛果期大树可追施复合肥 1.5~2.5kg/株，或人粪尿 30kg/株。

（4）花果期追肥。肥料种类以磷酸二氢钾、硫酸钾复合肥为主，施用量一般为 0.5~1kg/株，可提高坐果率和供给果实发育、梢叶生长所需，对增大果个有明显作用，追肥时间应在谢花后、果核和胚发育期以前进行，过晚往往使果实延迟成熟，品质降低。

（5）叶面追肥。一般选在阴干或晴天的早晨和傍晚进行，常用的叶面肥有 0.05%~0.1%的硫酸锌液、0.2%~0.3%的硼砂、500 倍光合微肥或 300 倍液氨基酸复合肥、0.2%~0.5%磷酸二氢钾等。特别是从硬核期开始间隔 7~10 天喷施 300 倍液的氨基酸钙或 600~800 倍液的大樱桃专用肥或氨钙宝 2~3 次，能有效防止采前裂果问题。

3. 水分调控

大樱桃对水分要求敏感，既不抗旱，也不耐涝，特别是谢花后到果实成熟前是需水临界期，更应保证水分的供应。一般大樱桃 1 年中要浇 5 次水，9—10 月干旱期要加 1 次水。

（1）灌水的时期。

花前水：3 月中下旬进行，主要是满足展叶、开花的需求。

硬核水：5 月初，这一时期灌水要足。

采前水：5 月中下旬，是果实迅速膨大期，水分对果实产量和品质影响极大，同时，保持土壤水分相对湿润，也是防止采前遇雨果实裂果的一项措施。采前 10 天要控制浇水，雨后 10 天采收以保证果实品质。

采后水：果实采收后，正值树体恢复和花芽分化的重要时期，此时应结合施肥进行灌水，为来年丰产打下基础。

封冻水：大雪前后全园浇灌封冻水，以利保墒，树体安全越冬。

（2）灌水方法。

行间沟渗灌：行间漫灌，让水慢慢渗到根系周围。不要让水接触根茎部，以防根茎腐烂病发生，引起死树。

滴灌：在每行树的两边铺设两条滴灌管，根据水压和土壤干湿程度，分次分批开关阀门数量。

带状喷灌：每行树铺设 1 条带状喷管，选用直径 4cm 的喷管，管上每排有 5 个出水孔，以保证喷落水均匀。根据水压和喷水高度，分次分批开关阀门数量。

（3）排水。在涝雨季节前修挖果园排水沟，确保汛期雨水畅通，能及时排出园外。

## 四、整形修剪

自由纺锤形、细长纺锤形，目前在国内樱桃园中应用较多，细长纺锤形较自由纺锤形更容易实现早丰产。

1. 树形结构

（1）自由纺锤形。中干直立粗壮，树高 3m 左右，干高 50~60cm，中干上着生 25~30 个骨干枝（下部 8 个左右，中部 13 个左右，上部 6 个左右），骨干枝长度 1.5m 左右，骨干枝粗度在 4cm 以下，骨干枝角度 70°~90°（下部 90°，中部 80°，上部 70°），骨干枝间距 9~10cm（下部 6cm，中部 7cm，上部 24cm），亩枝量 27 500 条左右，长、中、短、叶丛枝比例 4∶1∶1∶12（注：第 1 骨干枝至地上 80cm 为下部，80~180cm 为中部，180cm 至顶端为上部）。

（2）细长纺锤形。树高 2.8m 左右；干高 0.7m 左右；骨干枝数>30 个；骨干枝角度>90°；第 1 骨干枝最低处高度 0.6m 左右；骨干枝间距 5~7cm；骨干枝长度 < 1.5m；骨干枝粗度 < 4cm；亩枝量 28 000 条左右；长中短枝比例 2∶1∶8。

2. 自由纺锤形整形修剪技术

（1）第 1 年早春。苗木定植后，留 80cm 定干，剪口处距顶芽 1cm 左右，剪口涂抹猪大油或白乳胶，防止顶芽抽干。为促进顶芽快速生长，突出中心领导干优势，定干后将剪口下第 2~4 芽抹除，留第 5 芽，抹除第 6、第 7 芽，留第 8 芽。芽萌动时（芽体露绿），对第 8 芽以下的芽进行隔三差五刻芽，然后涂抹抽枝宝或发枝素，促发长条；对距地面 40cm 以内的芽不再进行刻芽或其他处理。

（2）第 2 年早春。中心干延长枝留 60cm 左右短截，中上部抹芽同第 1 年，对其中下部芽，在芽萌动时每间隔 7~8cm 进行刻芽，以促发着生部位较理想的长枝（骨干枝）；基层发育枝留 2~4 芽极重短截（细枝少留，旺枝多留），促发分枝，增加枝量，减少枝粗。5月下旬至6月上旬，对中央领导干剪口下萌发的个别强旺新梢，除第1新梢外，留15cm左右短截，促发分枝，分散长势。9月下旬至10月上旬，除中心领导新梢外，其余新梢通过扦拉方式拉至水平或微下垂状态。

(3) 第3年早春。对中心领导枝继续留60cm左右短截，抹芽、刻芽的时间与方式同第1年。对中心领导干上缺枝的地方，看是否有叶丛短枝，在叶丛短枝上方，于芽萌动时进行刻芽（用手锯刻），促发长枝，培育骨干枝。对个别角度较小的骨干枝，拉枝开张其角度。对于美早、红灯等生长势强旺品种的骨干枝背上芽，在芽萌动时进行芽后刻芽（目伤），促其形成叶丛状花枝。萌芽1个月后（烟台，5月上中旬），对骨干枝背上萌发的新梢进行扭梢控制，或留5~7片大叶摘心，促其形成腋花芽；对骨干枝延长头周围的“三叉头”或“五叉头”新梢，选留1个新梢，其余摘心控制或者疏除，使骨干枝单轴延伸。

(4) 第4年早春。对树高达不到要求的，对中心领导枝继续短截、抹芽、刻芽，其余枝拉平，促其成花。树高达到要求的，将顶部发育枝拉平或微下垂。

树体成形后，骨干枝背上、两侧萌发的新梢，通过摘心、扭梢、捋枝等方式，培养结果枝组，防止骨干枝上早期结果的叶丛短枝在结果多年后枯死，避免骨干枝后部光秃现象出现，从而防止结果部位外移。生长季节及时疏除树体顶部骨干枝背上萌发的直立新梢，防止上强。

3. 细长纺锤形整形修剪技术

(1) 第1年工作要点。培养健壮强旺的中心领导枝。早春苗木栽植后留1.1~1.2m定干，剪口离第1芽距离1cm左右，剪口涂抹猪大油或白乳胶。扣除剪口下第2、第3、第4芽，保留第5芽，扣除第6、第7、第8芽，保留第9芽。其下每隔7~10cm刻一芽，直至地面上70cm高度为止，70cm以下芽不再处理。当侧生新梢长到40cm左右时，扭梢至下垂状态，控制其伸长生长，促使中心领导梢快速生长。

（2）第二年工作要点。促使中心领导枝萌发更多下垂状态的侧生枝。树体萌芽前，中心领导枝轻剪头，其他侧生枝留 1 芽极重短截，剪口距芽 1cm 左右，剪口涂抹猪大油或白乳胶。芽体萌动时，对中心领导枝每隔 5～7cm 进行刻芽（用小钢锯），每刻 4～5 芽清理锯口锯末 1 次，刻后涂抹普洛马林。萌芽 1 个月后（烟台，5 月上旬），对中心领导梢附近的竞争梢留 2～5 芽短截，控制竞争梢。萌芽 2 个月后（烟台，6 月上旬），当中心领导干上的侧生新梢长至 80cm 左右时，捋梢或按压新梢，使之呈下垂状态；对中心领导梢自然萌发的二次梢（枝）进行捋枝，使之呈下垂状态。对中心领导干上的侧生新梢捋枝至下垂状态后，新梢前部会自然上翘生长。在萌芽 3 个月后（烟台，7 月上旬），对侧生新梢的上翘生长部分进行拧梢，拧梢过程中听到木质部发出响声时停止；每梢拧 2～3 次，分段进行，使新梢上翘部分呈下垂状态，控制冠径，保持枝条充实。

（3）第三年工作要点。侧生枝促花芽，中心领导枝继续抽生侧生枝。早春芽萌动时，对中心领导枝每隔 5～7cm 进行刻芽并涂抹普洛马林，对“刻芽+涂药”后萌发的侧生新梢整形管理同上 1 年。对中心领导干上缺枝的地方，看是否有叶丛短枝，在叶丛短枝上方进行刻芽（用手锯刻）促发侧生枝。对上 1 年中心领导干上萌发的侧生枝甩放，促其形成大量的叶丛花枝；对个别角度较小的侧生枝，拉枝开张其角度，使其呈下垂状态。对于美早、红灯等生长势强旺品种的侧生枝背上芽，在芽萌动时进行芽后刻芽（目伤），促其形成叶丛花枝。萌芽 1 个月后（烟台，5 月上中旬），对侧生枝背上萌发的新梢进行扭梢控制，或留 5～7 片大叶摘心，促其形成腋花芽。对侧生枝延长头周围的三叉头或五叉头新梢，摘心控制，使侧生枝单轴延伸。侧生枝弓弯处的背上，有的可萌发新梢，留用，培养未来的更新枝。

（4）第四年工作要点。控树高，控背上，控侧生。早春，在树体上部有分枝处落头开心，保持树高 2.8m 左右；在规定树高位置无分枝的，可任其生长 1 年，下 1 年落头开心。对侧生枝（骨干枝）背上萌发的新梢及延长头上的侧生新梢，根据空间大小，或及早疏除，或及早扭梢，或留 5~7 片大叶摘心控制，保持骨干枝前部单轴延伸。

树体成形后，生长季节及时疏除树体顶部骨干枝背上萌发的直立新梢，防止上强。

## 五、花果管理

1. 促进坐果

（1）增加树体贮藏营养。主要是增加树体氮素营养和光合作用产物，为来年的萌芽、开花、坐果、抽新梢提供充足的营养。果实采收后，喷 4~5 次杀菌剂，预防叶斑病，防止提早落叶。采后叶面喷施生物氨基酸 300 倍液 2 次，间隔 10 天；发芽前喷 100 倍液 1 次。

（2）根外喷施叶面肥。于樱桃花蕾期和谢花末期各喷 1 次 200 倍液鱼肽素（酶解小分子肽蛋白+海藻提取物等）。提高着果率，增加叶面积、果实横径。

（3）果园放蜂。开花前 3 天投放 1~3 箱/亩中华蜜蜂，或在花前 1 周左右投放 100~500 头/亩角额壁蜂，坐果率提高 30%~50%，果品质量、产量明显提高。

（4）人工授粉。大樱桃花量大，人工点授的方法困难，也不太切合实际。生产上采用制作 2 种授粉器，一种是球式授粉器，即在一根木棍上的顶端，缠绑一个直径 5~6cm 的泡沫塑料球或洁净纱布球，用其在授粉树上及被授粉树的花序之间，轻轻接触花，达到既采粉又授粉的目的。另一种是棍式授粉器，既选用一根长 1.2~1.5m，粗约 3cm 的木棍，在一端缠上 50cm 长的泡沫塑料，泡沫塑料外面包一层洁净的纱布，用其在不同品种的花朵上滚动，也可达到既采粉又授粉的目的。

2. 产量调控技术

（1）以水调果量。优质果品生产应控制产量在750kg/亩左右。花后浇水早晚，影响树体坐果。试验证明，谢花后第1天浇水，可保住谢花时树体原果量的80%左右，浇水每延迟1天，坐果量下降10%~15%。因此，生产中应根据目标产量，选择花后浇水时间来调整树体坐果量。

（2）疏花枝。早春修剪时，疏除弱的叶丛花枝，保留优质叶丛枝，并使花枝分布稀疏，集中营养供给。优质叶丛花枝是指含有5片大叶以上的叶丛枝，除顶芽为叶芽外，每片大叶的叶腋间都是花芽。优质花枝，结果多，且果个大；弱花枝，结果少，果个也小。

（3）疏花。在大樱桃开花前或开花期进行，主要是疏去树冠内膛细弱枝上的花及多年生花束状果枝上的弱质花、畸形花。一般在4月上旬进行，每个花束状短果枝留2~3个花序。

（4）疏果。一般在5月初大樱桃生理落果结束后进行。每个花束状短果枝留3~4个果。疏去小果、畸形果以及光线不易照到、着色不良的内膛果和下垂果，保留横向及向上的大果。

（5）强壮树势。弱树坐果多，旺树坐果少，通过增施氮肥等其他农艺措施培养健壮的树体。在硬核后的果实迅速膨大期，结合浇水，每亩撒施碳铵30kg+硝酸钾10kg，连施2次。不仅果个大，而且色艳、光亮。保持树势中庸，树姿开张；通过捋枝、拧枝、拉枝等方式，培养芽眼饱满、枝条充实、缓势生长的发育枝，为来年这些发育枝萌发优质叶丛花枝打好基础。

（6）喷叶面肥。谢花后喷800倍腐殖酸类含钛等多种微量元素的叶面肥，每7天1次，连喷3次。不仅能提高果实可溶性固形物含量，促进果色鲜艳、亮泽，而且提高坐果率。

3. 铺反光膜

在果实上色期，在树的两边各铺设1条反光膜，促进果实上色，尤其对于黄色品种。雷尼铺设反光膜后，果面大部分上红色，果实甜度增加。

## 六、适期采收

果实成熟前 1 周是樱桃膨大果个、增加甜度的一个最明显的时期，过早、过晚采收都会影响果个和品质。

## 七、病虫害综合防治

以农业防治为基础，加大太阳能杀虫灯、黏虫板等物理防治措施的应用力度，选用生物农药防控甜樱桃病虫害的发生，确保甜樱桃果实的安全水平。果实成熟前全园上方架设防鸟网，避免或减轻鸟害。根据品种成熟期或市场需求，适时采摘，保证甜樱桃的口感和质量。

### （一）综合防治各种病虫害

初秋在樱桃树干、主枝上绑草把，诱集梨小食心虫越冬幼虫、梨网蝽越冬成虫及梨蟀象产卵，秋末解除草把烧毁；11 上旬用涂白剂（石灰 12 份、盐 1 份、石硫合剂 2 份、水 40 份）进行树干涂白，杀死在树干裂皮中越冬虫害，防止树干冻害。初冬及时清扫果园，将枯枝、病枝、落叶、落果集中烧毁，并铲除果园周围的杂草，集中埋入地下，可消灭多种越冬虫源。春季发芽前喷 5 波美度石硫合剂，铲除越冬病菌孢子并可兼治介壳虫，防治干腐病和腐烂病；3 月上旬结合施肥浅刨树盘 10~15cm，可杀死大灰象甲和舟形毛虫的休眠体；早春地面喷布 50%辛硫磷乳油 800 倍液、防治出土大灰象甲。根癌病较重的树，可扒开根茎凉根，用 30 倍液的 K84 灌根，用量可根据树龄大小灌 1~3kg。

### （二）樱桃流胶病

各种伤口、涝害、冻害、干旱、土壤酸化以及其他引起树体衰弱的各种因素都能促进和加重流胶；不同品种、树龄和砧木抗流胶能力存在明显差异，马哈利砧木、黑珍珠、萨米脱品种明显抗流胶。

1. 预防技术

（1）选择抗性品种和抗性砧木。

（2）对于酸化土壤需补充钙镁养分，平衡施肥；对于钙含量充足的土壤，主要措施是提高土壤保水能力，促进新根生长，强壮树势。

（3）萌芽前，喷布 5 度石硫合剂或 40%氟硅唑 500 倍液或 21%过氧乙酸 100 倍液。

（4）采果后，结合防治叶部病害，喷 3~4 次 40%氟硅唑 4 000 倍液或氟环唑、苯醚甲环唑。喷药时把主干和主枝一同喷湿。

（5）在日常管理中，尽量减少各种伤口、虫口、涝害，防止特别干旱，避免枝干冻害及树体早期落叶。

2. 治疗技术

在早春，刮去胶斑，涂抹 40%氟硅唑 200 倍液或 21%过氧乙酸 5 倍液。在新梢快速生长期，对流胶部位纵向划割，深达木质部，韭菜叶宽，会自动愈合，长出新皮，顶掉老皮。大连农科院试验，6 月刮去胶块，涂抹灰铜制剂（100g 硫酸铜，300g 氧化钙，1 000g 水），效果较好。

**（三）樱桃根癌病**

土壤中的根癌农杆菌通过根系伤口侵入，导入 T-DNA，与樱桃根系细胞 DNA 结合，引起基因的分离复制，在侵染部位形成肿瘤。6—9 月肿瘤增生明显。根癌菌发育最适温度为 25~28℃，致死温度为 51℃。发育最适 pH 值=7.3，耐酸碱范围为 pH 值=5.7~9.2。60%的湿度最适合根瘤的形成。

（1）选用抗根癌的砧木，如优系大青叶、吉塞拉 6 号、马哈利；不在重茬地育苗，不用带根瘤的苗木。

（2）苗木栽植前，用根癌宁 3 号 2 倍液或 72%农用链霉素 1 000 倍液蘸根。生长季节及时防治地下害虫（线虫等）。

（3）降低地下水位，改良黏质土壤，增加透气性；大量施用含有益活性菌的生物有机肥，改善土壤微生物类群。

（4）对碱性土壤，施用偏酸性肥料（尿素、磷酸一铵、磷酸二铵、硫酸钾、氨基酸肥、腐殖酸肥等）改良。在 pH 值大于 8.0 的土壤上可适量施用硫黄。

### （四）樱桃根茎腐烂病

病菌通过伤口侵入，引起根茎褐变、腐烂。撕裂蜡孔菌生长的 pH 值范围为 4.0～10.0，最适 pH 值为 6.0。在 5～35℃都可生长，最适生长温度为 33℃。紫外线能抑制菌丝生长。

（1）农艺措施。高畦起垄栽培，避免灌溉水直接流入根颈处。

果园喷药时，把根茎及其周围的树盘喷湿，消灭病菌；树盘撒石灰粉 600g/株，杀灭地面病菌（因病菌在 pH 值为 12 时不能存活）；果园日常管理时，避免根茎处造成伤口，树干涂白或喷浓石灰乳，预防根茎冻害。

（2）化学措施。对未患病树，于 5 月和 7 月，在树干周围挡个小湾，然后灌 200 倍液的硫酸铜 1.5kg 左右，或灌 300 倍液 50% 多菌灵。刮除腐烂部位，涂抹 50%多菌灵 100～200 倍液或 25%戊唑醇 1 000 倍液，并将病害部位暴露在空气中。

### （五）红颈天牛

成虫发生前，在树干或大枝上涂抹白涂剂（生石灰 10 份，硫黄 1 份，水 40 份配成），防止成虫产卵。

在成虫羽化期，人工捕杀成虫。5—9 月，用铁丝钩出虫粪，塞入 1g 磷化铝片，或塞入蘸敌敌喂或毒·高氯的棉球，然后用湿泥将虫口封闭，也可用地膜包扎，熏杀幼虫。

### （六）果蝇

（1）深埋树盘表土。秋末冬初，在行间挖深坑或深沟，将树盘表土与行间沟土置换，消灭越冬蛹。

（2）悬挂糖醋液。用敌百虫、糖、醋、酒、清水按 1∶5∶10∶10∶20 配成饵液，倒入合适的塑料盆，悬挂树冠荫蔽处，高度约 1.5m，每盆装饵液约 1kg，每亩挂 8～10 盆。每周或最多 2 周更换1次糖醋液，定期除去盆内成虫。

（3）熏杀成虫。樱桃果实膨大着色进入成熟期前，是果蝇产卵期，可将苦蒿、艾叶晾至半干，于微风的晚上在果园内堆积生火，使其产生浓烟，或用1.82%胺氯菊酯熏烟剂按1：1对水，用喷烟机顺风对地面喷烟，熏杀或驱赶成虫。

（4）在果实硬核期喷40%毒死蜱1 000倍液+25%灭幼脲800倍液，在果实转白期期，喷10%氯氰菊酯2 000倍液+25%灭幼脲800倍液。

## 第四节　苹果高产栽培技术

临沂市苹果园面积26.27万亩，总产56.75万t，形成了以沂水、蒙阴为重点的优势生产区域，两个县2014年苹果产量分别为25.70万t、21.23万t，合计占全市苹果总产的82.29%，重点分布在蒙阴县的野店、高都、沂水县的诸葛、泉庄、沂水镇等5个乡镇。近几年随着果业结构的调整，新品种、新技术的推广，全国现代农业技术体系苹果示范县的建设、全国标准果园的创建、山东省现代水果技术创新体系的推动以及全省首个果业院士工作站落户临沂市，极大地推动了以苹果矮砧集约栽培为主要技术的推广，实行矮砧大苗建园、宽行密株、起垄栽植、设立支架、纺锤形整枝的现代栽培模式，与传统的乔化密植栽培模式相比，具有结果早、产量高、果实品质好、节省劳力、便于机械化管理和标准化生产等特点，是世界苹果生产先进国家普遍采用的栽培模式，目前已在沂水的红旗山、上古村、单家庄、沙地、长虹、恒和农场和蒙阴的高都镇、野店镇建立苹果现代矮砧集约栽培模式示范基地3.0万亩。

### 一、建园

#### （一）适地建园

园地周边无污染源，灌溉用水、土壤及大气环境等条件至少达到无公害果品生产的基本要求。丘陵坡地，要求活土层达到40cm，有机质含量最好不少于10g/kg。土壤质地以沙壤土为好，pH值5.5~7.5，但以6.0~6.5微酸性为宜，盐分含量不大于1g/kg，地下水位在1.0m以下。灌溉抗旱、排涝设施齐全，可保证生产需要。前茬作物是苹果、梨、山楂、桃、樱桃等果树必须轮作换茬2年以上，并结合改良土壤后才能栽植建园，不要在重茬地建园。

**（二）园地规划**

园地规划包括栽植小区的划分、道路及排灌系统的设置、建筑物（管理用房、工具及农资用房、包装场、配药池等）的安排和防护林带的营建等，尤其道路的规划要适应果园机械化管理和果品运输的要求。通常苹果树栽植面积应占园地总面积的85%以上，其他非生产用地不应超过总面积的15%。

1. 防护林的规划

防护林是由高大的乔木和灌木树种组成的，大型园地可设主林带和副林带。主林带是与当地主导风向相垂直或成30°以内的偏角，副林带是辅助主林带阻拦由其他方向来的有害风，与主林带相垂直；如果园地面积不大，可环园种植防护林，防风效果较好。如果园址周围有围墙或其他建筑物遮挡，可不设置防护林带。主林带行数与当地风速，林木树冠大小、地形及有无边缘林带有关。树墙高度达4.0m以上，在配置边缘林带10~15行的条件下，主林带按5行栽植；副林带行数可根据实际情况安排2~4行即可，防风林成行、成网、成带、成片效果好。林带内部提倡乔灌混交，或针叶阔叶混交方式。双行以上者采用行间混交，单行可采用行内株间混交。有条件的地方也可采用常绿树种与落叶树种混交。在具体配置时，一般采用林带中间各行为乔木，两边各行栽灌木。但也有乔、灌隔株混栽的。

带内栽植距离可采用：乔木的行距为2.0~2.5m，株距为1.0~1.5m。灌木的株行距均以1m为宜。丘陵、沙地、山坡土薄，肥力低，株行距可适当加大，但行距最小不能小于2m，株距不得小于 1.0m。在树种的选择和配置上，应注意种类多样化，避免种类单一。防护林树种应具有生长迅速、树体高大（乔木）、枝繁叶茂、寿命长、防风效果好、与苹果树无共同病虫害，根蘖少、不串根的华山松、紫穗槐等乡土树种，不能选择桧柏、不宜选择榆树、刺槐、泡桐、杨树。

2. 灌溉系统的规划

排灌系统包括排水和灌水两部分，做到旱能浇，涝能排。蓄水灌溉果园应配套修建蓄水池，沟渠与蓄水池相连。井水灌溉果园，每 100 亩要有 1~2 口井，井的位置应在全园最高处，井旁要有蓄水池，以使浇水的水温不至过低。建立配套的管道灌溉系统，最好配备完善的滴灌、喷灌或渗灌等节水栽培设施。

平地果园排水沟深 80~100cm、宽 80cm，山地果园则由坡顶到山脚，沟由浅到深（深 30~60cm、宽 30~40cm），排水沟与果园围沟相接。

3. 道路系统的规划

园地的道路系统包括主路、干路和支路。大型园地要求主路位置适中，贯穿全园，便于运输产品和肥料。主路宽 3~5m，可通过大型汽车，质量要求与公路相似。干路宽 2~4m，可通过马车或小型汽车及农机耕具等，干路多为小区边界线。支路宽为 1.5m 左右，为人行道，可方便人进行采收、喷药、修剪等作业，园地的支路一般为行间。

4. 小区划分

园地应集中连片，面积应适当规模。平地采用南北行向，或按山坡地栽植行沿等高线延长。小区按照地形、小气候和交通条件等因素进行划分，平地面积 25~30 亩，山坡地 8~15 亩。

5. 辅助建筑物建设

园地主要包括办公室、包装车间、果品贮藏库及生产资料库房等辅助建筑物。同时，要注意电力配套，生产用电按电力安全要求，电源到田，设施规范，便于机械化作业。

## 二、品种和砧木的选择

### (一) 品种的选择

根据市场需求选择着色好、果形端正、果个大、易丰产、易管理、市场发展前景好的品种，并考虑市场需求、当地的生态条件(日照、温度、降水、土壤)、与砧木的搭配和丰产性、抗病抗逆性等等因素，按照“适地适树”的原则选择品种，并做好早、中、晚熟品种的合理搭配。目前可发展的品种有：藤牧一号、秦阳、珊夏、皇家嘎啦、烟嘎 3 号、美国 8 号、元帅短枝、红将军、烟富 3、烟富 10、烟富 6、烟富 8、2001 富士、烟富 7 等。

1. 藤牧 1 号

藤牧 1 号又名南部魁，原产美国，由美国普度大学（Purdue University）等 3 所大学联合育成，20 世纪 80 年代初引入。果实圆形或长圆形，平均单果重 217g，最大果 320g，果形指数 0.86~1.20。底色黄绿，阳面 2/3 以上着鲜红彩色。果点小而稀，果面洁净，光亮美观，果肉黄白色，肉质脆、汁多，酸甜适口，香味浓。果实去皮硬度 8.7kg/cm$^2$，可溶性固形物 11.0%~12.0%。7 月中下旬成熟，果实生育期 86~90 天。品质上。果实贮藏后易发绵。该品种树势中庸，树姿较开张，萌芽率高，成枝力中等。腋花芽较多，早果性强，坐果率高，丰产，可与富士、嘎拉等互为授粉树，成熟时遇多阴天气着色差。

2. 秦阳

秦阳为西北农林科技大学从皇家嘎拉实生苗中选出的早熟苹果新品种，2005 年 5 月通过陕西省果树品种审定。果实扁圆或近圆形，平均单果重 198g，最大 245g。果形端正，果面鲜红色，有光泽，外观艳丽。果肉黄白色，肉质细，松脆，风味甜，有香气，品质佳。果肉硬度 8.32kg/cm$^2$，可溶性固形物含量 12.18%，可滴定酸含量 0.38%，鲁南地区 7 月下旬果实成熟，果实成熟期比美国 8 号早 2 周左右，比藤牧 1 号晚 1 周，果实生育期 105 天。该品种高抗白粉病、早期落叶病和金纹细蛾，较抗食心虫，表现早果、丰产，果形整齐、品质优异，抗性强，适应性广等特点。

3. 信浓红

信浓红为日本品种．7月中下旬成熟，单果重250~300g，果实长圆形，完熟时果面着全面浓红色，洁净无锈，果形高桩、端正，外形美观。幼树丰产性强，栽后2~3年挂果，综合性状优于藤牧1号、嘎啦等，是北方优质早熟苹果良种。

4. 珊夏

珊夏又称桑莎、三萨或三夏，由日本农林水产省果树试验场盛冈支场用嘎拉×茜育成。1992年引入我国。果实圆或圆锥形，果个中大，平均单果重140~180g。果面鲜红色，美观；果肉黄白色，肉质致密、脆，汁多，味甜，适合国人的口味。果实去皮硬度8.5kg/cm$^2$，可溶性固形物15.0%。8月中旬下旬成熟，常温下可贮藏2~3周。果实着色、风味、贮藏性皆好于津轻。该品种树势较弱，树姿直立，枝条细长，易发短果枝，早果、丰产性强，留果过多容易形成隔年结果，需通过疏花疏果进行控制，可与富士互为授粉树。斑点落叶病较重，果实肩部易生果锈，叶片易发黄。

5. 美国8号

美国8号为美国纽约州农业试验站从嘎拉的杂交后代中选出来的优系，代号NY543。中国农业科学院郑州果树研究所于1984年从美国引入，已通过河南、陕西2省品种审定。果实近圆形，平均单果重180~200g，最大果重可达650g。果面光洁无锈，底色乳黄，着鲜红色霞。果点较大，灰白色；果肉黄白，肉质细脆，多汁，硬度稍大，风味酸甜适口，有香味浓。可溶性固形物12.0%，总糖11.3%，可滴定酸0.29%。品质上等。成熟期8月初，果实采收后室温下可贮藏半月左右。

该品种树势强健，幼树生长快，结果早，有腋花芽结果习性，丰产性强。果实成熟期在8月上旬，果实应及时采收，否则，有采前落果和果实不耐贮运现象。贮藏期过长时，果实出库后很快发绵。由于果个大、颜色鲜艳，外观非常诱人，加上其成熟期正处于苹果供应空档期，目前果实在果园就被果贩争先抢购，其市场前景可观，为优良的早中熟品种。

6. 烟嘎 3 号

烟嘎 3 号为烟台市果树站选出的嘎拉着色优系品种。1997 年选自蓬莱市龙山店镇龙阳村初某的庭院内，1998 年春在该树上采取了少量接穗嫁接在蓬莱湾子口园艺场复选圃 13 年生的新红星苹果树上，2008 年通过了山东省农作物品种审定委员会的审定。果实近圆至卵圆形，果形指数 0.85～0.87，平均单果重 219.2g。果面洁净，色相片红，色调鲜红至浓红，全红果比例 51%，着色指数 82.1%，均比对照品种皇家嘎拉高 30 个百分点左右；果肉乳白色，肉质细脆爽口，硬度 6.70kg/cm$^2$，可溶性固形物 12.0%～14.0%，风味浓郁；果实发育期 110～120 天，在山东省烟台地区 8 月底至 9 月初成熟，8 月中旬开始着色，不套袋果实 8 月 20 日即上满色，套袋果解袋 6 天内上满色，树冠上下和内外均能着色良好，内在品质与皇家嘎拉相当，外观品质明显优于皇家嘎拉。与富士、新红星等可互为授粉树。

7. 金都红嘎啦

金都红嘎啦为招远市果业总站 2004 年从皇家嘎啦中选出的芽变品种，2012 年通过了山东省农作物品种审定委员会的审定。果实近圆形或卵圆形，果形指数 0.86；平均单果重 199.0g，果个整齐；果面着鲜红至浓红色，着色指数 80%以上，全红果率 68.2%；果肉淡黄色，肉质细脆，甜酸适口，香味较浓，可溶性固形物含量 12.3%，较对照品种皇家嘎啦高近 1 个百分点，硬度 7.3kg/cm$^2$。果实发育期 120 天左右，在烟台地区 8 月下旬成熟。

8. 新红将军

新红将军为早生富士着色系芽变，山东省果树所 1995 年从日本引进。果实近圆形，果形端正，果个大，平均单果重 254g，最大单果重 416g，果形指数 0.86，果面光洁，色泽艳丽。果肉黄白色，肉质细，松爽可口，汁多，甜酸适度，可溶性固形物含量13.5%，着色早（8月中下旬即可着色），8月底9月初自然着色全红果可达80%以上，成熟期9月上旬。树势中庸，比富士稍弱；树姿较开张，萌芽率45.38%，高接树拉枝后萌芽率70%左右；成枝力较强，可达30%以上。1年生枝条红褐色，皮孔圆形，不规则，茸毛中多，节间平均长度2.5cm左右，以中短果枝结果为主（高接树初期以中长果枝结果为主，有较多腋花芽），易抽生1~2个果胎副梢。

9. 阿斯

阿斯苹果是元帅系短枝型品种俄勒冈矮红的枝变，属元帅系第五代芽变品种。果实个头中大，单果重150~200g，最大500g以上，果面浓红，色泽艳丽，果形高桩，五棱突出，外观美；果肉乳白色，肉质细脆，汁多、味甜，香甜可口；树体强壮、直立，枝粗壮，萌芽率高，成枝力低，易形成短果枝，树冠紧凑，结果早，适宜密植栽培。9月中旬成熟，可贮藏至11月。

10. 赤金

赤金为新西兰品种。果实圆形或近圆形，果形端正，果形指数0.87，果个整齐，单果重140~180g；果实底色淡黄，果面披有片状鲜红色；果肉黄色，稍松，汁多，脆甜可口，微带酸味，可溶性固形物为13.8%，硬度7.8kg/cm$^2$，耐贮运。果实发育期145~150天，在蒙阴9月下旬果实成熟。早果、丰产、优质、高产、抗旱、耐瘠薄、抗晚霜冻，对土壤条件要求不严格，综合性状上等。

11. 2001红富士

2001红富士为日本育成，是富士系枝变的优良品种，1993年青岛市果茶工作站从日本引进。果实圆形或近圆形，单果重300~400g，果形指数0.88；底色黄绿，着密集鲜红色条纹，果面光滑，蜡质多，果梗细长，果皮较薄；果肉黄白色，肉质较脆，汁液多，可溶性固形物含量14%~17%，果实硬度12~13kg/cm$^2$。果实发育期180天左右，10月下旬成熟。连续结果力强，大小年现象不明显，抗旱性强，较耐寒。

12. 烟富 3

烟富 3 为烟台市果树站于 1991 年由长富 2 号中选出，1997 年通过了山东省农作物品种评审委员会的审定。果实大，平均单果重 245~314g。果形圆形至长圆形，果形端正，果形指数 0.86~0.89，着色好，片红属 I 系，浓红艳丽，套袋果摘袋后 5 天左右即可达到全红；不套袋果实的全红比例 78%~80%，着色指数 95.6%。果肉淡黄色，致密脆甜，硬度 8.7~9.4kg/cm$^2$，可溶性固形物含量 14.8%~15.4%，风味佳，10 月中旬成熟。

13. 烟富 6 号

烟富 6 号为烟台市果树工作站，从惠民短枝富士中选出的优系，属芽变选种。1995 年育成，2007 年通过了山东省农作物品种审定委员会的审定。果实大型，果实圆至近长圆形，果形指数 0.86~0.90，单果重 253~271g；易着色，色浓红，全红果比例 80%~86%，着色指数 95.6%~97.2%；果面光洁；果皮较厚；果肉淡黄色，致密硬脆，汁多，味甜，可溶性固形物 15.2%，硬度 9.8kg/cm$^2$，品质上等。短枝性状稳定，树冠较紧凑，极丰产。10 月下旬成熟。

14. 烟富 8

烟富 8 为烟台现代果业科学研究所 2002 年从烟富 3 中选出芽变品种，2013 年通过了山东省农作物品种审定委员会的审定。果实长圆形，高桩，果形指数 0.91，平均单果重 315.0g；果点稀小，果面光滑，全面着色，浓红艳丽；着色快，摘袋后开始上色和上满色时间比对照品种烟富 3 早 5 天，摘袋第 8 天着色 95.5%以上，比烟富 3 高 11.3 个百分点，全红果率 81%以上，不易褪色；果肉淡黄色，肉质致密，细脆多汁，甜酸适口，可溶性固形物 15.4%，硬度 9.2kg/cm$^2$，比烟富 3 高 7.0%。果实发育期 185 天左右，在烟台地区 10 月下旬成熟。选用嘎啦、元帅系、千秋等为授粉品种；花果及肥水管理、病虫害防治等技术与一般富士品种相同。

15. 烟富 10

烟富 10 为烟台市果树工作站 2000 年从烟富 3 果园中选出芽变品种，2012 年通过了山东省农作物品种审定委员会的审定。果实长圆形，果形指数 0. 9；平均单果重 326g，比对照品种烟富 3 高 7. 9%；果面着浓红色，片红，全红果比例 81%以上；果肉淡黄色，肉质细脆，可溶性固形物含量 15. 3%，硬度 9. 2kg/cm$^2$。果实发育期 180 天左右，在烟台地区 10 月下旬成熟。

16. 粉丽

粉丽为鲜食、加工兼用，又名粉红佳人、粉红女士、粉红丽人，是澳大利亚以威廉女士与金冠杂交培育的苹果品种，烟台市果树工作站 1995 年从澳大利亚引入我国，2011 年通过了山东省农作物品种审定委员会的审定。果实近圆柱形，果形端正，高桩，平均单果重 184. 5g 左右，果形指数 0. 89。果实底色绿黄，全面着粉红色或鲜红色，色泽艳丽，着色指数 94. 8%，果面洁净，不平整，有光泽，蜡质多，果粉少，无果锈，外观极美。果肉乳黄色，脆硬，风味酸甜，可溶性固形物 14. 9%，硬度，8. 2kg/cm$^2$；果实生育期 195 天左右，在烟台地区 11 月中旬成熟。树势强健，树姿较直立，萌芽率高，成枝力中等。幼树以长果枝和腋花芽结果为主，成龄树中、短枝和腋花芽均可结果。易成花，丰产性好。适应性强。

**（二）砧木的选择**

根据山东生态、资源、技术等条件，建园选择平邑甜茶或八棱海棠做基砧，重点推广 T337 等 M9 优系矮化砧，M26、M7、MM106、SH 系等半矮化砧。无水浇条件及冬季极端低温在-18℃以下的地方不适宜应用矮化砧木。

1. M9T-337

M9T-337 是由荷兰选育的苹果矮化砧木，是当前世界上苹果矮砧栽培中应用最为广泛的砧木之一，欧洲 90%的矮化苹果园应用的砧木为 M9T-337，具有生根容易，根系须根多，幼树树势生长旺，成花早，早果性好，具有管理技术简单、操作方便、劳动强度低、果园更新容易、通风透光好、生态环保等优点；缺点是根系分布较浅，固定性差。所以建园需要有立柱和灌溉条件。M9T-337自根砧木与M26自根砧相比，树体生长不一样，M9T-337存在“大脚”现象更明显，树体生长矮小，成花比较容易，结果早，丰产性好，生产期需要及时进行疏花蔬果。世界各地苗木繁育场对M9T-337自根砧木的评价主要有2点，一是生根和成花效果好，容易繁育和利用早期丰产；二是根系分布较浅，栽植后一定要加立柱，这一点非常重要。

2. M26

M26是我们国家目前应用最多的矮化砧木之一，M26作为自根砧苗木栽培后表现树体高大，枝条生长量较大，成花能力明显低于M9T-337，成花结果较晚，因此，不宜作矮化自根砧繁育苗木。目前，我国的M26主要用于繁育“矮化中间砧’苗木为主。

3. SH系列砧木

SH系列砧木是山西果树所选育的矮化砧木。目前山西推广的主要是有3号、6号、19号，河北农业大学选用的主要是38号和40号。从应用情况看，SH系自根砧木繁育不容易生根，树势旺成花效果差，但抗寒性能较好，也不宜作为自根砧繁育苗木，适合做矮化中间砧。SH中间砧苗木幼树树体生长较大，成花效果与M26中间砧木苗木相近。

4. B9

B9是由苏联选育的苹果矮化砧木，自根砧苗木栽培后树体的矮化情度比M9T-337自根苗木大，但其抗寒性要要好于M9T-337，成花效果跟M9T-337相近，也是适合苹果矮砧集约化栽培的优良砧木之一。

## 三、栽植技术

1. 栽植时期

苹果栽植时间提倡以春天栽植为主，最好现起苗木现栽。有条件的地方或生产需要也可以采用秋栽，但秋栽的苗木要特别注意栽植时间和冬季的防护，主要是防止枝干的冬季“抽条”，要注意灌足底水和培土保护。

2. 栽植密度

矮化自根砧苗株行距（1.5~2）m×（3~4）m；矮化中间砧，株行距（1.5~2.5）m×（4~4.5）m；短枝型品种株行距为（2~3）m×（4~4.5）m。

矮砧密植苹果园的株行距设计有单行密植、双行密植和“V”字形建园设计等。各国大量的比较试验结果表明，从产量与品质提高、果园操作、投资效益等多方面综合因素考虑，以单行密植栽培效果最好，建议株行距（3.5~4.0）m×（1.0~1.2）m（富士等）或（3.2~3.5）m×（0.6~1.2）m（嘎啦等），树高3~3.5m（行距的0.8~0.9倍），支架栽培3~4道铁丝，每8~10m立1根水泥干或防腐处理过的木料立柱，立柱高3.5m。

3. 授粉树配置

以行为单位配置授粉树，较稀植时主栽品种与授粉品种配置比例为(1~3)∶1；密植时可按4∶1配置；以株为单位，配置授粉树最低比例为8∶1。提倡选用海棠类专用授粉树，按1∶15的比例均匀配置。

4. 大苗建园、支架栽培

应用2~3年生的矮砧或自根砧优质大苗建园，要求苗木高度1.5m以上，品种嫁接口以上10cm处直径达到1.2cm，芽眼饱满，根系完整，无机械损伤及检疫对象。苗木定植后设立支架，顺行向每10~15m设立1根高4m左右的钢筋混凝土立柱，上面拉3~5道铁丝，间距60~80cm。每株树设立1根高4m左右的竹竿或木杆，并固定在铁丝上，再将幼树主干绑缚其上。

5. 起垄栽植

撒施优质土杂肥 4 000kg/亩以上，并进行全园耕翻耙平，沿行向起垄，建园时将行间的土挖到垄上，垄宽 1.0~1.2m，垄高 30~50cm，在垄畦中间挖穴栽树，栽植深度与苗木圃内深度一致或略深 3cm 左右。定植后及时灌水，待水渗下后划锄松土，并在树盘内覆盖 1.0~1.2$m^2$ 地膜保墒。栽植前对苗木的砧木、品种进行审核、登记和标识后，放入清水浸泡根系 24~48 小时，并对根系进行消毒处理。

6. 栽后管理

苗木栽植后要确保浇灌 3 次水，即栽后立即灌水，之后每隔 7~10 天灌水 1 次，连灌 2 次，以后视天气情况浇水促长。6—8 月进行 2~4 次追肥，前期每次每株施尿素或磷酸二铵 50g，后期适当增加磷钾肥。9 月以后要适当控肥控水，促进枝条充实。及时进行整形修剪和病虫害防治。

## 四、土肥水管理

### （一）果园土壤管理

推行行间种草、树盘覆盖方式，在果园的行间进行人工种草，也可自然生草。人工种草可选用紫花苜蓿、黑麦草、鼠茅草、长毛野豌豆等。在草生长到 40cm 左右时，进行机械或人工留茬 15cm 左右刈割，覆盖树盘。一般 9 月下旬至 10 月上旬撒播或条播，播种量 1.5~3.0kg/亩，播后喷水 2~3 次。人工生草果园第 1 年需要给草补施 1~2 次速效化肥，每次施入尿素 10~15kg/亩，施肥后浇水。也可趁雨撒施。

### （二）高效施肥

采用有机肥为基础，有机肥和无机肥相结合的配方施肥。有机肥不低于当年产量的 1.5 倍。果树生长期根部追肥按氮、磷、钾为 2∶1∶2 的比例施入化肥。施肥量按正常的成龄丰产园，每亩施纯氮 20~30kg、磷（$P_2O_5$）10~20kg、钾（$K_2O$）25~35kg。

提倡采用叶片、土壤营养分析的先进方法进行测土配方施肥，有条件的果园应每隔 3~5 年做 1 次土、叶分析，并根据分析结果调整果园的施肥方案，不同树势的施肥方案，见表 4-2。

**表 4-2 不同树势分期施肥方案** （%）

| 类型 | 旺树 | | | 中庸树 | | | 弱树 | | |
|---|---|---|---|---|---|---|---|---|---|
| | 采后 | 6 月中 | 8 月中 | 采后 | 6 月中 | 7 月下 | 采后 | 3 月中 | 6 月中 |
| 氮肥 | 60 | 20 | 20 | 40 | 40 | 20 | 30 | 40 | 30 |
| 磷肥 | 60 | 20 | 20 | 60 | 20 | 20 | 60 | 20 | 20 |
| 钾肥 | 20 | 40 | 40 | 20 | 40 | 40 | 20 | 40 | 40 |

1. 基肥

（1）肥料种类。以有机肥为主，混入适量化肥。有机肥包括充分腐熟的人粪尿、厩肥、堆肥和沤肥等农家肥以及商品有机肥；化肥为氮磷钾单质或复合肥以及硅钙镁肥等。

（2）施肥时期。基肥最佳施用时期是 9 月中旬至 10 月下旬，晚熟品种可在采收后尽早施入。

（3）施肥数量。

①成龄果园：若施农家肥，按“斤果斤肥”确定施肥量，若施入商品有机肥，一般每亩 500~800kg。化肥用量按每 100kg 产量，补充纯氮 0.4~0.6kg（折合尿素 1.0~1.5kg）、纯磷 0.15~0.25kg（折合 15%含量过磷酸钙 1~1.5kg）、纯钾 0.1~0.2kg（折合硫酸钾 0.2~0.4kg）确定，可根据土壤肥力和树势适当增减。土壤 pH 值低于 5.5 的果园，每亩施入硅钙镁肥 100~200kg。

②幼龄果园：每亩施入优质农家肥 1 000kg 左右，或商品有机肥 100~200kg。化肥用量，1 年生树按每亩纯氮 5kg（折合尿素约 12kg）、纯磷 5kg（折合 15%含量过磷酸钙 33kg）、纯钾 5kg（折合硫酸钾 10kg）确定，2 年生加倍，3 年生后根据产量确定。

(4) 施肥方法：沿行向在树冠投影内缘挖施肥沟，将有机肥、化肥与土壤混匀后施入，施肥后及时浇水。

2. 追肥

以速效化肥为主。在树冠下挖 5~10cm 深的条沟，将化肥均匀施入并覆土和浇水；也可在降水前或灌溉前地表撒施。

(1) 成龄果园。追肥主要时期为果实套袋前和果实膨大期。一般按每 100kg 产量，追施纯氮 0.25~0.4kg（折合尿素 0.6~1kg）、纯磷 0.04~0.06kg（折合 15%含量过磷酸钙 0.25~0.4kg）、纯钾 0.5~0.9kg（折合硫酸钾 1.0~1.8kg）。套袋前和果实膨大期的追肥量各占一半。果实膨大期采用少量多次的追肥原则。

(2) 幼龄果园。追肥时期为萌芽前后和花芽分化期（6 月中旬）。1 年生树每亩施入纯氮 5kg（折合尿素 12kg）、纯磷 5kg（折合 15%含量过磷酸钙 33kg）、纯钾 5kg（折合硫酸钾 10kg）。2 年生树施肥量加倍，3 年生后根据产量确定。萌芽前后和花芽分化期的追肥量各占一半。

3. 根外追肥

根外追肥可参照表 4-3 进行，与农药混用时要注意认真查看说明。

**表 4-3　苹果的根外追肥参考表**

| 时期 | 种类、浓度 | 作用 | 备注 |
|---|---|---|---|
| 萌芽前 | 2%~3%尿素 | 促进萌芽，提高坐果率 | 上年秋季早期落叶树更加重要 |
| | 1%~2%硫酸锌 | 矫正小叶病 | 主要用于易缺锌的果园 |
| 萌芽后 | 0.3%的尿素 | 促进叶片转色，提高坐果率 | 可连续 2~3 次 |
| | 0.3%~0.5%的硫酸锌 | 矫正小叶病 | 出现小叶病时应用 |
| 花期 | 0.3%~0.4%硼砂 | 提高坐果率 | 可连续喷 2 次 |
| 新梢旺长期 | 0.1%~0.2%柠檬酸铁 | 矫正缺铁黄叶病 | 可连续 2~3 次 |

（续表）

| 时期 | 种类、浓度 | 作用 | 备注 |
|---|---|---|---|
| 5—6 月 | 0.3%~0.4%硼砂 | 防治缩果病 | |
| 5—7 月 | 0.2%~0.5%硝酸钙 | 防治苦痘病，改善品质 | 在果实套袋前连续喷 3 次左右 |
| 果实发育后期 | 0.4%~0.5%磷酸二氢钾 | 增加果实含糖量，促进着色 | 可连续喷 3~4 次 |
| 采收后至落叶前 | 0.5%~2%尿素 | 延缓叶片衰老，提高贮藏营养 | 可连续喷 3~4 次，浓度前低后高，下同 |
| | 0.3%~0.5%的硫酸锌 | 矫正小叶病 | 主要用于易缺锌的果园 |
| | 0.5%~2%硼砂 | 矫正缺硼症 | 主要用于易缺硼的果园 |

**（三）水分管理**

提倡采用微灌、渗灌、穴贮肥水等节水灌溉方式，也可采用地面小沟灌溉，限用大水漫灌。在发芽前后至新梢生长期、幼果膨大期和果实采收后至土壤封冻前 3 个时期分别灌水 1 次。

1. 灌水时期

一般气候条件下，分别在苹果萌芽期、幼果期（花后 20 天左右）、果实膨大期（7 月中旬至 8 月下旬）、采收前及土壤封冻前进行灌水。采收前灌水要适量，封冻前灌水要透彻。

2. 灌溉方法

（1）小沟交替灌溉。在树冠投影处内两侧，沿行向各开 1 条深、宽各 20cm 左右的小沟，进行灌水。

（2）滴灌。顺行向铺设 1 条或 2 条滴管，为防止滴头堵塞，也可将滴管固定在支柱或主干上，距地面 20~30cm。一般选用直径 10~15mm、滴头间距 40~100cm 的炭黑高压聚乙烯或聚氯乙烯的灌管和流量稳定、不易堵塞的滴头。流量通常控制在 2L/小时左右。

3. 排水

保持果园内排水沟渠通畅，确保汛期及时排除园内积水。

### (四) 水肥一体化技术

有条件果园可推行水肥一体化技术，在果园滴灌系统上添加施肥装置即可实现水肥一体化。按照“数量减半、少量多次、养分平衡”为原则，注入肥料，一般为土壤施肥量的50%左右；肥料配比要考虑可溶性肥料之间的相溶性（表4-4）；固体肥料要求纯度高，无杂质，在灌溉水中能充分溶解。

**表4-4 部分可溶性肥料之间的相溶性**

| | 尿素 | 硝酸铵 | 硫酸铵 | 硝酸钙 | 硝酸钾 | 氯化钾 | 硫酸钾 | 磷酸铵 | 硫铁锌铜锰 | 氯化铁锌铜锰 | 硫酸镁 |
|---|---|---|---|---|---|---|---|---|---|---|---|
| 尿素 | | | | | | | | | | | |
| 硝酸铵 | | | | | | | | | | | |
| 硫酸铵 | | | | | | | | | | | |
| 硝酸钙 | | | ■ | | | | | | | | |
| 硝酸钾 | | | | | | | | | | | |
| 氯化钾 | | | | | | | | | | | |
| 硫酸钾 | | | ▨ | ■ | | ▨ | | | | | |
| 磷酸铵 | | | | ■ | | | | | | | |
| 硫酸铁锌铜锰 | | | | ■ | | | ▨ | ■ | | | |
| 氯化铁锌铜锰 | | | | ▨ | | | | ▨ | | | |
| 硫酸镁 | | | | ■ | | | ▨ | ■ | | | |

■表示不相溶；▨表示降低溶解度；□表示相溶

特别是提倡使用带追肥枪的简易水肥一体化系统，追肥枪式简易追肥系统施肥就是利用果园喷药的机械装置，包括配药罐、药泵、三轮车、管子等，稍加改造，将原喷枪换成追肥枪即可。追肥时将要施入的肥料溶解于水中，用药泵加压后用追肥枪追入果树根系集中分布层的一种施肥方法。适宜于用水特别困难的区域，或者果园面积小而地势不平落差较大的区域，见下图所示。

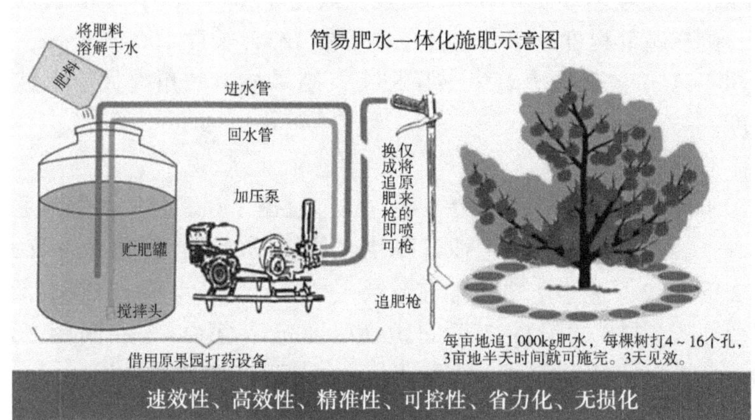


图　简易肥水一体化施肥

## 五、树体管理

标准果园应根据果园砧木和栽培密度选择合适树形，可采用小冠疏层形、纺锤形等。同一小区应力求树形一致。

### （一）合理树形

生产中常用的树形有纺锤形（包括自由纺锤形、细长纺锤形、改良纺锤形）和小冠疏层形等。无论何种树形，凡能丰产的树体结构，必须做到树体骨架牢固，主枝角度开张，枝系安排主次分明，上下内外风光通透，结果枝组健壮丰满，分布均匀，有效结果体积在80%以上。

1. 高纺锤形

适用于株距1.2m以内的果园。干高0.8～1.0m，树高3.2～3.5m，中干上直接着生25～40个侧枝。侧枝基部粗度不超过着生部位中干粗度的1/3，长度60～90cm，角度大于110°。

2. 自由纺锤形

适用于株距2.0～2.5m的果园。干高0.6～0.8m，树高3.5～

4.0m，中干上着生 20～35 个侧枝，其中下部 4～5 个为永久性侧枝。侧枝基部粗度小于着生部位中干的 1/3，长度 100～120cm，角度 90°～110°。侧枝上着生结果枝组，结果枝组的角度大于侧枝的角度。

3. 小冠疏层形

干高 40～50cm，树高 2.5～3.0m，冠径 3.0m 左右。全树主枝 5～6 个，第 1 层 3 个，主枝可以相互邻接或邻近，开角 70°～80°；第 2 层 1～2 个主枝，方位插在一层主枝空间，开角 60°～70°；第 3 层留 1 个主枝。第 1～2 层间距 70～80cm，第 2～3 层间距 50～60cm。主枝上不留侧枝，直接着生大、中、小型结果枝组。

**（二）整形**

1. 高纺锤形（矮化自根砧果园宜选用高纺锤形）

（1）定植当年。带侧枝苗中干延长枝不短截，对粗度超过着生部位中干 1/3 的侧枝，全部采用马耳斜极重短截，其余侧枝角度开张至 110°以上。6 月中旬至 7 月上中旬，控制竞争新梢生长，保持中干优势。7 月下旬至 8 月中旬，对当年新梢角度开张至 110°以上。

（2）定植第 2 年。春季修剪时，主干距地面 80cm 以下的侧枝全部疏除；80cm 以上的侧枝，枝轴基部粗度超过着生部位 1/3 的，根据着生部位的枝条密度进行马耳斜极重短截或疏除，其余侧枝角度开张至 110°以上。对于当年形成的新梢处理方式与第 1 年相同。

（3）定植第 3 年后。基部直径超过 2cm 的侧枝，根据其着生部位的枝条密度进行马耳斜极重短截或疏除，但单株疏除量一般每年不超过 2 个。对于当年形成的新梢处理方式与第 1 年相同。侧枝长度控制在 60～90cm。

2. 自由纺锤形（矮化中间砧果园宜选用自由纺锤形）

（1）定植当年。栽植后，疏除全部侧枝，保留所有饱满芽定干。萌芽前进行刻芽，即从苗木定干处下部第五芽开始，每隔 3 芽刻 1 个，刻至距地面 80cm 处。生长期间，及时控制竞争新梢生长，其他新梢开张角度。

（2）定植第 2 年。发芽前 1 个月，对中干延长枝短截至饱满芽处，并进行相应的刻芽。对中干上的侧枝，长度在 20cm 以下的，根据其密度疏除或甩放，20cm 以上的全部马耳斜极重短截。5 月中下旬至 6 月中旬，对基部粗度超过中干 1/3 的新梢再次进行短截；7 月下旬至 8 月中旬，对侧生新梢拉枝开角至 90°~110°；对侧生新梢背上发生的二次梢及时摘心或拿梢，控制生长。

（3）定植第 3 年。发芽前 1 个月，围绕促花进行修剪，疏除基部粗度超过着生处中干 1/3 的侧枝，其余侧枝角度开张至 90°~110°，同时，对枝条进行刻芽，并应用必要的化学、农艺措施促花。

（4）定植第 4 年后。春季修剪时，不再对主干延长枝进行短截，冬季修剪的主要任务是疏除密挤枝。同样情况下，疏下留上、疏大留小；树龄在 10 年以上的疏老留新。修剪的重点放在夏季，主要采用摘心、拉枝、疏剪的方法，调整树体结构和长势，促进花芽分化。

3. 小冠疏散分层形

（1）第 1 年整形修剪。第 1 年定干高度 80~90cm；萌芽后刻芽，促进剪口下 20~25cm 范围内发枝。夏秋季节将新梢捋枝软化，达到 70°~90°，同时，用疏除、重摘心、扭梢等办法处理竞争枝。冬剪时，对中心干延长枝，剪留 60~80cm，第 3~4 芽留在出第 4 骨干枝方位。选 3~4 个长势均衡、互不重叠、互不靠近的长枝剪留 40cm 左右，当 1 年生枝超过 1m 时，拉枝长放。

（2）第 2 年整形修剪。第 2 年春、秋季，拉开主枝和辅养角度达 70°~90°。夏季对背上直立新梢，采用扭梢、摘心、疏枝、捋枝等方法处理。冬剪时中心干延长枝剪留 50~60cm，剪口留在第 5 骨干枝方位。对主枝延长枝轻打头，对直立枝和裙枝，落地枝要疏除，对辅养枝可进行甩放。

（3）第 3 年整形修剪。第 3 年，夏剪主要通过扭梢、摘心等措施，缓和枝势，促进花芽形成，并通过结果开冠。冬剪时除中心干延长枝剪留 50~60cm 外，其余长枝尽量少截。

（4）第 4~5 年整形修剪。第 4~5 年修剪，主要是缓和树势，解决光照，延长头、延长梢甩放不剪截，并注意内膛徒长枝、过密枝，解决树体光照；5~6 年后可对中心干缓放，当头弱时，适当落头降低高度。有发展空间的，小枝尽量多留，无发展空间的，可以酌情疏、缩小枝，改善光照。

**（三）修剪**

1. 冬剪方法

（1）尽量开张主枝角度，削弱顶端优势，促生分枝，增加枝叶量。主枝角度的开张，应从栽后第 1~2 年开始，在 3 年内基本完成基角的开张，4 年内完成腰脚开张。同时，还要注意辅养枝、临时枝及背上枝角度开张，防止旺长，一般要求拉成平斜为好。

（2）轻剪留放。采取减势修剪法，轻剪留弱芽当头，削弱了剪口枝的长势，促进下部枝芽萌发，减缓树冠扩展，提高中、短枝比例。

（3）疏枝。去粗留细、去强留弱、去直留斜，疏枝即可改善通风透光条件，又有利于养分的积累和花芽的形成。

2. 夏剪方法

（1）摘心。于 5 月下旬至 6 月上旬，当新梢半木质化时，在 10~15cm 处摘心，发出副梢又长到 15cm 时，在摘心 5cm 处。

（2）扭梢。一般在 5 月下旬至 6 月上旬，当枝条下部 4~5 片叶处半木质化时，拧转 180°，别住并使枝头朝下，10~15 天后，伤口处还没完全愈合好时再轻轻向上掀动一下。

（3）环剥、环割。主要用于幼旺树，在主干、主枝或强旺辅养枝上进行。环剥口大小一般不超过干径 1/10 或为韧皮部厚度。

（4）秋拿枝。从新梢基部 5~10cm 部位开始，用中指和无名指夹住枝条，拇指从上部用力把枝条压弯并稍下垂，逐步向梢端移动，以松手后枝条平斜或下垂不恢复原姿为度，拿枝时可听到枝内维管束的断裂声。损伤木质但不折断。

## 六、花果管理

实行合理限产，重点是提高果品质量。管理水平较高的果园亩产量控制在 3 000～4 000kg，管理水平高的果园亩产量控制在 5 000～6 000kg。果品质量达到品种特征要求，符合无公害水果质量标准。商品果率 95%以上，优质果率 80%以上。平均单果重大果型 200g 以上，中果型 180g 以上，小果型 160g 以上。大果型 80mm 以上果实不低于 60%，75mm 以上果实不低于 90%，中果型 75mm 以上果实不低于 60%，70mm 以上果实不低于 90%。小型果 75mm 以上不低于 50%，70mm 以上不低于 80%。果面平均着色面积，嘎啦大于 50%，红星系大于 85%，富士系大于 70%。可溶性固形物含量在 12%～14%以上；病虫果率 5%以下。

### （一）促进坐果

（1）花期喷硼。盛花初期喷 0.2%～0.3%的硼砂溶液。

（2）壁蜂授粉。初花前 3～5 天开始放蜂，每 800m$^2$ 设 1 个壁蜂巢箱，蜂箱距不超过 300～500m，每亩释放壁蜂 200～300 头。放蜂期间严禁使用任何化学药剂。

（3）人工授粉。人工授粉作为辅助授粉手段，在苹果盛花初期用鸡毛翎沾花粉点花进行授粉，每个花序点授 1～2 朵花。授粉时间在 9:00—11:00，14:00—16:00。

（4）“倒春寒”的预防。在花期的时候注意观察天气预报，在冷空气到来之前，采取果园生烟、喷水、喷施天达 2116、碧护等防冻措施。

### （二）调控产量

（1）花前复剪。在花芽萌动后至盛花前进行，剪除残次花和多余花，串花枝留 2～4 个花芽回缩，腋花芽 1 年生枝留 1～2 个花芽短截。花芽萌动后（能够认准花芽时为准），及时疏除树体上多余的弱果枝，缩剪细长串花枝，破除部分中长果枝花芽，保持花芽与叶芽比一般壮树花枝和叶枝比为 1∶3，弱树花枝和叶枝比为 1∶4。

（2）疏花。铃铛花至盛花期进行，疏花在 4 月上中旬苹果花露红时开始，每 15~20cm 选留 1 个健壮花序，每花序只保留中心花坐果，边花全部疏除。疏掉晚开的花留早开的花；疏掉各级枝延长头上花，并保持多留出需要量的 30%。

（3）疏（定）果。为减少养分消耗，疏果的关键是抓“早”，花后两周开始疏（定）果，30 天内完成。疏边果留中心果，疏小果留大果，疏扁圆果留长圆果，疏畸形果、病虫果留好果；多留冠内果，少留或不留梢头果；留果台副梢壮的果，不留果台副梢；健壮枝上多留果，弱枝少留果。按间距法留果，留果间距为大型果品种 20~25cm，中型果品种 15~20cm，小型果品种 15cm 左右；按叶果比法留果，大型果叶果比为（25~30）∶1，小型果叶果比为（15~20）∶1。

**（三）果实套袋提升质量**

1. 果袋选择

黄色和绿色品种选用单层纸袋，红色品种选用内袋为红色的双层纸袋，实行全园全树套袋。

果袋质量的好坏直接影响套袋果的商品质量。现在果袋市场很乱，不能盲目购买，一定要看其有无国家注册商标。在临沂市应用效果较好的果袋有日本小林袋、龙口凯祥袋、清田袋、山松袋、养马岛袋、双宝袋等，双黑袋和黄条纹袋效果较差。

2. 套袋前的管理和套袋时间

苹果套袋以谢花后 40 天左右最好，临沂最佳时间为 5 月 20 日至 6 月 5 日，而 1 天中以上午 8:00—10:00、13:00—15:00 为适宜套袋时间。

进行严格疏果。要求每个果台留单果，要把那些果型不正、果炳短、背上果全部疏掉。每亩留果量宜 1.2 万~1.4 万个。

进行 2~3 次病虫害防治。杀菌剂首选 70%安泰生 800 倍液、

68.75%易保1 000倍液、8%强尔宁南霉素2 500倍液、50%多菌灵1 000倍液等，禁止喷国产代森锰锌、退菌特、波尔多液等杀菌剂和乳油类杀虫剂，以免造成隐性药害，导致果点放大，果皮粗糙，皴皮裂口，果锈严重，皮孔黑点等。套袋前最后1遍药应在套袋3天前结束。套袋后的病虫害防治主要以保护叶片为主。

3. 正确应用套袋技术

套袋时必须撑开纸袋，使纸袋充分膨胀，角底通风口张开，让果实悬于纸袋中央，然后扎紧袋口。

4. 去袋与着色管理

去袋时间。去袋一般在10月上旬，去袋后1~3天应喷1遍70%安泰生800倍液、8%强尔宁南霉素2 500倍液，防止斑点落叶病菌侵染套袋果。采收应在去袋后20天左右，采收过早套袋果容易脱色，过晚则果皮显得粗糙，色泽发暗。

摘叶与转果。套袋苹果的摘叶要在去袋后3~5天进行，要把那些果实附近影响光照的叶片摘去，摘叶量以20%~30%为宜。果实的转果要在去袋后7天左右进行，把那些有依托的果实进行转果。转果时，用手轻轻地把果实阳面转向背阴面。

5. 加强地面管理

去袋后，如果地面湿度大，积水会对果实着色有影响，要多划锄，保持地表土干燥；再把那些离地面近的无效枝、主枝背上影响光照枝部分疏除；有条件的果园可在树下铺反光膜，以提高果实着色度。

**（四）适期采收**

根据果实成熟度、用途和市场需求等因素确定采收适期。成熟期不一致的品种，应分期采收。

1. 采收成熟度的确定

（1）果实生长期。果实生育期即从落花到果实成熟所需要的天数，主要苹果品种生育期，见表4-5。

**表 4-5　主要苹果品种生育期**

| 品种 | 果实发育期（天） | 品种 | 果实发育期（天） |
|---|---|---|---|
| 藤木一号 | 90~95 | 金冠 | 135~150 |
| 珊夏 | 90~110 | 乔纳金 | 135~150 |
| 美国 8 号 | 95~110 | 王林 | 150~160 |
| 嘎啦 | 110~120 | 国光 | 160~175 |
| 津轻 | 120~125 | 澳洲青苹 | 165~180 |
| 新红星 | 135~155 | 富士 | 170~185 |
| 王林 | 145~165 | 粉红女士 | 180~195 |

（2）果实硬度。红富士 7.3~8.2kg/cm$^2$，嘎啦 6.5~7.0kg/cm$^2$，澳洲青苹 8.0~9.0kg/cm$^2$，新红星 6.5~7.6kg/cm$^2$，国光 9.5kg/cm$^2$，秦冠 8.7kg/cm$^2$，乔纳金 6.3~6.8kg/cm$^2$，王林 6.3~6.8kg/cm$^2$。

（3）可溶性固形物和可滴定酸。常见品种适合采收时的可溶性固形物和可滴定酸的含量指标，见表 4-6。

**表 4-6　常见品种适合采收时的可溶性固形物和可滴定酸的含量指标**

| 品种 | 可溶性固形物（%） | 总酸量（%） | 品种 | 可溶性固形物（%） | 总酸量（%） |
|---|---|---|---|---|---|
| 富士 | ≥14.0 | ≤0.40 | 红玉 | ≥12.0 | ≤0.90 |
| 嘎啦 | ≥12.5 | ≤0.35 | 澳洲青苹 | ≥12.5 | ≤0.80 |
| 粉红女士 | ≥13.0 | ≤0.90 | 金冠 | ≥13.5 | ≤0.60 |
| 国光 | ≥13.5 | ≤0.80 | 津轻 | ≥13.5 | ≤0.40 |
| 寒富 | ≥14.0 | ≤0.40 | 乔纳金 | ≥13.5 | ≤0.50 |
| 红将军 | ≥14.0 | ≤0.40 | 秦冠 | ≥13.0 | ≤0.30 |
| 新红星 | ≥11.0 | ≤0.40 | 王林 | ≥13.5 | ≤0.35 |
| 华冠 | ≥12.5 | ≤0.35 | 元帅 | ≥11.0 | ≤0.40 |

2. 采收方法

（1）采收方法。工人要修平指尖，戴上手套，用手掌将果实向上一托，果实即自然脱落，然后轻放入采收篮。

（2）采收时间。采收尽量安排在早晨和 16: 00 以后进行。

（3）采收过程。一是按照由外向内，由下向上的顺序采收，采收树冠顶部的果实用梯子，少上树；二是采摘时一定保留果柄，采摘后将果柄剪至稍低于梗洼；三是对成熟度不一致的品种，要分期采收，可提高果实品质和便于管理；四是整个采收过程要轻摘轻放。

3. 采后管理关键技术

采后田间管理不超过 12 小时，田间地头临时存放，设防雨遮阴棚；用于贮存或外运的苹果采后及时预冷，入库时间不超过 48 小时，将果温尽快降到 0~2℃。

## 七、苹果病虫害综合防治技术

以农业和物理防治为基础，生物防治为核心，按照病虫害的发生规律和经济阈值，科学使用化学防治技术，有效控制病虫为害。

### （一）农业防治

农业防治是利用农业栽培管理技术措施，有目的改变某些环境因素，避免或减少病虫的发生，达到保产保质的要求。

（1）在苹果常规管理，通过农作物防治病虫害的机会很多。新建园应避免自然灾害，应有规范的防风林和排水设施。

（2）施肥时，不施未经腐熟的人畜粪便；果园内要控制杂草和生草高度；无生草果园冬初深翻，破坏土中越冬病虫害的正常生存环境和被翻出土表冻死或风干死；及时夏剪，清除萌蘖和徒长枝，冬季落叶后，清除园中病虫为害的残枝落叶，带出园外集中烧毁或深埋；不用剪下的枝梢做支撑材料和做篱笆。

（3）消除病株残余，砍除转主寄主，摘除病僵果，刮除翘皮，清扫落叶等可及时消灭和减少初侵染及再侵染的病菌来源。

（4）选育、利用抗病虫的品种，在一定程度上可达到防治某些病虫的目的。

(5) 建园时考虑到树种与害虫的食性关系，避免相同食料的树种混栽，如避免苹果和梨、桃、李等树种混栽，可减少某些食心虫的发生。

(6) 坚持每年秋末施基肥，施优质有机肥 5 000kg/亩以上。应增施磷钾肥，尤其后期一定要控制氮肥。做到旱浇涝排，防止干旱和积水，并注意避免冻害。

**(二) 物理防治**

主要是根据病虫害的生物学习性和生态学原理，如利用害虫对光、色、味等的反应来消灭害虫。

(1) 频振式杀虫灯。利用害虫的趋光性原理制成的诱杀害虫的装置。引诱源用黑光灯，杀虫用高压频振式电网，架设于果园树冠顶部，可诱杀苹果各种趋光性较强的害虫。每台可覆盖果园 0. 8~1. 0$hm^2$，可减少杀虫剂用量 50%。

(2) 瓦楞纸诱虫带。利用害虫沿树干下爬越冬的习性，在树干分枝下 5~10cm 处绑扎瓦楞纸诱虫带诱集叶螨、介壳虫、卷叶蛾等，越冬后销毁。树干粘贴双面胶带可对该类害虫有良好的粘杀作用。

(3) 树盘覆盖塑膜。早春土壤中越冬害虫出土前用塑膜覆盖树盘，可有效阻止食心虫、金龟甲和某些鳞翅目害虫出土，致其死亡。

(4) 诱蚜粘胶板。利用苹果蚜虫的趋黄色习性，在有翅蚜的迁飞期，用涂有粘胶的黄色纸板置园间粘捕蚜虫。

(5) 糖醋液诱杀。用糖醋液加适量白酒置广口瓶内诱杀大体型啃食果肉的金龟甲和吸果夜蛾。

(6) 性外激素迷向法。目前已开发并用于生产的有桃小食心虫、苹小卷叶蛾、金纹细蛾、苹果蠹蛾等的性外诱芯已面市。国产诱芯多为胶塞式，含量为 60~80mg，每亩悬挂（距地面 1. 5m 的树冠内）50 枚，一年更换 1~2 次，可有效干扰害虫的求偶交尾。据国外使用迷向法经验，一是使用面积要大；二要连年坚持使用。

(7) 果树大枝上绑草或破麻袋片，诱集害虫化蛹越冬，然后集中杀灭。

**(三) 生物防治**

生物防治是利用某些生物或生物的代谢产物以防治病虫的方法。利用生物防治害虫，主要有以虫治虫，以菌治虫、激素应用、遗传不育及其他有益动物的利用等5个方面；防治病害中有可能利用的有寄生作用、交叉保护作用及各种抗生素等。

(1) 以虫治虫。瓢虫类、草蛉类、小花蝽类、食蚜虻和食蚜蝽等，捕食蚜虫、叶螨、卷叶虫和食心虫类，食蚜蝇、草蛉和七星瓢虫等以蚜虫为食；赤眼蜂控制卷叶蛾和梨小食心虫，对卵块有较高的寄生率。小黑花蝽、中华草蛉、深点食螨瓢虫和西方盲走螨可控制叶螨为害。

(2) 以菌治虫。常利用的有杀螟杆菌、苏云金杆菌、白僵菌、青虫菌等，这些菌对鳞翅目害虫的幼虫有良好的防治效果。

(3) 以菌治菌。已广泛应用的春雷霉素防治苹果腐烂病，青霉素和井冈霉素防治苹果早期落叶病，内疗素防治轮纹病和白粉病，灰霉素防治苹果花腐病等，均有良好的防治效果。

**(四) 化学防治**

建立主要病虫害的监测监控系统，准确测报，对其进行统控统防，做到有针对性的适时用药，未达到防治指标或益害虫比合理的情况下不用药。必须严格按无公害食品苹果生产技术规程(NY/T 5012)的要求推广使用生物源农药、矿物源农药和低毒有机合成农药，有限度地使用中毒农药，禁止使用剧毒、高毒、高残留农药。苹果园允许使用的主要杀虫杀螨剂、苹果园允许使用的主要杀菌剂、苹果园限制使用的主要农药品种，分别见表4-7、表4-8、表4-9。

(1) 休眠、萌动期。重点防治苹果腐烂病、枝干轮纹病和红蜘蛛，主要措施为清洁果园、刮树皮、树干涂白和树体喷布石硫合剂等药剂。

（2）花期前后。花前重点防治金纹细蛾、叶螨、蚜虫等害虫，花期选用中生菌素、多氧霉素等生物药剂防治苹果霉心病。为了不影响壁蜂、蜜蜂授粉，花期不宜喷施化学农药。

（3）幼果期。谢花后第 1~3 周，重点防治叶螨、蚜虫、金纹细蛾、棉褐带卷蛾、桃蛀果蛾以及锈病、白粉病等；套袋前 3 天全园周密喷布 1 遍杀虫杀菌剂保护幼果；套袋后重点防治斑点落叶病、轮纹病、炭疽病。

（4）果实膨大期。重点防治轮纹病、斑点落叶病、褐斑病、金纹细蛾、二斑叶螨、食心虫等病虫。喷药间隔期一般 10~15 天，遇雨缩短至 7~9 天。

（5）采果期前后。重点防治果实轮纹病和炭疽病、大青叶蝉、金纹细蛾、叶螨等病虫害。采收前 20 天停止用药。

**表 4-7　苹果园允许使用的主要杀虫杀螨剂**

| 农药品种 | 毒性 | 稀释倍数和使用方法 | 防治对象 |
|---|---|---|---|
| 0.3%苦参碱水剂 | 低毒 | 800 ~ 1 000 倍液，喷施 | 蚜虫、叶螨等 |
| 10%吡虫啉可湿粉 | 低毒 | 5 000 倍液，喷施 | 蚜虫、金纹细蛾等 |
| 25%灭幼脲 3 号悬浮剂 | 低毒 | 1 000 ~ 2 000 倍液，喷施 | 金纹细蛾、桃小食心虫等 |
| 50%辛脲乳油 | 低毒 | 1 500 ~ 2 000 倍液，喷施 | 金纹细蛾、桃小食心虫等 |
| 50%蛾螨灵乳油 | 低毒 | 1 500 ~ 2 000 倍液，喷施 | 金纹细蛾、桃小食心虫等 |
| 20%杀铃脲悬浮剂 | 低毒 | 8 000 ~ 10 000 倍液，喷施 | 桃小食心虫、金纹细蛾等 |
| 50%辛硫磷乳油 | 低毒 | 1 000 ~ 1 500 倍液，喷施 | 蚜虫、桃小食心虫等 |
| 5%尼索朗乳油 | 低毒 | 2 000 倍液，喷施 | 叶螨类 |
| 10%浏阳霉素乳油 | 低毒 | 1 000 倍液，喷施 | 叶螨类 |

（续表）

| 农药品种 | 毒性 | 稀释倍数和使用方法 | 防治对象 |
| --- | --- | --- | --- |
| 20%螨死净胶悬剂 | 低毒 | 2 000～3 000 倍液，喷施 | 叶螨类 |
| 15%哒螨灵乳油 | 低毒 | 3 000 倍液，喷施 | 叶螨类 |
| 40%灭多乳油 | 中毒 | 1 000～1 500 倍液，喷施 | 苹果绵蚜及其他蚜虫等 |
| 99.1%加德士敌死虫乳油 | 低毒 | 200～300 倍液，液喷施 | 叶螨类、蚧类 |
| 苏云金杆菌可湿粉 | 低毒 | 500～1 000 倍液，喷施 | 卷叶虫、尺蠖、天幕毛虫等 |
| 10%烟碱乳油 | 中毒 | 800～1 000 倍液，喷施 | 蚜虫、叶螨、卷叶虫等 |
| 5%卡死克乳油 | 低毒 | 1 000～1 500 倍液，喷施 | 卷叶虫、叶螨等 |
| 25%扑虱灵可湿粉 | 低毒 | 1 500～2 000 溶液，喷施 | 介壳虫、叶蝉 |
| 5%抑太保乳油 | 中毒 | 1 000～2 000 倍液，喷施 | 卷叶虫、桃小食心虫 |

**表 4-8 苹果园允许使用的主要杀菌剂**

| 农药品种 | 毒性 | 稀释倍数和使用方法 | 防治对象 |
| --- | --- | --- | --- |
| 5%菌毒清水剂 | 低毒 | 萌芽前 50 倍液涂，100 倍液喷 | 苹果树腐烂病、苹果枝干轮纹病 |
| 腐必清乳剂（涂剂） | 低毒 | 萌芽前 2～3 倍液，涂抹 | 苹果树腐烂病、苹果枝干轮纹病 |
| 2%农抗 120 水剂 | 低毒 | 萌芽前 20 倍液涂，100 倍液喷 | 苹果树腐烂病、苹果枝干轮纹病 |
| 80%喷克可湿粉 | 低毒 | 800 倍液，喷施 | 苹果斑点落叶病、轮纹病、炭疽病 |
| 80%大生 M－45 可湿粉 | 低毒 | 800 倍液，喷施 | 苹果斑点落叶病、轮纹病、炭疽病 |

（续表）

| 农药品种 | 毒性 | 稀释倍数和使用方法 | 防治对象 |
|---|---|---|---|
| 70%甲基托布津可湿粉 | 低毒 | 800～1 000倍液，喷施 | 苹果斑点落叶病、轮纹病、炭疽病 |
| 50%多菌灵可湿粉 | 低毒 | 600～800倍液，喷施 | 苹果轮纹病、炭疽病 |
| 40%福星乳油 | 低毒 | 6 000～8 000倍液，喷施 | 苹果斑点落叶病、轮纹病、炭疽病 |
| 1%中生菌素水剂 | 低毒 | 200倍液，喷施 | 苹果斑点落叶病、轮纹病、炭疽病 |
| 27%铜高尚悬浮剂 | 低毒 | 500～800倍液，喷施 | 苹果斑点落叶病、轮纹病、炭疽病 |
| 波尔多液 | 低毒 | 200倍液，喷施 | 苹果斑点落叶病、轮纹病、炭疽病 |
| 50%扑海因可湿粉 | 低毒 | 1 000～1 500倍液，喷施 | 苹果斑点落叶病、轮纹病、炭疽病 |
| 70%代森锰锌可湿粉 | 低毒 | 600～800倍液，喷施 | 苹果斑点落叶病、轮纹病、炭疽病 |
| 70%乙膦铝锰锌可湿粉 | 低毒 | 500～600倍液，喷施 | 苹果斑点落叶病、轮纹病、炭疽病 |
| 硫酸铜 | 低毒 | 100～150倍液，喷施 | 苹果根腐病 |
| 15%粉锈宁乳油 | 低毒 | 1 500～2 000倍液，喷施 | 苹果白粉病 |
| 50%硫胶悬剂 | 低毒 | 200～300倍液，喷施 | 苹果白粉病 |
| 石硫合剂 | 低毒 | 发芽前3～5波美度，开花前后0.3～0.5波美度，喷施 | 苹果白粉病、霉心病等 |
| 843康复剂 | 低毒 | 5～10倍液，涂抹 | 苹果腐烂病 |
| 68.5%多氧霉素可湿粉 | 低毒 | 1 000倍液，喷施 | 苹果斑点落叶病等 |
| 68.75%易保水分散粒剂 | 低毒 | 1 000～1 500倍液，喷施 | 苹果斑点落叶病、轮纹病、炭疽病等 |

**表 4-9 苹果园限制使用的主要农药品种**

| 农药品种 | 毒性 | 稀释倍数和使用方法 | 防治对象 |
| --- | --- | --- | --- |
| 48%乐斯本乳油 | 中毒 | 1 000～2 000 倍液，喷施 | 苹果绵蚜、桃小食心虫 |
| 50%抗蚜威可湿粉 | 中毒 | 800～1 000 倍液，喷施 | 苹果黄蚜、瘤蚜等 |
| 25%辟蚜雾水分散粒剂 | 中毒 | 800～1 000 倍液，喷施 | 苹果黄蚜、瘤蚜等 |
| 2.5%功夫乳油 | 中毒 | 3 000 倍液，喷施 | 桃小食心虫、叶螨类 |
| 20%灭扫利乳油 | 中毒 | 3 000 倍液，喷施 | 桃小食心虫、叶螨类 |
| 30%桃小灵乳油 | 中毒 | 2 000 倍液，喷施 | 桃小食心虫、叶螨类 |
| 80%敌敌畏乳油 | 中毒 | 1 000～2 000 倍液，喷施 | 桃小食心虫 |
| 50%杀螟硫磷乳油 | 中毒 | 1 000～1 500 倍液，喷施 | 卷叶蛾、桃小食心虫、介壳虫 |
| 10%歼灭乳油 | 中毒 | 2 000～3 000 倍液，喷施 | 桃小食心虫 |
| 20%氰戊菊酯乳油 | 中毒 | 2 000～3 000 倍液，喷施 | 桃小食心虫、蚜虫、卷叶蛾等 |
| 10%氰戊菊酯乳油 | 中毒 | 3 000 倍液，喷施 | 桃小食心虫、蚜虫、卷叶蛾等 |
| 2.5%溴氰菊酯乳油 | 中毒 | 2 000～3 000 倍液，喷施 | 桃小食心虫、蚜虫、卷叶蛾等。 |
| 3%啶虫脒乳油 | 中毒 | 2 000～2 500 倍液，喷施 | 蚜虫、叶螨类 |

## 八、苹果矮砧集约高效栽培技术

1. 矮化砧木选择

根据土壤肥力和灌溉条件可以选择 M26 或 M9 作为矮化中间砧。肥水条件好的区域，建议采用 M9 与生长势较强的品种组合，如富士/M9；也可以采用生长势强旺品种的短枝型或生长势中庸的品种与 M26 的砧穗组合，如富士优良短/M26、嘎拉/M26。选择

M9 时一定要设立简单支架，防止树冠偏斜。

2. 栽培密度及方式

栽植密度由品种长势、砧木长势及土壤肥力来决定。长势强的品种（富士、乔纳金等）或土质条件较好及平地，采用较大的株行距栽植；长势弱的品种（嘎拉、美国 8 号、蜜脆等）或土质条件差及坡地，采用较小的株行距栽植。同时，在不同的地区，有不同的栽植密度。一般建议株行距为（1.3~2）m×（3.5~4.5）m，74~170 株/亩。株、行距的比例为 1：(2~3）为宜，达到宽行密植栽培。

3. 大苗建园

矮砧果园适宜培养高纺锤形，建园选用 3 年生大苗，苗木基部干径 10~13mm，有 6~9 个侧枝，第一侧枝距地面不少于 70cm。如果选用 2 年生苗木建园，要求苗高 1.5m 以上，干粗不低于 10mm，栽后在饱满芽处定干。

4. 栽植深度

一般要求在旱地建园，栽植时中间砧露出地面 1/3 左右，适度深栽；在水肥条件较好地区，中间砧露出地面 1/2 左右。另外，生长势旺品种栽植深度可适当浅些，相反可适度深栽。对于米系和毫米系部分砧木类型，中间砧的保护是必需的。

5. 立架栽培

矮砧苹果园采用立架栽培，即顺行设立水泥柱，拉四道铁丝，用于固定下部的结果枝下垂，控制其旺长。铁丝架一般高达 3.0~3.5m。在我国沙土地和风大的地区，矮化中间砧易出现偏斜和吹劈现象，最好的办法是进行立架栽培，一般 10m 左右立 1 个 2.5m 长的水泥桩，分别在 1m 和 2m 处各拉 1 道 12 号钢丝，扶植中干。幼树期也可以在每株树旁栽 1 个廉价的竹竿做立柱，扶植中干。中央领导干延长头固定在竹竿或架上。

6. 高纺锤形整形与下垂枝修剪

矮砧集约高效栽培模式一般均采用高纺锤形整形方式，意大利和法国 95%的苹果园现采用此种树形。树高 3.0～3.5m，冠幅 0.8～1.2m，中心干强壮，在中心干上直接着生角度下垂的结果枝，以疏除、长放两种手法为主修剪，少短截。主要利用主干自然萌发的枝结果，还可通过刻芽促使中心干上侧芽萌发，培养结果枝。竞争枝和徒长枝主要通过及时抹芽、拉枝下垂和疏枝控制。中心干延长头生长过强时，拉弯刺激侧枝萌发，以花缓势，以果压冠。着生在中心干上的结果枝过大过粗时，及时留台或刻芽疏除更新。

7. 加强肥水管理

矮砧密植果园建园时应尽量施足底肥，进入结果期后，要多施有机肥，有条件地区应推行果园生草制度。建立果、草、畜、沼生态系统，生产优质果品，实现苹果生产经济效益和生态效益双赢。

## 第五节　葡萄高产高效栽培技术

葡萄是深受人民喜爱的一种传统果树，它不仅在山东省有悠久的栽培历史，而且适宜的气候和土地条件使其成为山东省果树主栽树种之一。

### 一、品种和砧木选择

#### （一）品种选择

1. 夏黑（Summer black）

夏黑为欧美种，原产日本，3 倍体无核品种。果穗圆锥或圆柱形，重 450～500g，果粒椭圆形，自然粒重 3～3.5g，经处理后可达到 7～8g；果粒着色浓厚，紫黑色，果粉浓，果实容易着色且上色一致，成熟一致；皮厚肉质硬脆，可溶性固形物达 20%～22%，浓甜爽口，有浓郁草莓香味，品质优。7 月中旬成熟，是目前优良的大粒、早熟、优质、抗病的无核品种。

2. 阳光玫瑰

阳光玫瑰为欧美杂种，原产地日本。日本植原葡萄研究所

1988 年杂交培育，2006 年品种登录。张家港市神园葡萄科技有限公司 2009 年由日本引进。

果粒平均重 12~14g，绿黄色，坐果好。成熟期与巨峰相近，易栽培。肉质硬脆，有玫瑰香味，可溶性固形物 20%左右，鲜食品质优良。不裂果，盛花期和盛花后用 25μL/L 赤霉素处理可以使果粒无核化并使果粒增重 1g；耐贮运，无脱粒现象。抗病，可短梢修剪。

3. 红芭拉多（More red bala）

红芭拉多为日本新育成，亲本为巴拉得×京秀，欧亚种。果穗大，平均重 800g，最大穗重 2 000g，果粒大，长椭圆形，着生中等密，平均粒重 9g，最大粒重 12g。紫红色，皮薄，可以连皮一起食用，肉质脆甜，含糖量 17%，品质极上，7 月中下旬成熟。

该品种早果性强、丰产、抗病，是目前非常有前途的早熟、鲜红色、大粒的品种。

4. 黑芭拉多（More black bala）

黑芭拉多为欧亚种，日本新育成，亲本为米合 3 号×红芭拉多杂交育成。果穗重 500~800g，果粒椭圆形，粒重 8g，最大达 11g。果皮薄，果肉硬脆，香甜，含糖 19%~21%，品种极优。抗病、丰产、特耐贮运，挂果时间长，完熟紫黑色，可无核处理，7 月上中旬成熟，该品种不需人工整穗、疏粒，适合棚栽。

5. 巨玫瑰（Giant rose）

巨玫瑰为欧美杂交种。果穗圆锥形，平均重 514g，最大可达 800g。果粒椭圆形，平均粒重 9g，最大粒重 15g。果粒整齐，果粉中等，果皮中厚，软肉多汁，酸甜适口，具有纯正浓郁的玫瑰香味，含糖 21%，品质极上，完熟为深紫色，8 月中旬成熟。其果实品质明显优于巨峰、玫瑰香等品种，栽培时应控制产量，以生产高档果为主，可无核化栽培，增加效益。

6. 金手指（Gold finegr）

金手指为欧美种。果穗大，长圆锥形，松紧适度，平均穗重

450g；果粒长椭圆形，略弯曲，亮黄透明，极美观，平均粒重 8g，经疏花疏果后平均粒重可达 10g，最大粒重 15g；果皮中等厚，可剥离，韧性强，不裂果，果肉较硬，甘甜爽口，有浓郁的冰糖味和牛奶味，最高含糖 26.1%，甜味浓，品质上等，8 月中旬成熟。

该品种抗病性强，耐贮运；生长势旺，适应性强，全国各葡萄产区均可栽培，应合理控产，适合在农业综合观光园与高档果品园中栽培，具有较高的经济效益和观赏价值。

7. 摩尔多瓦（moldova）

摩尔多瓦为欧美种。果穗圆锥形，平均重 650g，最大 1 000g 以上，果粒近圆形，果顶尖，平均重 10g，最大 18g。完熟为蓝黑色，味酸甜，含可溶性固形物 16%以上，品质佳，10 月上中旬成熟。该品种属极晚熟品种，完熟后采收品质更好。树势旺，果实抗病性极强，极丰产。适宜高温地区、观光园走廊发展。

8. 克瑞森无核

克瑞森无核为欧亚种。果穗大，圆锥形，平均穗重 510g，经膨大剂处理后达到 630g，平均粒重 5.0g，处理后达到 9.2g。果实长椭圆形，果皮中厚，亮红色，覆白色较厚的果霜。果肉硬脆，味浓甜，可溶性固形物含量 19.2%，品质上等。10 月中旬成熟，极耐贮运。树势强，结果率低，可采用棚架栽培和中、长梢修剪提高产量。

9. 瑞都香玉

瑞都香玉果穗长圆锥形，平均单穗重 432g；果粒椭圆形或卵圆形，平均单粒重 6.3g，最大单粒重 8g。果皮薄–中，较脆，稍有涩味，黄绿色。果粉薄。果肉质地较脆，硬度中–硬，酸甜多汁，有玫瑰香味。果梗抗拉力中等。可溶性固形物 16.2%。有种子，3~4 粒。“瑞都香玉”在北京地区 4 月中旬萌芽，5 月下旬开花，8 月中旬果实成熟。果实生长期为 120 天左右。树势中庸或稍旺，丰产性强。抗病性较强。

## （二）砧木选择

传统的葡萄繁殖方法是采用栽培品种扦插和压条来生产苗木，育苗方法简单，但是栽培品种自根苗存在抗性差的问题，如不抗盐碱，不抗旱和寒，不抗根结线虫等。因此，国外多采用抗性强、适应性强的无性系砧木，在砧木上嫁接接穗品种。生产中应根据生产目的、土壤类型和病虫害发生特点，综合考虑选择砧木。

1. SO4

SO4 由德国 Oppenheim 国立葡萄酒和果树栽培教育研究院从 TELEKI 4A 中选育出来的，为冬葡萄（V. Berlandieri Planch）和河岸葡萄（Y. Riparia Michx）的杂交种。

抗根瘤蚜，抗根结线虫，抗 17%~18%的活性钙，能忍耐含盐量 4g/kg 的土壤。我国近年的应用试验表明，SO4 抗南方根结线虫，抗旱、抗湿性明显强于欧美杂交品种自根树，生长势较旺，枝条较细，嫁接品种结果早，坐果率好，产量高，但成熟稍晚，有小脚现象。SO4 砧木母本园的产枝量高，每公顷可产 4 万~5 万 m 条及等量的扦插条。扦插生根性好，田间嫁接和室内嫁接成活率较高，是我国应用最广泛的营养系砧木之一。

2. 5BB

5BB 是冬葡萄与河岸葡萄的杂交后代，由奥地利克洛斯特新堡的 F. Kober 于 1904 年选出。

抗根瘤蚜，抗线虫，抗石灰质较强，可耐 20%活性钙。产枝量高，每公顷可产 6 万~10 万米条，5 万~8 万扦插条，枝条长而直，单枝长度可达 12~15m，较少副梢分枝。扦插生根率较好，室内嫁接成活率高。生长势旺，使接穗生长延长，适于北方黏湿钙质土壤，不适于太干旱的丘陵地。

5BB 是意大利第 1 位的繁殖品种，占其总量的 45%，也是德国、瑞士、南斯拉夫、奥地利、匈牙利等国的主要砧木品种。近年在我国试栽表现抗旱、抗湿、抗寒、抗南方根结线虫，生长量大，建园快，尚未有不良的观察报道。

3. 1103P

1103P 是由意大利西西里的 Paulsen 于 1895 年选育，是 *Berlandiari* Ressiguier No. 2×*Rupestris* Du. Lot 的杂交后代，属冬葡萄和沙地葡萄（V. *rupestris* Scheele）种间杂交种。

抗根瘤蚜，抗根结线虫，可耐 18%活性钙，抗旱性好，根系直立性强，嫁接后的接穗生长势强，适于钙质黏土应用。产枝量中等。

4. 110R

110R 为 Richter 于 1889 年选育，为 *Berlandiari* Ressiguier No. 2×*Rupestris* Martin 的杂交后代，属冬葡萄和沙地葡萄的种间杂交种。

抗根瘤蚜，抗根结线虫，可耐 17%活性钙，使接穗品种树势旺，生长期延长，成熟延迟，不宜嫁接易落花落果的品种。产枝量较低，分枝较多，每公顷产 2 万～2.5 万米条，3 万～3.5 万扦插条。生根率较低，室内嫁接成活率较低，田间就地嫁接成活率较高。成活后萌蘖根少，发苗慢，前期主要先长根，因其抗旱性很强，适于干旱瘠薄地栽培。

5. Beta

Beta 通常译作贝达，原产美国，是河岸葡萄 Carver 和美洲葡萄康克的杂交后代，在我国东北及华北北部地区广泛被用作抗寒砧木栽培。

对根瘤蚜和根结线虫的抗性都较差，其最大的特点是抗寒性突出，其根系属水平分布类型，其根系能耐-1℃以下的低温，而一般葡萄的根系仅能忍耐-5℃以上的低温，因此，贝达对寒冷的抗性属耐冻而不是避冻。南方在应用贝达的过程中发现其还具有良好的抗病、抗湿、抗旱性能。贝达生长势强，生长快，除用作砧木以外，还可用作专门的制汁品种。贝达最致命的缺陷是极不抗盐碱，轻微的盐碱就容易造成严重的缺铁症状，进而影响葡萄的品质和产量，因此，给我国西北部盐碱地区的葡萄生产带来了很大的损失。

6. 抗砧 3 号

抗砧 3 号是中国农业科学院郑州果树研究所用河岸 580×SO4 杂交培育而成，也属冬葡萄与河岸葡萄的种间杂交种。

抗病性极强。极耐盐碱，极抗根瘤蚜和根结线虫，高抗浮沉子。植株生长势强，枝条成熟度好。

## 二、栽培管理技术

### （一）合理栽植

（1）果园密度。单位面积上的定植株数依据品种、砧木、土壤和架式等而定，常见的栽培密度，见表 4-10。适当稀植是无公害鲜食葡萄的发展方向。

表 4-10　栽培方式及定植株数

| 方式 | 株行距（m） | 定植株数 |
|---|---|---|
| 小棚架 | （0.5~1.0）×（3.0~4.0） | 166~444 |
| 双十字“V”形架 | （1.0~1.5）×（3.0~3.5） | 222~127 |
| 单臂篱架 | （1.0~2.0）×（2.0~2.5） | 333~134 |
| 高宽垂“T”形架 | （1.0~2.5）×（2.5~3.5） | 76~267 |

（2）主要架式。可采用的架式有小棚架、双十字形架、单臂篱架等，架材坚固、搭建科学，架式实用美观。

### （二）土肥水管理

1. 土壤管理

一般在新梢停止生长、果实采收后，结合秋季施肥进行深耕，深耕 20~30cm。秋季深耕施肥后及时灌水，春季深耕较秋季深耕深度浅，春耕在土壤化冻后及早进行。在葡萄行和株间进行多次中耕除草，经常保持土壤疏松和无杂草状态，园内清洁，病虫害少。设施栽培行间及株间提倡地膜覆盖。

2. 施肥

（1）施肥的时期和方法。葡萄 1 年需要多次供肥。一般于果实采收后秋施基肥，以有机肥为主，并与磷、钾肥混合施用，采用深40~60cm的沟施方法。萌芽前追肥以氮、磷为主，果实膨大期和转色期追肥以磷、钾为主。微量元素缺乏地区，依据缺素的症状增加追肥的种类或根外追肥。最后1次叶面施肥应距采收期20天以上。

（2）施肥量。依据地力、树势和产量的不同，参考每产100kg浆果1年需施纯氮（N）0.25~0.75kg、磷（$P_2O_5$）0.25~0.75kg、钾（$K_2O$）0.35~1.1kg的标准测定，进行平衡施肥。

3. 水分管理

萌芽期、浆果膨大期和入冬前需要良好的水分供应。成熟期应控制灌水。多雨地区地下水位较高，在雨季容易积水，需要有排水条件。

**（三）花果管理**

（1）调节产量。通过花序整形、疏花序、疏果粒等办法调节产量。建议成龄园的产量控制在1 500~2 000kg/亩。

（2）果实套袋。疏果后及早进行套袋，但需要避开雨后的高温天气，套袋时间不宜过晚。套袋前全园喷1遍杀菌剂和杀虫剂。红色葡萄品种采收前10~20天需要摘袋。对容易着色和无色品种，带袋采收。为了避免高温伤害，摘袋时不要将纸袋一次性摘除，先把袋底打开，逐渐将袋去除。

## 三、葡萄病虫害综合防治技术

葡萄病虫害是一种自然灾害，直接影响葡萄的产量、品质和市场供应。近年来，由于葡萄生产迅速发展，病虫害种类也随之增多，发生规律也较复杂，所以，要注意病虫害防治工作。在实际防治过程中，常采取广谱化学农药，使病原、害虫产生抗药性，杀伤天敌和污染环境。特别是葡萄供人们鲜食，使用化学农药后残留的问题比较突出，迫切需要贯彻“预防为主，综合治理”的植保工作方针。在综合防治中，要以农业防治为基础，因时因地制宜，合理运用农药防治、生物防治、物理防治等措施，经济、安全、有效的控制病虫害，以达到提高产量、质量，保护环境和人民健康的目的。

1. 农业措施

（1）保持果园清洁。搞好果园清洁是消灭葡萄病虫害的根本措施。要求在每年春秋季节集中进行，并将冬剪剪下的枯枝叶，剥掉的蔓上老皮，清扫干净，集中烧毁或深埋，减轻翌年的为害。在生长季节发现病虫为害时，也要及时仔细地剪除病枝、果穗、果粒和叶片，并立即销毁，防止再传播蔓延。

（2）改善架面通风透光条件。葡萄架面枝叶过密，果穗留量太多，通风透光较差，容易发生病虫害。因此，要及时绑蔓摘心和疏除副梢，创造良好的通风透光条件。接近地面的果穗，可用绳子适当高吊，以防止病虫为害。

（3）加强水肥管理。施肥、灌水必须根据葡萄生长发育需要和土壤的肥力决定。葡萄磷钾肥不足、土壤积水或干旱，能促使病虫害发生；地势低洼的果园，要注意排水防涝，促进植株根系正常生长，有利于增强葡萄抗逆性。

（4）深翻和除草。结合施基肥深翻，可以将土壤表层的害虫和病菌埋入施肥沟中，以减少病虫来源。并要将葡萄植株根部附近土中的虫蛹、虫茧和幼虫挖出来，集中杀死。果园中的残枝落叶和杂草，是病、害虫越冬和繁衍的场所，要及时清除以减少病虫为害。

2. 选育抗病虫害品种

生产上应用抗性品种是防治病虫害最经济有效的方法，早已引起人们充分重视。抗病虫害品种间或种间杂交德育抗性较强的品种效果明显。近年来生产上栽培的葡萄品种“康太”，就是从康拜尔自然芽变中选育出来的，它不仅能抗寒，而且对霜霉病和白粉病抗性也较强；还有从日本引进的欧美杂交种的巨峰群品种，抗黑痘病、炭疽病性能也较强，很受栽培者欢迎。

3. 生物防治

生物防治是综合防治的重要环节。主要包括以虫治虫，以菌治菌等方面。其特点是对葡萄和人畜安全，不污染环境，不伤害天敌和有益生物，具有长期控制的效果。另外，保护利用自然天敌防治果园中害虫是当前不可忽视的生物防治工作。

4. 物理防治

物理防治是利用果树病原、害虫对温度、光谱声响等的特异性反应和耐受能力，杀死或驱避有害生物。据报道，苗木在 30℃ 条件下处理 1 个月以上则可以脱除茎痘病。根据部分害虫有趋光性的特点，在果园中安装黑光灯诱杀害虫，应用较为普遍，防治效果也较好，但要尽可能减少误诱天敌的数量。

5. 化学防治

应用化学农药控制病虫害发生，是目前果树病虫防治的必要手段，也是综合防治不可缺少的重要组成部分。尽管化学农药存在污染环境、杀伤天敌和残毒等问题，但是它有其他防治方法不能代替的优点。如见效快、效果好、广谱、使用方便、适于大面积机械作业等。

## 四、葡萄绿色生产技术规程

1. 园址选择与规划

葡萄绿色产地应选择生态条件良好，远离直接污染源，并具有可持续生产能力的农业生产区域。产地必须避开公路主干线 100m 以上，土壤、水源、大气质量经检验符合国家标准。

系统合理地设计栽培小区、道路系统、排灌系统、防风林系统及其他水土保持措施等。中间要设横向作业道。

2. 架势和栽植密度

最主要的架势是篱架和棚架，可细分为单篱架、双篱架和大棚架、小棚架。密度根据架势和立地条件而定。一般大棚架株行距 6m× 2. 5m，小棚架 4m× 2. 5m，单篱架 2. 2m× 1. 5m，双篱架

2.2m×2m。

3. 定植

开深 30cm 的栽植坑，坑内加 20~30kg 土杂肥、0.3kg 过磷酸钙，与土拌匀。将苗木放入中心位置，深度按原苗深度栽植。让根系自然伸展，均匀分布，用熟土填平栽植坑，灌足水，整平地面，覆盖地膜。

4. 土肥水管理

通过扩穴改土、全园深翻、山地培土、黏地压土、中耕松土（深度 5~10cm）、全园覆草（覆麦秸、玉米秸、稻草、干草等，厚度 10cm 以上）等措施，加深葡萄园活土层厚度，使土壤有机质达 1%左右。可以在行间种植绿肥，以紫花苜蓿、三叶草、绿豆、苕子等豆科植物为好。

施基肥最适期在葡萄采收后至土壤封冻之前。基肥以经高温发酵或沤制过的堆肥、厩肥、鸡粪、人粪尿、饼肥等有机肥为主，化肥为辅。施肥量以 2 000kg/亩为目标产量，施有机肥 3 000~4 000kg/亩，加过磷酸钙 30kg，硫酸钾 20kg，此次施肥量占全年总是肥量的 80%。

土施追肥 1 年进行 3 次，第 1 次萌芽前 7~10 天追氮，氮肥用量占全年氮肥量的一半以上；第 2 次幼果膨大期（6 月中旬）追施氮、磷；第 3 次追钾肥。追肥量一般掌握为每亩尿素不少于 10kg，磷酸二铵 15~20kg，硫酸钾 25~30kg。肥料种类禁止使用硝态氮肥。

叶面喷肥，喷洒部位为叶背，宜在早晨或傍晚天气凉爽时进行，展叶后至果实膨大期喷 2~3 次氮肥为主；浆果成熟期植株生长后期，叶面喷 3~4 次磷、钾肥为主。

灌水时间一般分为芽前、花前 10 天、浆果膨大期，灌水量浸透根系分布层（30~60cm）为准，尽量采用滴灌、穴灌、沟灌等节水灌溉措施。

地势低洼或地下水位高的葡萄园，夏季雨量大时一定要及时排水防涝。

5. 整形修剪

葡萄架式一般采用篱架或棚架多主蔓自然扇形。

篱架多主蔓自然扇形在定植当年冬季修剪时，剪留 3~4 个中、长梢做主蔓，第 2 年春各主蔓每隔 25~30cm 留 1 个新梢，使其在主蔓上交错排列。第 2 年冬剪时各主蔓延长蔓和适当部位后主蔓长梢修剪，其中，为结果母蔓，中短梢修剪。第 3 年适当选留侧蔓或培养枝组，使每个主蔓有 2~3 个结果枝组，每个结果枝组有 1 个结果母枝和 1 个预备枝。

棚架多主蔓自然扇形，整形时剪留的主蔓长度多（4~5 个），其余和篱架法基本相同。

棚架多采用中、长梢和极长梢为主，结合短梢的修剪法；篱架采用长、中、短混合修剪法，控制结果部位外移。

生长季修剪，主要做好以下管理：抹芽。抹除副芽、隐芽、弱芽、畸形芽、萌蘖枝；定梢。一般每平方米架面留 10~14 个新梢；摘心。坐果率高的品种，花前 3~5 天开始摘心；副梢处理，只留顶端 2 个副梢，留 3~4 叶摘心，以下副梢全去掉。每个结果枝保持 14~20 片正常大小叶片。

6. 花果管理

花期喷硼：0. 1%硼砂或速乐硼 800 倍及 10%蔗糖混合液，花期喷花序。

修整花序、果穗：花前 3~5 天掐穗尖，去掉全穗的 1/5~1/4，同时，除去副穗和岐肩。果粒黄豆大小时疏果粒，大穗品种每穗只留 30~50 个果粒。

果实套袋：选择葡萄专用袋，谢花后 20 天必须套完。

7. 病虫害防治

休眠期：剪除病枯梢及病僵穗，清扫落叶落果，刮除枝蔓老皮，集中烧毁或深埋。

萌芽期：春季芽萌动时喷布 40%福星（氟硅唑）5 000 倍或

3~5 度石硫合剂，铲除越冬病菌。

展叶期：喷 1：0.5：（200~400）倍波尔多液或 68.75%易保可湿性粉剂 1 500 倍液，防治黑痘病、蔓枯病。

花期前后：花期前后是防治黑痘病关键时期。花期前后连喷两次 1：0.7：220 波尔多液、65%代森锰锌或 78%科博，兼治穗轴褐枯病、灰霉病、房枯病。

幼果期：防治黑痘、白腐、褐斑病、二星叶蝉，可选用 20%噻唑锌 500 倍或 80%代森锰锌混喷 4.5%高效氯氰菊酯 1 500 倍液。及时剪除透翅蛾为害新梢。

果实生长期和灌浆期：主要防治白腐病、霜霉病，可喷石灰半量式 200 倍波尔多液，与噻唑锌、科博交替使用，每 10~15 天喷 1 次。

8. 适时采收

鲜食葡萄浆果生理成熟标志是有色品种充分表现出固有色泽，白色品种呈金黄或浅绿，果粒略呈透明，同时，果肉变软而富于弹性，达到固有的含糖量和风味。

9. 分级包装和贮运

严格分级和妥善包装。果穗形状、大小、果粒的大小和色泽，均具备本品种固有特点，果粒整齐度高，充分成熟，全穗无破损或脱落果粒。包装用的纸箱、箱板、果垫、包装纸、胶带纸均应清洁、无毒、无异味。箱体应注明商标、品种、产地、重量、生产日期，经认定印上绿色食品标志。

贮藏期不允许使用化学药品保险，应贮在果品专用的气调库、恒温库内贮藏，库内要通风，保持清洁卫生。

## 第六节　茶叶高效优质栽培技术

茶树越冬期长，昼夜温差大，光合产物积累多，独特的气候和地理条件使临沂市生产的绿茶汤色嫩绿明亮，叶形舒展，栗香浓郁，回味甘醇，含有丰富的维生素、矿物质和对人体有益的微量元素，素有“叶片厚、耐冲泡、内质好、滋味浓、香气高”的美誉，得到了国内外茶叶专家们的一致好评和广大消费者的青睐。截至2014年年底，全市茶园面积7.98万亩，干茶产量2745t，产值5亿多元，产品主要以绿茶为主，占总产量的95%以上，名优茶产量占60%。种植区域分布在莒南、临港、临沭、兰山、苍山、沂水、蒙阴、平邑、费县、沂南、蒙阴等县区，成为当地农民主要的经济来源。

## 一、优质茶叶生产技术

### （一）园地选择

（1）空气质量。茶园周围无污染源（如造纸厂、印染厂、水泥厂、化工厂等），空气清新，水源清洁，生态环境好的地方作为无公害优质茶叶生产基地。

（2）土壤质量。土壤深厚，有效土层达60cm以上；土壤的排水和透气性能良好，生物活性较强，营养丰富；土壤pH值在4.5~6.0范围。

（3）设隔离带。生产基地与常规农业区，要有50~100m以上宽度的隔离带。以山、河流、湖泊、等作天然屏障，也可以通过植树造林作为隔离带。

### （二）合理施肥

（1）有机肥。主要是人粪尿、猪、牛、羊圈肥、土杂肥、各种饼肥、绿肥等。幼龄茶园每年平均施有机肥750kg/亩以上，另外，要增施50kg/亩饼肥、25kg/亩过磷酸钙和15kg/亩硫酸钾。投产茶园每年施有机肥1 500~2 500kg/亩，要增施饼肥100~150kg/亩，过磷酸钙25~50kg/亩，硫酸钾15~25kg/亩。

（2）无机肥。每生产100kg干茶，要施纯氮10~12kg，磷5kg，钾5kg。其比例为2：1：1为好。幼龄茶园磷、钾肥的比例要适当增加，一般采用1：1：1为好。全年3次追肥的比例一般按

4∶3∶3或2∶1∶1的方式。

(3) 施肥时间。有机肥施用时间在“白露”前后。春茶追肥是在开采前15~20天使用。夏茶追肥在春茶结束后进行；秋茶追肥在夏茶结束后进行。

**(三) 茶树虫害防治**

(1) 农业防治。选育抗病虫品种，及时分批采摘、修剪，进行肥水管理，中耕除草、清理园内枯枝落叶等。

(2) 生物防治。生物防治是利用动物源农药，如性息素、互利素。寄生性和扑食性的天敌动物，如赤眼蜂、瓢虫、捕食螨、蜘蛛等。植物源有除虫菊脂、鱼藤酮、植物油乳剂、苦楝素等。微生物源农药有农用抗生素有浏阳霉素、强尔宁南霉素、多抗霉素等；活体微生物农药有白僵菌、苏云金杆菌、绿僵菌等。

(3) 物理防治。利用频振式杀虫灯、黑光灯诱杀等。

(4) 化学防治。

黑刺粉虱：用25%扑虱灵750~1 000倍液喷洒，虫害严重地片，间隔7天左右，连喷2~3次。喷药时要将整株茶树喷湿，同时，将茶园内间作物及周围作物一同喷湿。

小绿叶蝉：在早春或秋末各喷1遍40%乐果2 000倍液。在采摘季节喷施10%吡虫啉3 000倍液，喷后7天可采摘。喷药时要注意喷匀喷透。

茶叶瘿螨：在茶树越冬前喷1遍0.3~0.5度石硫合剂，在采茶季节，若有虫害发生可用5%噻螨酮1 500倍液防治。

茶蚜：用50%辛硫磷1 000~1 500倍液局部防治。

**(四) 茶叶加工**

无公害优质茶加工、贮藏和销售等场所及周围场地禁止使用人工化学物品，防止外来污染，要保持整洁优美的工作环境。工作人员进厂后要更衣消毒才能操作。

## 二、茶园越冬防护技术

1. 浇越冬水

越冬水对提高茶树抗寒能力十分重要，“浇好越冬水，能抗七分灾”。浇越冬水应在“立冬”后或“小雪”前 1 周进行，并结合茶园覆草等措施对茶园进行灌溉。灌水量比常规灌水量略高，确保茶园土壤冬季不出现旱情。土壤封冻后不能再浇越冬水，否则，会加重茶树冻害。

2. 幼龄茶园培土

1~2 年生的茶园，冬季采取培土越冬应分 2 次进行。11 月初“小雪”前取土培至苗高的 1/2，“小雪”后再将茶苗全部培土，仅露出 1~2 片叶子。所培的土要细、湿润，严禁在茶树根际附近取土，避免因伤根或裸露根系而加重茶树冻害。

春季退土时分 2 次进行。“春分”前后退土至苗高的 1/2，“清明”前，将所培的土退完。将退回的土摊放在茶园行间，使茶树根际处地面略低于行间。

3. 覆盖法

茶园行间覆草。茶园行间覆草对减小土壤冻土层厚度效果十分显著，通常在秋季茶园管理结束后立即进行，材料可选用杂草、农作物秸秆等，铺放在茶树行间的地表，厚度在 15~20cm。

篷面撒草。茶树篷面撒草对防止霜冻和干旱（寒）风的危害能起到一定的作用。一般是在“小雪”后进行，材料可选用杂草、稻草、麦秆、松枝等撒在茶树蓬面，覆盖率达 70%即可。

4. 设施法

（1）小拱棚。适宜 1~2 龄茶树，茶篷高度在 30cm 左右。一般在封冻前用竹条、棉槐条等做成弓形插入茶行两侧，然后在茶行的两端插入固定桩，用 3 根细绳分别固定每个弓条并与固定桩相连，等寒潮来临前再上覆薄膜，薄膜与茶篷距离不能少于 5cm，以防止灼烧枝叶，同时，要用土压紧薄膜两边，以防风刮，并间隔 5m 左右预留通气口，以防温度过高。

（2）中拱棚和大拱棚。适宜3~4龄茶园，一般2~4行茶搭建1个拱棚，高度1.3m左右，人能在棚内弯腰作业。建棚时间及技术基本同小拱棚，只不过弓形条在中央位置用水泥支架或木棒支撑，使其更加牢固。

（3）春暖式大棚。适宜投产茶园，主要用竹竿、立柱、薄膜等材料。建棚方向根据地形而定，跨度在8~10m，长度50m左右为好。将竹竿折成弧形，间距1.5m左右，均匀地固定在两侧的立柱上。根据竹竿承受能力，适当竖立几根立柱，用以支撑整个大棚。总之要以坚固、不被风吹坏为原则。薄膜上要用绳或竹竿等压紧。

（4）冬暖式大棚。一般采取东西走向，长度不低于30m，跨度9m左右。东、西、北三面建墙，厚度80cm以上，墙内填充碎草或炉渣。北墙高1.8~2.0m，东西墙南低北高。离北墙1.5m左右设立柱，高度达到2.8m左右。棚内立柱南北4排，柱间距1.5~2.0m，顶部用竹竿或檩条连成纵横交错的支架，上盖无滴膜，薄膜上再用压膜绳或竹竿等物压住，并加盖草苫。

各种设施栽培的棚架结构建造时间应在10月下旬，盖膜时间在11月下旬，注意通风控温。

5. 屏障法

（1）茶园防护林。防护林可按400~500m距离安排1条主要林带，栽乔木型树种2~3行，行距2~3m，株距1.0~1.5m，前后交错，栽成三角形，两旁栽灌木型树种；风寒冻害严重地带，以设紧密结构林带为主，林带宽度为15~20m。常用的树种有侧柏、马尾松、合欢等。

（2）防风障。用玉米秸、稻草、塑料薄膜或其他物料等，在离茶行北面20~30cm处搭设防风障，风障略向南倾斜，高于茶篷20cm左右，做到“前透光、后护身、前行不遮后行阴”。一般在“立冬”至“小雪”（11月上中旬）期间完成。

（3）设围障。可用玉米秸或树枝等在茶园西北面风口处设立围障，高 1.5～2m，对茶树能起到防护作用。

6. 熏烟法

在寒潮来临前或霜冻发生期借助烟幕打破冷空气下沉，防止土壤和茶树表面散失大量热量，起着“温室效应”的作用。

# 第五章　食用菌无公害高产栽培技术

## 第一节　平菇无公害高产栽培技术

平菇又称侧耳，在生物学分类中属伞菌目、口蘑科、侧耳属，是目前世界上人工栽培面积最大的食用菌之一，主产国有中国、日本、意大利。

平菇肉质肥嫩、味道鲜美、营养丰富，是高蛋白、低脂肪的高档蔬菜之一。据分析，平菇粗蛋白含量在干品中高达 30. 5%，并含有人体所需要的 17 种氨基酸。近年来的研究表明，平菇还含有平菇素和酸性多糖等生理活性物质，长期食用，对癌细胞有显著抑制作用，并可预防高血压、心血管病、糖尿病等。

平菇适应性强，栽培原料来源广，栽培技术简单，生长快，成本低，产量高。平菇的生物学转化率可以达到 150%，所以，平菇在我国分布广，全国各省县都有栽培。山东省平菇产量占全省食用菌总产量的 41. 5%，成为全省第一大食用菌栽培种类。

### 一、平菇品种选择

优良菌种是高产的首要条件，菌种质量好坏直接影响栽培的成败和产量的高低。栽培者还应根据不同季节选用不同温型的品种，使其在适宜温度下发挥生产性能。如夏季播种应选中、高温型品种；秋季种植应选中、低温型品种。温型选择合理，出菇期长，菇潮次数多，产量高。目前山东省推广较多的平菇高产良种如下。

### （一）灰黑色品种

99、2019、5526、澳黑 2 号、黑平 1 号、丰 5、庆丰 1 号等。

### （二）灰色品种

89、P81、南京 1 号、SP－1、29、97、88、野平、645、华中等。

### （三）灰白色品种

$SN_1$、双耐 3 号、新侬 1 号、野丰 118、少孢 06、江都 109、江都 792、$F_3$等。

## 二、平菇生长发育条件

### （一）营养

平菇生长需要碳源、氮源、无机盐等。几乎所有的植物性物质都能作为栽培平菇原料，如棉籽壳、各种作物秸秆、木屑、糠醛渣等。另加入米糠、麸皮、豆饼粉等富含氮的有机物。

### （二）温度

平菇属变温结实性菌类，即子实体形成需要温差刺激。菌丝生长温度范围 6~35℃，最适温度 20~27℃。子实体形成的温度因品种不同而有所差异。低温型品种子实体形成温度范围为 4~25℃，适温 10~18℃；中温型品种子实体形成温度 5~28℃，适温 15~25℃；高温型子实体形成温度 16~37℃，适温 24~28℃；广温型品种子实体形成温度 4~35℃，最适温度 12~26℃。保持 10℃以上的温差，能加速菇蕾形成，维持恒温，子实体难以形成。但有些品种如凤尾菇，即使恒温下，也能产生菇蕾。子实体生长阶段，在适宜温度范围内，生长发育快、个大，温度低则生长慢、肉质厚。

### （三）水分和湿度

平菇是耐湿性菌类。菌丝生长阶段，培养料的含水量以 60%~70%比较合适。一般料水比 1：（1.2~1.8）。含水量过大，基质透气不良，菌丝呼吸、代谢作用受阻，菌丝长势慢、弱，且易遭杂菌污染。含水量太低也不利菌丝生长。子实体发育期对空气相对湿度的要求比较严格。最适相对湿度是 85%~90%。相对湿度在 40%~50%时，幼菇很快干枯；55%时生长慢。超过 95%时菇丛虽大，但菌盖薄，易腐烂，并易感染杂菌。

### （四）光线

平菇菌丝体生长阶段不需要光线，有光生长慢。子实体的分化和发育必须有散射光，黑暗不能形成子实体。直射光不利于子实体的形成和生长。研究证明，蓝色光对子实体形成有促进作用。光照度从 180~220Lx，平菇产量随光照度的增加而提高。

### （五）空气

平菇是好气性真菌，其菌丝体阶段，可以在通气不良的半嫌气条件下生长。但子实体形成阶段必须在通气良好的条件下发育。通气不畅，就不能形成子实体；通气条件差时，只形成菌蕾不长菇，或是菌柄基部粗，上部细长，菌盖薄小，有瘤状凸起，畸形，严重时造成窒息死亡。所以，注意通风，但不宜直接吹在菇体上，防止因蒸发太快而影响子实体生长。

### （六）pH 值

平菇同其他真菌一样，喜欢在微酸性基质中生长，适宜 pH 值 5~6.5，有一定耐碱性。由于培养料在灭菌或堆积发酵过程中，pH 值有下降趋势，配料时可适当偏碱些，一般 pH 值为 8 左右。

## 三、平菇生产模式及栽培技术

### （一）平菇生料栽培

生料栽培要求华东地区播期为 8—10 月，早于 8 月或迟于 10 月均不适合搞半生料栽培。玉米芯因材质不同而不适宜采用半生料栽培，采用半生料栽培可选用广温偏高型和广温偏低型平菇品种。

1. 生产配方

（1）棉籽壳 100kg，过磷酸钙 1kg，石灰 2~3kg，多菌灵或克霉灵等消毒药剂 0.1%~0.2%，水 140kg 左右。

（2）棉籽壳 100kg，复合肥 1kg，石灰粉 1kg，石膏 1.5kg，克

霉灵 0.12%。

2. 原料处理

将棉籽壳和其他辅助物加水搅匀后建堆，要求堆高 1.5m、堆宽 1.5~2m，长不限，在料堆上打上洞眼，盖上草帘，堆闷 12~18 小时，达到原料半软化程度、含水适中，即可拆堆袋装。此种方法，不受发酵时间限制，头天下午拌料，第 2 天上午即可装袋。注意堆闷 12~18 小时后，一定要将料堆翻堆 1 次，并摊开冷却进行装袋，当天装不完的，还要重新建堆打洞，等第 2 天再进行装袋。

3. 装袋接种

装袋前料的含水量以手握紧料有水印但不能渗出为宜。袋膜选用宽 22cm、厚 1.5 丝聚乙烯塑料袋。装料时，先放 1 层菌种，再装料，边装边压实，中间再放 2 层菌种，装至近袋口时，放 1 层菌种封面，用种量为 15%，扎好袋口后 12 小时左右，在菌种层四周均匀扎眼，洞眼深度为 5~8cm。

培养料水分和透气孔是决定生料栽培的成功关键，装料前培养料的水分过大，日后菌丝生长速度明显减慢，杂菌感染几率也大大增加。另外，袋两头菌种就是通过透气孔吸取氧气而萌发生长的，没有透气孔，菌种层由于缺氧而闷死。

4. 发菌管理

发菌最好保持在 23~28℃，适当通风。栽培袋发菌可在露天条件下进行发菌，然后移入棚内出菇，也可直接在塑料棚内进行。

（1）在露天条件下发菌。露天发菌的场地最好选择林荫树下。把做好的栽培袋在地上排成行，行距 60~80cm，长度不限。当气温 10~15℃时，可 3~4 个栽培袋并排成 1 行，高度 1m 左右；20℃左右时，可将栽培袋排成单行，高度 0.5m 左右；25℃左右时，只能栽培袋单行单层或呈“井”字形双层排放。排放好后上面覆盖草苫遮光、冬季保温。多层排放时应注意随料温的变化，上、下、内、外调换位置进行翻堆。

（2）塑料棚内发菌。首先在栽培袋进棚前，用 5%石灰水将地面、墙面及棚顶喷洒1遍进行场地消毒。如果是冬季发菌，栽培袋可排放的高些；若是8—10月高温季节，应注意单层排放，袋与袋之间留5~10cm的间隙，棚上遮盖草苫，以便降温。一般要求气温不能超过25℃，否则易出现烧菌现象。一旦气温过高，应及时打开通风口散热。当料温高于30℃时就要调整上下栽培袋的位置，做好翻堆降温工作。另外，发菌最好在暗光条件下进行，以利菌丝生长并防止接种部位的菌丝过早达到生理成熟而首先形成子实体，造成管理不便以至减产。

**（二）平菇发酵料栽培及其生产管理**

棉籽壳和玉米芯均可采用发酵料栽培，播期必须掌握秋季8—11月进行，最佳黄金播种期为秋季9—10月，其余时间我们不提倡播种，否则，播种成功率会大大降低。

1. 生产配方

（1）棉籽壳100kg，复合肥1kg，石灰粉2kg，多菌灵0.2%

（2）玉米芯85kg、麸皮10kg，玉米面5kg，尿素0.2kg，复合肥1kg，石灰3kg，多菌灵0.2%。

2. 发酵处理

先将辅料混匀加入棉籽壳或玉米芯中，再用清水调湿，不易吸湿的原料，如复合肥，应事先单独浸泡或压成粉状加入，培养料经调湿拌匀后，便可建堆。

料堆一般建成1.2~1.5m、高0.8~1.2m、长度不限的长堆。建堆时，料堆四周要轻轻拍实，堆边呈墙式垂直状，或略有倾斜，以不蹋料为准，堆顶拱起呈龟背形，料堆建好后，用直径5cm的木棒先在料堆顶部垂直向下打1~2行透气孔，再在料堆两侧的中部和下部各横向斜打1行透气孔，间距30cm左右，孔道深度要分别到达料堆底部和料堆中心部位，随后在料堆中插入长柄温度计，再用草帘、麻包、蛇皮带等能透气的覆盖物将料堆覆盖好。料堆覆盖后，根据气温高低，2~3天后，在距表层25cm左右深处，料温升到55~60℃时，开始计时，维持8~12小时后，进行第1次翻推，翻堆后，重新建堆，打气孔和覆盖的要求，与初建堆时基本相同，当料堆温度再次升到55~60℃时，仍保持8~12小时后，进行第2次翻堆，并重新建好料堆。平菇培养料堆积发酵，一般需要翻堆3次，堆期依气温不同5~7天，当培养料色泽均匀转深，质地变得柔软，料内出现较多白色防线菌、闻不到氨、臭、酸味时，便可拆堆终止发酵。摊开料堆后，等料温降到30℃左右时，就可装袋播种。

发酵过程注意事项：一是气温对发酵过程的影响很大，当气温在20℃以上时最有利于发酵，若气温低，发酵时间要延长，应特别注意保温。二是培养料的含水量对发酵过程和质量有很大影响，当水分高于70%以上，培养料会发黏发臭或腐败变酸，料温上升缓慢；当水分低于50%时，会出现烧堆的“冒烟现象”。出现以上情况时，要马上散退调节水分后再重新建堆。三是培养料发酵期间，不要让太阳直射和雨淋。四是堆的形状大小也影响发酵过程，一般堆积发酵一堆不能少于250kg培养料，最好能达到5 000kg左右或更多一些。堆的形状以梯形长堆为好。料多时增加堆的长度，这样建堆可以保持堆内外差别小，发酵比较均匀。

调整发酵料的水分将发酵前的水分掌握在培养料有水渗出且有3~4滴为宜，发酵后装袋的水分应掌握在用手紧握培养料手指间有水印、但无水渗出为宜。

3. 装袋接种

装袋接种方法同半生料栽培完全一样，不需任何灭菌消毒，采取就地露天开放接种。

4. 发菌管理

与生料栽培的发菌管理基本相同，但是经堆积发酵的栽培料，栽培袋单层排放，发菌期间料温比气温高3~5℃，发菌第5天达到最高，以后料温下降。其他操作与生料的基本一致。

### （三）平菇熟料栽培菌袋制作

1. 品种的合理选择

春夏、晚秋、冬季半生料或发酵料袋栽不易，播种时期以选用熟料方式较为理想。以华东地区为例，夏季出菇品种应选择高温型品种，早秋及春季出菇品种应选择广温偏高型菌株，秋冬出菇应选择广温偏低型菌株。

2. 熟料栽培配方

（1）棉籽壳 95kg、麸皮 5kg、石灰 3kg、多菌灵 0.2%。

（2）玉米芯 85kg、麸皮 10kg、复合肥 1kg、石灰 3kg、多菌灵 0.2%。

以上配方中，多菌灵用量为 0.2%，是指 1 000kg 干料加入 2kg 多菌灵，如场地污染严重的也可用 0.1%的克霉灵或克霉增产灵替代多菌灵，防霉效果更好。

3. 菌种的准备

平菇的菌种分为母种、原种和栽培种，母种菌龄为 7～8 天，棉籽壳原种菌龄为 25～30 天，棉籽壳栽培种菌龄为 20～25 天，料袋播种后从播种至出菇为 30～35 天，出菇周期（即从头潮—尾潮）为 3～6 个月。因此，在栽培之前，菇农应推算时间掌握时机，适时制种。

4. 菌袋规格的选择

一般夏季、早秋应选用宽（20～22）cm×长 40cm 丝为宜，中秋及晚秋选用（22～25）cm×45cm 为适宜，料袋大，营养足，出菇期长。

5. 拌料

按照选定的培养基配方比例称取原料和清水，因为玉米芯或棉籽壳较难吸水，开始拌料时，水分适当大一些，混合搅拌匀，堆闷 12～18 小时使其充分吸水，含水量达到手握培养料有水渗出但不下滴为宜。

6. 装袋、灭菌

先打开一端袋口，向袋内装料，装料松紧度要达到手按料袋有弹性，当料距袋口 7~9cm 时，将料表面压平，把袋口薄膜稍微收拢后，用线绳扎紧。装好后，可直接进行常压灭菌。为防止培养料变酸和变质，装好的料袋应及时进行高温灭菌，常压蒸汽灭菌时，温度上升速度宜快，最好在 4~5 小时内使灶内温度达到 100℃，并保持此温度 13~15 小时，然后停止加热，再利用余热闷闭 8 小时再出锅，当出锅后的料袋温度降到 28~30℃时，应及时接种。

7. 接种

平菇熟料栽培要两头接种。接种方式有 2 种：一种是将菌种接入袋口，系上套环；另一种是将菌种接入袋口，然后用线绳直接扎口。用线绳直接扎口以往做法是不扎紧袋口，留一些空隙透气，但最大弊病是菌丝发菌过程中易遭虫害。现在我们要求如用线绳扎口法，应该每个袋口都要扎紧，扎口后，还要在袋两头菌种块部位用细针各刺 4~6 个眼。注意：一是选用家用针或缝纫机针刺孔，刺孔位置不要偏离菌种部位，以免引起杂菌污染。二是凡接种的袋口都要刺眼，不能漏掉，万一漏掉在后天观察中要及时补刺。袋一头刺眼的菌丝长速快、旺盛，而另一头因没有刺眼，袋头种块只萌发而不吃料生长。

因熟料栽培劳动强度大，一般需要在环境卫生比较好的菇棚或接种室内进行开放式接种。

8. 发菌管理

发菌期间将温度保持在 23~28℃，适当通风。熟料菌袋发菌管理的技术关键是：合理排放堆码菌袋，适时进行倒袋翻堆和通气增氧，控制好发菌温度和环境温度等，熟料菌袋的料温变幅较小，菌袋温度的变化主要受环境温度影响，为了能合理控制发菌温度，菌袋的排放形式一定要受环境温度影响，当气温在 20~26℃时，菌袋可采用、井字形堆码，堆高 5~8 层菌袋；当气温上升到 28℃以上时，堆高要降到 2~4 层，同时，要加强培养环境的通风换气。盛夏季节，当气温超过 30℃时，菌袋必须贴地单层平铺散放，发菌场地要加强遮阴，加大通风散热的力度，必要时可泼洒凉水促使降温，将料袋内部温度严格控制在 33℃以下。

正常情况下，采用堆积集中式发菌的菌袋，每 7~10 天要倒袋翻堆 1 次，若袋堆内温度上升过快，则应及时提早倒袋翻堆，翻堆时，应调换上下内外菌袋的位置，以调节袋内温度与袋料湿度，改善袋内水分分布状况和袋间受压透气状况，促进菌丝均衡生长。同时，可根据气温和料温的变化趋势，调整菌袋的排放密度和堆码高度。

## 四、平菇出菇期管理技术

当栽培袋刚有菇蕾出现时就进入出菇管理。

### （一）第 1 茬菇的出菇管理

首先解掉栽培袋的扎绳，将栽培袋两端的塑料膜卷起，露出料面。将栽培袋放在棚内的地面上，根据宽度不同，可放 2~4 行，四周及行间留 60cm 左右的走道。每行栽培袋的高度不要超过 1.5m，每行排列 2m 左右时筑一砖垛，以防栽培袋排放过长而倒塌。

出菇阶段要求的温度可根据所选品种的温型需要控制。假若温度过低，可覆盖加厚草苫和双层塑料膜。如果气温过高，可在塑料棚顶部盖 1 层草苫，然后喷水降温，同时，把门窗、通风口关闭，以防热气流进入，晚间再将门窗、通风口打开。出菇阶段的空气相对湿度为 85%~90%，一定要在菇棚内挂上干湿度计，以观察温度、湿度的变化，不要单凭经验判断。珊瑚期一般不直接向菇体上喷水，只向空间、四壁、地面喷水，就能满足生长需要。幼菇期若空气湿度低于 85%，可增加喷水次数，并向料堆、料面、菇体直接喷水，1 次喷水不要太多，但要勤喷。大棚内的光照可以满足子实体生长发育的需要。通风管理可开闭通风口及掀动塑料膜进行调节。冬季应利用中午气温高时通风。当子实体进入成熟期，还没有弹射孢子时即可采收。第 1 茬菇采收后，清理干净料面，扎好栽培袋两端薄膜，或用大块塑料膜将栽培袋整行覆盖，同时，把空气湿度降至 70%，以促进菌丝再生。

**（二）第 2 茬菇的管理**

大棚栽培平菇，保湿性比较好，一般第 1 茬菇不需向料内补水就可正常出菇。第 2 茬出菇时，由于袋内失水，水又喷不进去，就应采取补水措施。第 1 种方法用专用的补水器进行补水，即用补水器插入菌袋，打开自来水或是水泵进行补水，控制补水时间以免涨袋。补水后进行适当通风、菌丝恢复和温差刺激，几天后会长出第 2 茬菇。第 2 种方法是脱去栽培袋的部分塑料膜，覆湿土栽培管理。覆土前先将土消毒，每 3.5t 土用甲醛 0.5kg、敌敌畏 0.25kg 加适量水浇入土中拌匀。土的含水量达到手握成团，触之能散的程度即可。然后覆盖塑料膜密封 1 天，以杀死土中的杂菌和害虫。消毒后的土摊晾，使药物挥发，再喷洒适量的营养液，掺匀后备用。一般大棚采用双摞覆土法。首先将清理干净的栽培袋用刀把 3/4 的塑料膜割除，余下的 1/4 留在栽培袋上，以防泥土沾污子实体，降低菇的商品价值。然后把栽培袋脱掉塑料膜部分两两相对放在 15cm 高、60cm 宽的土台上（行距、走道可参照第 1 茬菇栽培袋的排放），带塑料袋的一头朝外，袋与袋留 2cm 空隙，两摞间距 10cm。1 层双摞排好后，覆 1 层 2cm 左右的营养土。秋季栽培袋排放 2~3 层，冬季栽培袋可排放 5~8 层。最后在顶部做槽，以便浇水。然后按第 1 茬菇管理方法进行催蕾、子实体生长管理，直到采收。

一般管理比较到位的平菇能够出菇 4~6 茬。

## 五、平菇采收

平菇成熟的标准是菌盖边缘由内卷转向平展，此时，菇单丛重量达到最大值，生理成熟也最高，售价也高。平菇成熟后，要及时采收。采收后，应将袋口残留菇根、死根等清除干净，接着进入转潮期管理。

## 六、平菇栽培常见问题和防治措施

### (一) 培养料变酸变臭

培养料装袋、接入菌种后，有时料内会散发出一股酸臭味，影响菌丝生长。原因是培养料不够新鲜干净，带有大量杂菌。特别是经过夏季、雨季的陈料，在消毒灭菌不彻底的情况下，由于料内的各类真菌大量繁殖滋生，使培养料酸败，产生一股难闻的酸臭味。拌料的水分过多。料内氧气供应不足，使嫌气性细菌和酵母菌乘机繁殖，导致培养料腐烂变质；菌丝培养阶段，由于料袋重叠，料温增高，使杂菌生长速度加快。因栽培种中含有一定的小麦，可能由于表料菌种与料袋紧密接触，袋壁凝水浸泡表种，使菌种腐烂。料内氮素营养过高，碳氮化失调，且与加入的石灰起化学反应，产生氨臭。解决方法：栽培前选好原料。采用新鲜干净、无霉变、无结块的培养料。拌料前在日光下暴晒 2 天，拌料时准确掌握水分(两指间形成水滴，但不落下)，用生石灰粉或水调 pH 值为 8.0~8.5。

### (二) 菌丝满袋后迟迟不出菇

有的菌袋菌丝生长十分旺盛，但菌丝长满后迟迟不出菇，有时经过 2~3 个月仍不现蕾。产出的原因和解决办法如下。

(1) 培养料的碳氮比不适宜。平菇在菌丝体阶段，培养料中较适宜的碳氧比为 20∶1，在子实体发育阶段以 30∶1 或 40∶1 为好。如果培养料中碳素不足，氮素过多，就会出现营养生长过旺，形成菌丝徒长现象，严重时甚至浓密成团，结成菌皮，使生殖生长受抑制，推迟出菇，影响产量。

解决办法：将浓密的菌块挠去，喷 0.5%的葡萄糖等含碳物质以调节碳氮比，加强通气、光照，加大温差刺激，使其尽快现蕾出菇。

(2) 菌丝长满后，在温度较高、空气湿度较低的情况下，过早地打开袋口，使表面形成1层干燥菌膜，致使菌不能分化。

解决办法：用铁丝在菌袋两端刺孔，再用小铁耙挠去表面干菌膜，然后将菌袋浸入25℃以下水中8~12小时，待吸足水分后，再重新摆放上架，给以通风、光照和温差刺激，也会很快出菇。

**（三）菌袋中间出现大量菌蕾**

1. 主要原因

（1）在装料或搬动中料袋被刺破。

（2）菌丝生长阶段培养环境不良，如温差过大，光照较强，空气湿度较高等，均会促使料袋中部产生子实体原基。

2. 解决办法

（1）装料时要边装边压实，尤其是外周，使培养料与栽培种紧密接触，不留空隙。

（2）装料搬运时要小心，避免料袋破损。

（3）因菌丝分化阶段在暗光下进行，需要一定的散射光，故不宜让阳光直射，在发菌室窗户上安装深色的窗帘。

**（四）烧菌**

烧菌是菌丝生成环境内的温度过高而造成的菌丝死亡现象。当培养料内温度超过30℃时，菌丝生命力减退，超过40℃就会发生烧菌现象。

解决办法：培养应在凉爽的室内进行。菌袋以单层排放为好，在装袋后7天左右，袋内料温度要比气温高4~8℃，若袋内温度超过30℃，要散堆降温或进行翻堆。有些还可以平放在地面发菌，至袋内料温基本稳定后，再堆高1~1.2m。若温度仍较高，可洒些冷水，开窗通气。

**（五）出现大量死菇**

1. 主要原因

（1）温度过高。无论何种温型的平菇，只要出菇温度超过上限，即30℃以上，就会大量死亡。

（2）湿度过低。出菇后空气相对湿度若低于80%，小菇就会因菇体水分大量急剧蒸发而萎缩死亡。

（3）通气不良。菇房中通气不良，二氧化碳浓度迅速增大，超过 0.5%时就会形成大如拳头或柄粗盖小的小脚菇；二氧化碳浓度更高时，幼菇体水肿，变黄溃烂，也易引起病菌感染而得病死亡。

（4）营养不足，使一些幼小菇蕾饥饿死亡。

2. 解决办法

（1）出现菇蕾后，控制空气相对湿度在 90%左右。

（2）随着子实体长大，应加强通风换气，特别是高湿时期，更要注意通风确保空气新鲜。

（3）掌握喷水量，控制空气湿度，注意喷水方法，主要是经常往地面及墙壁上洒水，尽量避免把水直接洒在菇体上。

（4）控制光照，避免阳光直射菇体。平菇栽培虽然取得成效，但科技要进步，生产要发展，从现有的生物转化率看，尚未达到应有的标准，其产量还有很大潜力，这些都要待于进一步探讨，加以完善。特别是生产者应结合自己的生产条件，所有的品种和积累的经验，在遇到问题时对症下病，灵活掌握，切不可生搬硬套，这样才能取得较满意的效果。

## 第二节　双孢蘑菇无公害高产栽培技术

双孢蘑菇又名白蘑菇、洋蘑菇，简称蘑菇。在分类学上属伞菌目，蘑菇科，蘑菇属。

双孢蘑菇是世界上栽培量最大的食用菌之一，也是我国食用菌栽培中栽培面积最大、出口创汇最多的拳头品种。双孢蘑菇不仅味道鲜美，色白质嫩，而且营养十分丰富。双孢蘑菇中的蛋白质含量不仅大大高于所有蔬菜，其含量和牛奶及某些肉类相当，而且双孢蘑菇中的蛋白质都是植物蛋白，容易被人体吸收。另外，双孢蘑菇中还含有多糖和其他活性物质，可以提高人体免疫力，具有营养保健双重功效。

人工栽培双孢蘑菇起源于法国，距今已有300多年的历史。我国人工栽培双孢蘑菇始于20世纪20—30年代，截至2012年我国双孢蘑菇产量已增加到218.3万t，中国已成为名副其实的双孢蘑菇生产大国。

## 一、双孢蘑菇生长发育条件

### （一）营养

它所需要的营养物质主要是碳源、氮源、矿物质、微量元素和生长素等。这些碳源和氮源广泛存在于农作物的秸秆和畜禽粪肥、饼肥以及含氮化肥如尿素、硫铵中。

### （二）温度

菌丝生长的温度范围为5～33℃，最适温度为22～25℃，子实体发育的温度范围为4～23℃，最适温度为16℃左右。温度高于19℃，子实体生长快，个体小，重量轻，肉质疏松，菌柄细长，易产生薄皮菇、开伞菇，品质差。温度低于12℃，子实体生长慢，个体大，肉厚，出菇少，产量不高。当温度降低到5℃以下时，子实体基本停止生长。

### （三）水分

培养料含水量要求控制在62%～63%。若含水量高，培养料因水多而透气性差，会产生嫌气发酵，培养料就会发黑、发黏、变酸变臭，理化性质差，容易出现线状菌丝，菌丝生活力下降；若含水量低，培养料会造成“干发酵”，使发酵后的培养料变成碎屑状，播种后菌丝生长缓慢，绒毛菌丝多，不易形成子实体。菌丝生长阶段，菇房内空气相对湿度保持在70%左右，一般覆土层的含水量在17%～18%。出菇阶段，特别是当子实体长到黄豆大小时，空气相对湿度提高到90%，覆土层含水量要求达到饱和状态，一般含水量在20%左右。

### （四）空气

蘑菇是一种好气性真菌。菌丝生长阶段，菇房内二氧化碳浓度保持在0.1%~0.5%，不能超过0.5%。出菇阶段，菇房内的二氧化碳浓度要下降为0.03%~0.1%时，当二氧化碳浓度超过0.5%时，就会抑制子实体分化。

### （五）酸碱度（pH值）

蘑菇菌丝体在pH值为5~8都可以生长，最适pH值是7左右。偏碱性的培养料对菌丝体生长有利，另外，偏碱的培养料可抑制杂菌的生长。因此，播种时培养料的pH值应调节在7.5~8，覆土层的pH值调节在7.5~8。

### （六）光线

除原基形成时需要微弱光刺激外，蘑菇整个生长过程都不需要光线。光线暗，子实体洁白。光线过亮或直射光太强会使菇体表面发黄变褐，菌柄细长，菌盖歪斜，使蘑菇品质下降。蘑菇生长发育对外界条件的要求，见下表所示。

表　双孢蘑菇生长发育对外界条件的要求

| 生长发育阶段 | 温度（℃） | | 湿度（%） | | | pH值 | | 光 | 通气 |
|---|---|---|---|---|---|---|---|---|---|
| | 范围 | 最适温 | 堆肥 | 覆土 | 空气相对湿度 | 堆肥 | 覆土 | | |
| 孢子释放 | 14~27 | 18~20 | | | | | | | |
| 孢子萌发 | 16~24 | 23~28 | | | | | | | |
| 菌丝生长 | 5~33 | 22~24 | 60~65 | 20~25 | 60~70 | 7~8 | 7~8 | | 小 |
| 子实体分化 | 5~23 | 15~17 | 60 | 20~25 | 85~90 | 7.5 | 7.5 | 弱 | 大 |
| 子实体发育 | 5~22 | 13~16 | 60 | 20 | 90 | 7.0 | 7.5 | 弱 | 大 |

## 二、双孢蘑菇生产常用菌种

### （一）双孢蘑菇品种类型

（1）按子实体色泽分可分为白色、棕色和奶油色3种类型。

白色双孢菇的子实体圆整，色泽纯白美观，肉质脆嫩，适宜于鲜食或加工罐头。但管理不善，易出现菌柄中空现象。子实体含有酪氨酸，在采收或运输中常因受损伤而变色。奶油色双孢菇的菌盖发达，菇体呈奶油色。出菇集中，产量高，但菌盖不圆整，菌肉薄，品质较差。棕色双孢菇具有柄粗肉厚、菇香味浓、生长旺盛、抗性强、产量高、栽培粗放的优点。但菇体呈棕色，菌盖有棕色鳞片，颜色欠佳，菇体质地粗硬，商品性状差，如引自美国加州的大棕菇。白色双孢菇形美、色好、质佳，颇受消费市场欢迎，在世界各地广泛栽培。奶油色及棕色双孢菇因质地和色泽较差，不适于加工制罐，一般以鲜菇供应市场，栽培规模受到很大限制。

（2）按子实体生长最适温度分可分为中低温型（如 As2796、U3、176 等）、中高温型（如上海 102、9506 等）及高温型（如夏菇 93、新登 96 等）3 种。大部分双孢菇菌株属于中低温型，最佳菇温是 13~18℃，产菇期多在 10 月至翌年 4 月。夏季因不能抵抗高温而停止生产。高温型菌株的适宜菇温是 26~32℃，适于 5 月底至 6 月初播种，7 月中旬至 9 月底出菇。高温型菌株是进行反季节栽培，消除市场淡季，提高生产效益的理想选择。

### （二）目前国内常用蘑菇菌种介绍

（1）AS2796。AS2796 是我国蘑菇生产重点推广的杂交品种之一。该菌株在 PDA 培养基上呈银白色，基内和气生菌丝均很发达，生长速度中等偏快，一般不结菌被，菌丝较耐肥、耐重水和高温，出菇期迟于一般菌株 3~5 天。菌丝爬土能力中等偏强，扭结力强，成菇率高，基本单生，20℃左右仍可出菇，适宜提前栽培。鲜菇圆整、无鳞片、菌盖厚、柄粗较直短、组织结实、菌褶紧密、色淡。该菌株要求投料量足和高含氮量，薄料或含氮量太低，可能产生薄皮菇，甚至空腹菇。

（2）A15。A15 基内和气生菌丝均很发达，菌丝较耐肥、耐重水，菌丝爬土速度快，出菇较早，出菇密度较大。鲜菇朵型圆整，色白，子实体散生、少量丛生，近半球形，不凹顶。环境干燥时表面有鳞片；菌柄白色，粗短近圆柱形，基部膨大明显。子实体组织致密结实。发菌适温22~26℃，原基形成不需温差刺激，子实体生长发育温度范围4~23℃，最适温度16~18℃；低温结实能力强。

（3）W192。W192贴生型菌丝，鲜菇半球形，色白，耐肥、耐水、抗高温性能好，具有转潮快、子实体成活率高、丛生菇少、产量高等优点，鲜菇朵型圆整，色白，菌盖肉比较厚，而且结实，耐储运。

（4）W2000。W2000为贴生型菌丝，朵型圆整，子实体单生，半球形，组织结实，色泽洁白，无鳞片；菌柄白色圆柱状，无绒毛和鳞片；菌褶紧密，细小，色淡。菌种播种后萌发力强，菌丝吃料速度和爬土速度中等偏快，纽结能力强，出菇较快，转潮较明显。该菌株生长温度广，耐高温，比较耐水，菇质比较结实，不易开伞，适合进行罐头加工及超市保险销售。

（5）AS3003。AS3003在PDA培养基上菌丝呈银灰色，基内和气生菌丝均很发达，在麦粒和粪草培养基上菌丝生长快。该菌株生长适应性广，最适生长温度为24~26℃，在含水量55%~70%的粪草料中可正常生长。鲜菇色泽洁白，朵形圆整，菌盖厚，柄中厚较直，组织结实，菌褶紧密色淡，不易开伞。该菌株适用2次发酵制备的培养料进行栽培，较耐肥，要求投料量足，投料量不少于30kg/m$^2$，含氮量应达1.4%以上，薄料或含氮量不足会引起产量、质量下降，出小菇或薄菇。

## 三、双孢蘑菇的栽培料配方及其处理方法

### （一）栽培季节的选择

一般说来，以长江为界，往北应早播种，往南应晚播种。如山东、河北、河南等省的蘑菇播种期一般在8月底至9月中旬；而上海、浙江、江西等省市选择在10月播种；广东、福建、广西等省区应选择在10月底至11月中旬播种。

### （二）培养料配方

以下所介绍的是国内外常用的蘑菇堆肥配方。

（1）干猪、牛粪 58%，石膏 1%，稻草或麦秸 40%，过磷酸钙 1%。

（2）玉米秸 40%，废棉 20%，玉米芯 10%，干牛粪 25%，石膏粉 2%，磷肥 1%，石灰 1%，促酵菌剂 1%。

### （三）培养料发酵工艺

蘑菇培养料的发酵方法分为 1 次发酵法和 2 次发酵法，现在普遍应用的是 2 次发酵法。

1. 2 次发酵

2 次发酵分前发酵和后发酵 2 个阶段。前发酵一般分预湿、建堆、翻堆等步骤，时间一般为 14 天左右，翻堆 3~4 次，间隔时间为 5 天、4 天、3 天、2 天，第 3 次翻堆结束后即可铺入床架（或集中发酵隧道）转入后发酵（5~7 天）。后发酵是采用人为的办法使前发酵料堆温继续维持在 58~62℃，持续 6~8 小时。这也是 1 个巴氏消毒的过程。经 2 次发酵的培养料双孢菇产量一般比 1 次发酵培养料产量可提高 30%左右。2 次发酵分室内发酵和隧道发酵。

（1）室内 2 次发酵。

铺料：前发酵结束后，马上趁热把料搬入菇房（棚）内床架上，一般料层厚度 20~25cm，堆放时要求疏松，原料混合均匀，厚度基本一致。铺完料后，地面打扫干净。

自然升温和温度平衡阶段：培养料上床架后，关闭门窗，利用自身热量让料自然升温，室温控制在 40~45℃。历时 1~2 天。

加热升温巴氏消毒阶段：当室温 40~45℃，堆肥温度 55℃左右时便可通入蒸汽，尽快把室温升到 57℃，料温控制在 58~62℃，并维持 6~8 小时。杀菌过程不必通风换气，以免热量损失。

控温腐熟阶段：巴氏消毒结束后，停止加热供气，将室温控制在 40~45℃，料温控制在 46~53℃，维持 4~6 天。

降温整床阶段：控温发酵时间到达后，如果已经闻不到氨气味、料温已降到接近43℃应立即通风降温，在12小时内把料温降到30℃以下，转入整床播种。

经2次发酵后的基料呈深棕褐色，在料内表面应有1层白色长毛菌，料内应有大量灰白色嗜热性菌群；料疏松，腐熟均匀而富有弹性，秸秆轻拉即断；含水量为65%左右；pH值为7.5~7.8；有料香，无氨臭等异味；无病原菌和害虫；含氮量为1.8%~2.0%。

（2）隧道2次发酵。

第1天：进料后关闭隧道，开始通循环风，间断的送新风5%~10%，空气和堆温都在50℃。

第2天：到达50℃以后，把温度设定在57~60℃，维持12小时，升到60℃以上，立刻自动通入外界空气，使之冷却，巴氏灭菌之后把空气温度设置在46~48℃，通入外界空气冷却至48~53℃。

第3~7天：腐熟，巴氏灭菌后，通过新风和回风气阀的自动开关，把堆肥温度维持在48~53℃，给新风使料温下降，空气温度上升，停风时反之，如此反复调节，即可使保持料温，7天（168小时）后，将循环风全关闭，只给新风降温排氨，10小时后料温将至30℃以下，出仓播种。

2. 隧道发酵

1次发酵、2次发酵全部在隧道内进行，隧道式发酵处理量大、能耗低，效益高，无环境污染，经隧道前、后发酵和发菌的原料，可同时进行铺床、覆土2道工序；或压制成方便转运的料块，将蘑菇生产工艺由一区制改进为二区制或三区制，空调菇房由1年栽培4次增加到6~8次，大大提高了生产效率。

堆肥发酵工艺包括预堆发酵、1次发酵、2次发酵3个阶段约22天。

（1）草粪预湿。1~2天，按栽培配方准备原料，并混匀；料：水=1：3。

（2）预堆发酵。室外，7 天内翻堆 2 次，混匀草粪，避免厌氧发酵，料温 55~70℃。

（3）1 次发酵。发酵仓内，7 天内倒仓 1 次，使堆肥均质，料温 60~78℃。

（4）2 次发酵。隧道内，7 天内完成巴氏灭菌和堆肥腐熟。

（5）堆肥产品。堆肥发酵第 3 阶段（隧道发酵）的料温控制如下。

①料温拉平期（2~8 小时）：关闭新风，只是进行隧道内部气流循环，使料温均衡。

②料温拉升期（8~16 小时）：适当开启新风供氧，促使微生物增殖产热，使料温速升。

③巴氏杀菌期（8~10 小时）：巴氏消毒有效料温：58~60℃。

④堆肥降温期（4~6 小时）：适当增加新风供量，降料温到 50℃。

⑤堆肥腐熟期（4~5 天）：维持料温 48~50℃，促进高温放线菌增殖，腐熟堆肥，赋予其选择性。

⑥发酵第 7 天结束：大量送新风降料温到 30℃ 以下，及时出料不许料温回升。

## 四、大棚双孢蘑菇生产管理

### （一）播种

蘑菇播种方法经常使用的有 4 种。

（1）穴播法。每 5~7cm$^2$ 用手指或木棍挖 1 穴，放入红枣大小菌种块，用料将菌种盖住。一般每瓶麦粒种可播种 1m$^2$。

（2）条播法。在料面开若干宽 3~5cm，深约 5cm 的横沟，沟间距 10~13cm，播种后用料覆盖菌种，轻轻拍打，使料种紧密接触。

（3）撒播法。先将菌种量的 2/3 撒于料面，然后用手或耙将菌种翻入料内，再将剩余的 1/3 菌种覆盖在料面，用木板轻轻拍实，使菌种和料紧密接触。

（4）混播法。将培养料料层厚的 2/3 与菌种拌匀，再将培养料整平，轻轻拍实。

**（二）播种后管理**

（1）控温保湿。一般播种后 1~3 天，不要打开门窗通风，菇房温度控制在 28℃以下，菇房相对湿度控制在 75%左右，促进菌种萌发。

（2）撬料通气。当菌丝吃料一半时，为增加料内通气，可用三齿钩斜插入料深 3/4 处，轻轻撬动几次，或从床底部向上顶动几次，把已经开始变硬结块的培养料撬松，加强通风，然后整平料面，促使菌丝向料底继续生长。

（3）检查发菌情况。播种后 2~3 天如发现菌种不萌发、不吃料或菌丝生长慢、菌丝少或退丝时，要及时查明原因，采取相应的补救措施。

（4）检查有无杂菌、虫害发生。如料面有毛霉或螨等杂菌、害虫，要及时采取相应的防治措施。

**（三）覆土**

目前常用的覆土材料有田园土（沙壤土）、泥炭土、河泥砻糠等。其中，河泥砻糠是目前使用较广、效果较好的一种合成土。制作方法是取河泥 800kg，摊放地面过夜，加石灰粉 8kg，碳酸钙 80kg，充分拌匀后，再和用石灰水浸泡一夜的稻壳 40kg 充分混匀，使每粒稻壳表面上均沾有河泥，即可上床覆盖。

常规的覆土方法分覆粗土和细土 2 次进行。覆粗土后要及时调整水分，喷水时做到少量多次，每天喷 4~6 次，2~3 天把粗土含水量调到适宜湿度。覆粗土后的 5~6 天，当土粒间开始有菌丝上窜，即可覆细土，细土含水量应略干于粗土含水量。整个覆土层厚度不要超过 4cm，过厚容易出现畸形菇和地雷菇；但也不宜过薄，太薄容易出现长脚菇和薄皮菇，容易开伞。

### （四）出菇管理

覆土后15~18天，经适当的调水，原基开始形成。这些小菌蕾经过管理逐渐长大、成熟，这个阶段的管理就是出菇管理。

1. 秋菇管理

蘑菇从播种、覆土到采收，大约需要40天的时间。秋菇期间，由于培养料营养丰富，气温适宜，蘑菇生长速度快，出菇密度大，潮次周期短，产量集中，蘑菇对水分、空气需求量大。因此，必须处理好温度、湿度、通风三者之间的关系，做好出菇管理。

（1）水分管理。秋菇前期，一般一潮菇喷2次出菇重水。当每潮菇长到黄豆粒大小时，喷1次重水；当每潮菇采收到80%左右时，喷1次重水。采菇前后不要喷水，以免影响蘑菇质量和下一潮菇的形成。喷水应在温度适中时（18℃以下）进行，一般在夜间或早、晚喷水。秋菇后期，喷水量应相应减少，同时，要采取轻喷、勤喷的喷水方法。一般控制在每平方米每次喷水0.5kg左右。

喷水时要力求均匀，最好呈雾状。喷头朝上或稍向上倾斜，防止水流直接喷到幼菇上。喷水前后要及时检查土粒的干湿度，灵活喷水。

（2）温度管理。秋菇前期气温高，当菇房内温度在18℃以上时，要采取措施降低棚内温度，如夜间通风降温、向棚四周喷水降温、向棚内排水沟灌水降温等。秋菇后期气温偏低，当棚内温度在12℃以下时，要采取措施提高棚内温度，一般提高棚内温度的方法有采取中午通风提高温度，夜间加厚草苫保持棚内温度，或用黑膜、白膜双层膜提高棚内温度等措施。

（3）通风换气。出菇后，菇房内必须经常保持空气新鲜，随时注意做好菇房的通风换气工作。但注意通风时，一是通风不提高菇房内的温度；二是通风不降低菇房内的空气湿度。秋菇后期，可适当减少通风次数。但是在通风较差的菇房，出现柄长盖小的畸形菇时要及时进行通风管理。

（4）挑根补土。秋菇期间，每次采菇后，应及时将遗留在床面上的干瘪、变黄的老根和死菇剔除，以防杂菌滋生。每次挑根后，应及时用湿润的细土将采菇时带走的泥土补上，以免喷水时，水渗透到培养料内而影响菌丝生长。

2. 冬季管理

蘑菇冬季管理主要目的，是保持和恢复培养料内和土层内菌丝的生长活力，并为春菇打下良好的基础。

（1）水分管理。秋菇结束后，及时在培养料反面打扦戳洞，增加料内的透气性，排出料内有害气体，使料内菌丝能得以生息、复壮。当气温降至 10℃ 以下时，床面要少喷水，降低土层湿度，当气温降至 5℃ 以下时，床面上每周只需喷 1~2 次水，保持细土不变白，稍湿润即可。

（2）通风换气。秋菇结束后，每天中午可开南窗进行通风 1 小时，使菇房内经常得到新鲜空气，排除菇房内二氧化碳。

（3）松土、除根、喷发菌水。冬季后期，为使土层内菌丝能够得以更好地恢复生长和发展，需要对土层进行 1 次全面的松动，松土、除老根前，菇房需通风 2~3 天，使土层水分蒸发便于松动。松土的方法要根据具体情况灵活掌握。

松土及除老根后，需及时补充水分以利发菌。发菌水应选择在温度开始回升以后喷洒，发菌水总的用量一般为每平方米 3kg 左右，2~3 天喷完，每天喷水 1~2 次。喷水后应适当进行通风。

3. 春菇管理

（1）水分管理。春菇前期调水应勤喷轻喷，忌用重水。每天每平方米用水 0. 5kg 左右，随着气温的升高，蘑菇陆续出菇后，可逐渐增加用水量。把握春菇的出菇时间尤为重要。一般气温稳定在 12℃ 左右时，调节出菇水，就能正常出菇。

（2）温度、湿度及通风换气的调节。春菇管理应以保温保湿为主，使菇房保持在一个较为稳定的温湿环境，有利于蘑菇生长。通风时严防干燥的西南风吹进菇房，以免引起土层菌丝变黄萎缩，失去结菇能力。

## 五、工厂化双孢蘑菇出菇管理

目前我国农户栽培双孢蘑菇工艺繁杂，但栽培技术相对落后，工厂化栽培是营造适合双孢蘑菇生长发育的理想环境条件，全年实现栽培 6 个周期，产量达到 22~28kg/$m^2$。

### （一）上料

上料前先用石灰测一下培养料氨气含量，合格则上料。根据培养料的实际物理情况调节好上料的厚度，采用机器上料。上料过程中撒落在地面上的培养料不可上到床架，直接丢弃。545$m^2$ 栽培面积上均匀地撒入 450~550L 菌种。上料床面要平整无断节，厚度一致，上料密度均匀。撒种后覆盖薄膜，并保证不会被风吹起，起到保湿的作用。上料过程中所使用到的机器和工具在使用前均要 1% 的福尔马林消毒，使用完后仍要用 1% 的福尔马林清洗消毒，清扫菇房地面和排水道中的杂物，消除潜在的污染源，保证环境的卫生。

### （二）发菌管理

覆盖薄膜后，上料、压平、撒种、盖膜、消毒要一次性完成。以后每隔 5~6 天消毒 1 次，发菌期间根据实际情况来调节空调换热系统，密切注视料温的变化，使空气温度在 23~26℃控制料温在 25~28℃的范围内，空气相对湿度保持在 90%~95%，二氧化碳的浓度可控制在 1 500~3 000mg/kg，此阶段对氧气要求不严格。菇房内的温度是通过制冷（夏天）、换热（冬天）、外界空气的温度、通大风或小风、打水各因素综合作用来实现的，发菌初期可以不通新鲜空气，待菌丝、料温有变动的倾向后开始少量通入新鲜空气，切记根据外界空气的温度来合理调节。

### （三）覆土配制

工厂化栽培采用纯草炭土进行栽培，草炭土透气性好，吃水率高，是目前最好的覆土材料，草炭土要和石灰（生石灰）、沙子混合均匀，沙的比例为 15%~18%，石灰的比例为 1.5%~2.0%，经粉碎机粉土后后用石灰水调节 pH 值在 7.5~8.0，含水量在 60%~65%。冬季配土时，使用蒸汽消毒，通蒸汽使温度升至 60℃维持 2 小时或 55℃维持 5 小时，目的是杀死覆土中的线虫。

**（四）覆土管理**

菌丝长好后，可见菇床表面很多黄色水珠并且表面菌丝连接在一起，便可撤膜，待床面的水分被吹干后，可进行覆土。覆土厚度 3.5~4cm，要求厚度均匀，覆土后用耙菌机对床面进行平整。整个过程中撒落在地面上的覆土不可铺到菇床上，可运回配土区重新消毒使用。覆土后空气温度在 23~26℃、料温在 25~28℃，料温不可高于 33℃。

覆土后当天用多菌灵对地面消毒 1 次，2~3 天后可看到菌丝吃土时，便可进行打水。前期打水要足，防止覆土下层菌丝过旺致使土层板结。打水时不可 1 次打过量的水，可分多次打水，每次控制打水不可过量，打水的标准是抓土看得见水但不会流入培养料中。

菌丝吃土 3/4~4/5 时，可用耙菌机耙菌，耙平深度至料面，但不可挖出培养料。覆土后到耙平的浇水量一般用手挤有 2~3 滴水，耙菌前 1 天用多菌灵对菇床及地面消毒 1 次，耙菌后稍微提高一下空气温度至 25~26℃，让菌丝快速恢复，等看到菌丝连接起来便可降温至 15~17℃、料温 17~19℃，该过程靠通大风（冷风）和打水共同作用进行。若覆土偏干时，可结合降温加适量的水，此时忌大量浇水，空气湿度保持在 85%~90%，保持空气新鲜，防止菌丝徒长。若不进行耙菌，菌丝吃土 4/5 时，提高一下空气温度至 25~26℃，给菇房提供一个高温、高湿、高二氧化碳浓度的环境，让菌丝徒长，待大面积都冒菌丝后便可降温。

**（五）出菇管理**

出菇前，覆土含水量保持在 70%左右，视蘑菇、菇潮、气候而加水，注意调水与加水相结合，风道外、高层床架覆土不可偏干。出菇时空气温度 15~16℃、料温 17~18℃最好，空气相对湿度控制在 85%~90%，二氧化碳浓度控制在 1 400mg/kg以下。形成菇蕾至菇蕾长大如花生粒大小前，菇床最好不要喷水，防止菇蕾死亡或颜色不正，可根据实际情况进行调湿。蘑菇采摘前勿用重水浇灌蘑菇，以免降低其品质。每天检查1次病虫害情况，发现病原及时控制。严格监视生产过程各种致病因素的发展趋势，测预报病害动态，以便及时采取措施，达到“以防为主，综合防治”的目的。

**（六）转潮菇管理**

每潮菇一般采收3天为宜，第1天采大菇，第2天采收大部分菇，第3天采收剩余的菇。清床后将床面清理干净，做到不留菇根、老菇、死菇，并用覆土填补坑洼处，清床后床面喷施1次多菌灵。1次采菇时可将空气温度适当降到14～15℃，转潮期间，料温可适当提高至20～21℃，促进蘑菇菌丝恢复，相对湿度维持在85%～90%，二氧化碳浓度可控制在2 000～3 000mg/kg，待菇蕾扭结后温度降至15～19℃，二氧化碳浓度降至1 400mg/kg以下。

**（七）卸料**

三潮清床后，立即密封菇房并通蒸汽，温度升至72℃后保持8～10小时。卸料后，需彻底清洗菇床、尼龙网布、撤料后，库房管理人员要及时清洗床架和排水管道，避免污水在菇房内停留，保证墙壁、床架上及缝隙中无残留的废料。

**（八）采菇要求**

采菇时须严格按照“一压、二拧、三提起”的原则操作，禁止手抓多个菇柄而带出大块覆土。采菇工及其衣服在上下班时须认真消毒（工作衣下班时挂进臭氧发生器或紫外线杀菌消毒的更衣间，菇筐用清水洗净，100mg/kg余氯消毒50秒，清水冲洗干净表面残留消毒液），严禁采菇工串房作业，蘑菇病区专人专采专消毒；严禁采菇工、管理工脚踩床面及置菇筐于床面。菇柄留至5～10mm；菇柄切面须垂直；床面清理时不留小菇、烂菇、老菇、开伞菇及菇根等杂物，床面深洞应填平。

## 六、蘑菇栽培常见问题及防范措施

（1）菌丝萎缩覆土后料面菌丝出现萎缩死亡。原因是土粒间隙大，调水时喷水过重，造成料面和土层之间水分过多，氧气供应不足，菌丝因缺氧而萎缩。另外，调水期间菇房通风不良，以及高温期间喷水，蘑菇菌丝自身代谢产生的热量和二氧化碳，不能及时散发而受到伤害，也会出现菌丝萎缩现象。防止上述现象的产生，在覆粗土后用中土添缝，喷水时采用勤喷、轻喷的方法，喷水后及时通风，高温时不喷水。

（2）菌丝徒长菌丝生长过旺、过浓而板结，乃至长出细土表面后迟迟不能出菇。原因是覆盖细土过迟，细土调水过急，粗土先干后湿，上干下湿，结菇水喷水过迟，菇房通风不够，菇房相对湿度过高等因素而造成了菌丝在土层中的过分生长。针对上述情况，应分别采取相应措施。如用松动或拨动破坏土层中的板结菌丝，阻止菌丝在土层中的继续生长，加大菇房通风，喷用重水，促使结菇。

（3）出菇过密而小菌丝扭结形成的原基多，子实体大量集中形成，菇密而小。主要原因是结菇重水使用过迟，使菌丝生长部位过高，子实体在细土表面形成。另外，结菇重水用量不足，菇房通风不够，也容易造成出菇密而小。为防止上述现象发生，在使用结菇重水时，一定要及时和充足，同时，菇房注意加强通风。

（4）顶泥菇和稀菇菌丝在粗土间扭结，造成第 1 批菇多从粗土间顶出，菇大、柄长、菇稀，出菇提早。原因是粗土调水后，通风过量，覆细土过迟，使原基在粗土缝或细土底部形成。另外，细土调水不及时或覆细土过厚，结菇重水使用量过大过急，菇房湿度不够，都容易造成这种现象发生。防止这种情况的产生，应注意粗土调水后及时减少菇房内的通风，及时覆细土，保持细土有一定的湿度，提高菇房内的空气相对湿度，吊高菌丝的生长部位，防止在粗土层内结菇。

（5）死菇。在蘑菇生产中经常会出现大批死菇现象。原因一是在蘑菇原基形成后，尤其在出现小菇蕾时，由于温度过高（超过22℃），已形成的大批原基因营养受阻而逐渐干枯死亡。二是喷用结菇重水前未及时补土，米粒大小的原基裸露，此时易受水的直接机械性刺激而死亡。三是结菇和出菇重水用量不足，粗土过干，小菇也会因得不到水分干枯死亡。针对上述原因，防止出菇期间高温的影响，喷水时保护好幼小菇蕾，可有效地减少死菇现象的发生。

## 第三节　金针菇无公害高产栽培技术

金针菇又名冬菇，隶属于伞菌目，口蘑科，小火焰菌属或金钱菌属。是野生于秋末春初季节的一种小型伞菌。金针菇在自然界广为分布，中国、日本、俄罗斯、欧洲、北美洲、澳大利亚等地均有分布。在我国北起黑龙江，南至云南，东起江苏，西至新疆维吾尔自治区等省区绝大部分地区均适合金针菇的生长。

金针菇性寒、味咸、滑润，有利肝脏、益肠胃、增智、抗癌等功效。为人体必需的8种氨基酸，其含量丰富，占氨基酸总量的44.5%，其中，赖氨酸和精氨酸含量特别丰富，能增强儿童的智力发育，国外称之为“增智菇”。另外，金针菇中还含有朴菇素和活性多糖，对癌细胞有抑制作用。

金针菇栽培周期短，方法简便，成本低，原料来源广泛，经济效益高，既适合家庭种植，又可进行工厂化生产，是目前世界上产量仅次于平菇、双孢菇、香菇的第四大食用菌栽培种类。

### 一、金针菇生长发育条件

#### （一）营养

金针菇是一种木腐真菌，菌丝细胞能分解木材等有机物，从中获得碳源、氮源、无机盐和维生素等以供其生长发育。但金针菇分解木材的能力比较弱，所以通常用熟料栽培，碳源主要是农作物秸秆和木材。氮源有麦麸、米糠、玉米粉、棉籽粕、豆饼粉等。无机盐有磷酸二氢钾、硫酸镁等，维生素有维生素 $B_1$、维生素 $B_2$ 等。

**（二）温度**

金针菇属于低温结实性真菌，是当前大宗食用菌栽培品种中生长温度最低的品种。菌丝体生长的温度为 7~30℃，最适 23~24℃，温度过高或过低菌丝体生长都将受到限制。子实体形成温度为 5~20℃，最适为 6~12℃，其中，黄色菌株为 8~12℃，白色菌株为 6~10℃。温度低，子实体分化慢，但子实体产生的数量多而细小。温度高于 21℃子实体不易分化，并容易干枯，菌柄粗短，基部色泽变褐，绒毛增多，商品价值低。子实体发生后在 4℃下短期抑制处理，可使金针菇发生整齐，菇形圆整。

**（三）湿度**

金针菇为喜湿性菌类。菌丝生长阶段培养料含水量以 63%~65%为最适，高于 70%培养料中氧气减少，菌丝生长缓慢，污染率也高。低于 60%菌丝生长不良，子实体分化少，产量低。子实体形成阶段要求空间相对湿度为 80%~95%，以 85%~90%为最适。湿度低，幼小菇蕾易枯萎而停止生长，湿度过大则易导致病虫害。

**（四）空气**

金针菇是好气性真菌。金针菇在菌丝体生长阶段对氧气的需求量不大，但在子实体形成阶段需要足够的氧气。金针菇对二氧化碳较敏感，当二氧化碳浓度超过 0.3%时，就会抑制菌盖的发育，达到 0.5%时，子实体的形成和菌盖的发育就会受到严重抑制，但是较高浓度的二氧化碳会起到抑制菌盖生长而促进菌柄生长的作用。因此，在人工栽培上利用这一特点，当子实体生长到一定时期，套上塑料袋减少氧气供应，适当增加二氧化碳浓度，人为地促使菌柄伸长，可达到优质高产的目的。

**（五）光线**

金针菇菌丝生长阶段不需要光线，在黑暗条件下，子实体原基也能分化形成，但微弱散射光能促进原基分化和促进子实体提早成熟。子实体具有向光性，对光线较敏感，黄色品种长期光照易形成深褐色。

### （六）酸碱度

金针菇菌丝在 pH 值 3~8.5 的范围内均能生长，较适 pH 值为 4~7。子实体分化需要弱酸性培养基，最适 pH 值为 5~6。一般情况下，采用自然 pH 值，加上有磷酸根离子和硫酸镁的培养基，菌丝生长就很旺盛。

## 二、金针菇主栽品种及特性

目前，山东省内金针菇栽培品种有白色、黄色以及淡黄色品种。

### （一）白色品系

这类菌株一般子实体为白色或乳白色。菇质鲜嫩柔软，菇体色泽对光线不敏感。白色品系金针菇菌丝生长较慢，抗逆性差，抗杂能力弱。瓶、袋栽培时，菌丝不易长透培养料。出菇期间对二氧化碳耐受力弱。在通气不良的环境中，菇蕾发生虽多，但成菇数量少，且菇柄易扭曲、畸形或腐心。这种现象在后期尤其严重，故生产中常只收前 2 茬菇，所以，产量较低。白色品系金针菇菇体洁白，适合于加工成出口商品。

1. 日本白金针

日本白金针出菇温度 6~18℃，生物转化率 80%~100%，白色，菌柄细长，不易开伞，产量高，抗杂，耐水。

2. F21

F21 为浙江省江山市微生物研究所选育菌株。出菇整齐，柄长 15~23cm，菌盖内卷，不易开伞。

3. Fv088

Fv088 为河北省微生物研究所引进选育。菇体纯白色，不易开伞，菌丝生长温度 3~30℃，最适温度 22~24℃；子实体形成温度

3~18℃，最适温度12℃左右。

4. 鲁银针1号

鲁银针1号为山东省农科院资环所选育。出菇温度5~18℃，子实体纯白色，生物转化率85%~100%，菌柄细长，不易开伞，抗杂抗病性强。

5. 金针菇SD-1

金针菇SD-1为山东省农科院资环所选育。子实体丛生、直立，通体纯白色。菌盖呈半圆球形，边缘内卷，直径0.7~1.1cm，厚度0.7~0.9cm，不易开伞；菌褶白色，离生；菌柄长16~20cm，直径0.25~0.35cm，韧性较强，菌柄近基部有细密、白色绒毛，粘连少，无褐变；孢子印白色。适宜工厂化控温菇房栽培。菌丝生长适温20~25℃，子实体生长发育适温5~16℃，最高耐19℃。出菇期菇房温度控制在5~12℃，空气相对湿度控制在85%~90%，灯光诱导，二氧化碳浓度控制在0.15%左右。该品种菇潮间隔期12~14天。生物转化率达90%~110%。

6. 金白1号

金白1号为纯白色，出菇温度3~22℃，一潮、二潮出菇特别整齐，菇柄粗细中等，柄长挺直光滑，根部不粘连，菇体洁白晶亮，口感脆嫩，菇盖小球状，不易开伞。耐高温，上市较早。生物转化率可达100%以上。

**（二）黄色品系**

这类菌株的子实体金黄色或浅黄色，菌盖软滑，子实体生长发育的适应温度范围比较广泛，出菇早，有时会出现边发菌边出菇现象。转潮快，出菇后劲足，菇质脆嫩，香味浓郁，菇体色泽对光线比较敏感，适于生产鲜菇内销。

1. 杂交19

杂交19菌丝生长最适温度22~24℃，出菇温度6~20℃，生物转化率90%~110%，淡黄色，子实体整齐密集，分化快，转潮快，不易开伞，适宜鲜销。

2. F135

F135出菇温度5~20℃，生物转化率100%~110%，子实体黄色，不易褐变，高产质优，不易开伞。

3. 三明1号

三明1号出菇快，子实体浅黄色，栽培周期短，70~80天便可完成整个栽培周期。产量高，生物效率可达90%~120%。质量好，菌柄粗细均匀，色泽淡，适温范围较宽，5~21℃下均可出菇。抗逆性强，病菇与畸形菇少。

4. 鲁金针1号

鲁金针1号为山东省农科院资环所选育。出菇温度7~20℃，幼菇菌盖淡黄至黄色，菌柄上部色淡，为乳白色至浅黄色，下部色深，为浅黄褐色。抗逆性强，接种后菌丝吃料快，出菇早，生物转化率90%~110%。菇蕾生长期间只需微弱散射光，菇体颜色随光照增强而加深。

5. 金针菇SD-2

金针菇SD-2为山东省农科院资环所选育。偏低温型品种。子实体丛生，乳黄至淡黄色。菌盖淡黄色，近半球形，顶部稍凸起，直径0.7~1.3cm，厚度0.7~0.8cm；菌褶乳白色，离生；菌柄上中部乳白至乳黄色，下部淡黄至黄色，长15~19cm，直径0.3~0.4cm，基部有褐变及少量黄色绒毛；孢子印白色。菌丝生长适温22~26℃，子实体生长发育适温6~19℃，最高耐22℃。出菇期控制菇房温度在7~15℃，空气相对湿度在80%~90%，散射光，二氧化碳浓度控制在0.12%左右。生物转化率可达100%~120%。

6. 金针913

金针913浅乳黄色，出菇温度3~15℃，较耐低温，菇柄长，硬挺，菇柄从顶部自上而下为浅白色，根部乳黄色，菇盖小球状，大小一致整齐，不易开伞，采收后浸水根部也不变褐色，一潮、二潮出菇特别整齐，色泽较好。生物转化率可达100%以上。

## 三、金针菇优质高产栽培技术

金针菇栽培可用袋栽、瓶栽等方法。无论采用哪一种栽培形式，栽培程序基本可分为发菌管理和出菇管理两大阶段。发菌管理包括原料准备、培养料配制、装料、灭菌、接种和菌丝体培养等；出菇管理包括催蕾诱发原基、低温驯养、子实体生长、采收、采收后管理等。

### （一）袋式栽培

袋式栽培金针菇是我国目前最常使用的一种方法。优点是投资少，方法简便，产量高，效益大。

1. 栽培季节安排

华北地区，1 年可安排 2 次栽培。第 1 次于 9 月中下旬接种发菌，最迟不超过 10 月上旬，11 月下旬或 12 月上旬进入出菇期。第 2 次是于 12 月或翌年 1 月，采用室内生火（火墙、火炕）加温培养，只要温度维持在 18℃以上，菌丝就能正常生长发育，于春季 2—3 月，自然气温回升到 10℃左右，即可适时出菇。

2. 栽培场所

栽培设施建在地势平坦、通风良好、便于排水的地方，应利于控温、控湿、控光和防治病虫害。可采用简易栽培棚、地沟菇棚、冷库菇房及人防工程设施栽培。

（1）简易栽培棚建造。采用南北长 30~50m、内宽 5~7m 的塑料拱棚，棚内地面下挖 0.2~0.3m，四周墙体厚 0.8~1.2m，东西墙高出地面 1.5m，棚顶高 2.7m，南北两端设门，棚内立体出菇菌墙、菇畦或出菇床架设为东西向，操作道宽 0.6m。棚顶覆盖无滴膜，上覆草苫，棚顶上方架空搭盖遮阳网，保持棚内光线均匀。

（2）地沟菇棚建造。采取南北向建造地沟菇棚，地沟上口宽 2.5m，底宽 1.5m，深 1.2m，地沟两沿筑高 0.3m，上搭建拱棚，棚高 0.7m，菇棚长度一般为 25m 左右。棚顶先覆盖一层塑料薄膜，再覆盖 1 层草苫，草苫的厚度以棚内基本无光线为准，然后再覆上 1 层薄膜以防雨雪，南北两端留进出门，挂封草苫。棚与棚之间留好排水沟。

（3）地下室及防空洞。一般是利用现有地下室和防空洞改造而成，要求有良好的通风换气设施、光源和水源等，里面设置培养架等或直接将菌袋置于地面进行出菇管理。

（4）冷库菇房建造。冷库房应根据生产规模大小建造，单库房容积应根据栽培袋存放数量来定。2 万袋库房大小为 11m×6m×4m，中间床架宽 1.2m，边床架宽 0.98m，床层间距 0.5m，底床离地面 0.2m，顶床距库房顶 1m 以上，床间走道 0.7m。按冷库标准要求进行建造。制冷设施：与冷库大小相匹配，配置制冷机及制冷系统、风机及通风系统和自动控制系统；消防设施：要有健全的消防安全设施，备足消防器材。

3. 栽培袋的制备

（1）培养料配方。棉籽壳、玉米芯、豆秸、花生茎蔓、玉米秸、棉秆等都可作为栽培原料，新鲜木屑须经发酵或陈旧曝晒后使用。玉米芯及豆秸需粉碎，粒度为 2cm 左右。

配方 1：棉籽壳 50%，玉米芯 27%，麦麸 15%，玉米粉 4%，棉籽饼粉 3%，石膏粉 1%；

配方 2：玉米芯 42%，棉籽壳 32%，麦麸 22%，玉米粉 3%，石膏粉 1%；

配方 3：棉秆粉 55%，棉籽壳 20%，麦麸 20%，玉米粉 3%，石膏粉 1%，轻质碳酸钙 1%；

除上述配方外，各地可根据当地原料资源，选用其他配方，但需做栽培试验。

（2）拌料。拌料时，把棉籽壳、木屑等主料，在地面堆成小堆，再把麦麸、米糠、石膏等辅料，由堆尖分次撒下，然后将事先溶化好的糖等辅料和定量的清水，分次倒入混合料内，使料水混合均匀。金针菇培养料的含水量以 60%~65%为适宜，即用拇指、食指和中指紧捏住培养料可见水迹即为合适。培养料的酸碱度也要适宜，金针菇喜偏酸的环境，适宜的 pH 值为 6 左右。

（3）装袋。培养料拌好后应立即装袋。金针菇一般用一头出菇法，因此，宜选用规格为 17cm×（30~33）cm 的成品袋（一头已封口）。装袋时边提袋边压实，一般每袋可装干料 0.65kg 左右，装袋松紧适宜，且必须当天完成，以防酸败。

（4）灭菌消毒。灭菌可采用高压蒸汽灭菌在 0.15 兆帕的蒸汽高压灭菌条件下需灭菌 2.5 小时；也可用常压湿热灭菌，在 100℃高温下需维持 10~12 小时，推荐用常压灭菌。

4. 接种

当袋子温度降至 25℃以下时接种，接种前消毒。一般 500g 瓶装菌种接 25~30 袋。

5. 发菌管理

（1）温度。刚接种的料袋，进入菇房后的头 3 天内，其菌种正处于恢复和萌发过程，其料温一般比菇房空气温度低 1~2℃，这时，菇房温度可适当调高 1~2℃；3 天后菌丝进入吃料阶段，这时料温往往比室温高出 2~4℃，所以，菇房的温度应相应地调低。一般采用控制通风量的大小来调节室温。由于菇房上部与下部、中间与靠四壁的温度不尽相同，为了使发菌一致，每 10 天左右要倒垛 1 次，调换料袋的位置。在倒袋的过程中如发现有杂菌污染的袋，要及时拣出，进行处理。

（2）湿度。发菌期间，宜干不宜湿，且掌握前偏干后偏湿的原则进行管理。菇房内空气相对湿度，发菌前期，应保持在 60%左右，后期应保持在 65%左右。菇房内湿度太大时，可在地面撒布石灰粉，以降低湿度。

（3）通风。发菌期间应保持良好的通风，注意袋内菌丝生长的情况，一旦发现菌丝生长缓慢，要及时解开扎口的线绳，以利于透气增氧，加速菌丝生长。

（4）光照。发菌期间，菇房应保持暗的环境，菇房门窗应拉上门窗帘或糊上报纸，用来遮光。

6. 出菇管理

（1）出菇前管理。根据品种特性和市场情况及菇房温度条件分批开袋。早熟品种先开袋，晚熟品种后开袋，市场形势好早开袋，温度适宜时早开袋。开袋时先松口而不直接撑口。

当菌丝体表面有黄色水珠出现时搔菌，搔菌后要把塑料膜筒拉直，整齐排放在床架上，应及时盖薄膜，防止菌料表面干燥。

（2）催蕾。搔菌和盖膜后，控制菇房内温度在 12～15℃，空气相对湿度 85%～90%，每天揭膜通风 1～2 次，每次通风时间 20 分钟，给予一定的散射光，经 7 天左右菇蕾即可形成。菇蕾出现后每天通风最少 2 次，每次 20～30 分钟，揭膜通风时要将膜上水珠抖掉，以免滴在菇蕾上引起病害。

（3）抑菌。抑菌的时间在现蕾后 3～5 天，菌柄长至 1～2cm 时及时进行抑菌。抑菌期间温度降至 6～8℃，停止喷水，空气相对湿度控制在 85%左右，加大冷风通气量，每次通风 0.5～1 小时，使 $CO_2$ 浓度达到 0.11%～0.15%范围内，增加光照强度（可用40W 日光灯）。通过上述条件 3～4 天的管理，子实体虽然生长缓慢，但菇丛健壮整齐密集。

（4）优质菇培育。抑菌后，将菇房温度调至 8～13℃，最高不超过 15℃，温度过低子实体生长过慢，而过高生长不整齐，易开伞；空气相对湿度应保持在 85%～90%，适量向地面和空间喷水；及时套袋促使菇丛直立伸长，结合保湿轻通风，控制 $CO_2$ 浓度在 0.5%以下；以 80～100Lx 光照强度诱导菇丛整齐生长，而不发生扭曲。若菇房温度在 15℃ 以上时，要降低空气湿度，加大通风。经 7～10 天，即可采收。

7. 采收

一般当菌柄长到 10cm 以上，菌盖呈半球形、直径 1～1.2cm，菇体鲜度好，就可采收。采收时，一手按住塑料袋口，一手轻轻抓住菇丛拔下。

8. 采收后管理

金针菇一般可以采收 3～4 潮菇。搞好采收后的管理，有利于提高下一潮菇的产量和质量。

（1）搔菌。当第一潮菇采收后，结合清理料面进行搔菌。升温至 17～18℃，使菌丝休养生息。

（2）补水。补水的具体方法：一是对失水过多、菌料干枯萎缩、重量明显减轻的菌袋，用注水器向料内注水补湿，或将菌袋置水池中浸泡，待菌袋吸足水后，倒去多余的水，把袋口塑料薄膜回翻扎起，以利于保温、保湿；等到再次现蕾后，打开袋口转入常规管理。二是对失水不多的菌袋，可在料面连续喷水，直到下潮菇蕾长出，才停止喷水。

（3）后潮菇管理。采收完第 1 茬菇后，清理料面，少量喷水，再覆盖塑料薄膜，同时，加大菇房通风量，并使菇房升温至 12～15℃，保持 2～3 天，再恢复常规管理，经 10 天左右可长出第 2 茬菇。一般袋栽金针菇产量多集中在第 1 潮菇，产量占总产量的 60%～70%，因而管理好头潮菇是夺取高产的关键。一般情况下，金针菇总生物转化率可达 90%～110%。

**（二）工厂化瓶栽**

工厂化栽培金针菇是在标准菇房内利用空调设备调节温度和湿度，适用于周年生产。标准菇房可分为培养室、催蕾室、抑制室、出菇室等。

栽培瓶制备如培养料配方、装瓶方法、消毒灭菌、接种可参照袋式栽培进行。

培养瓶在移入培养室之前，培养室要进行严格的空间消毒，消毒方法可采用紫外灯消毒、气雾消毒等方法。接种后栽培瓶要立即移入培养室，并将温度控制在 20℃，相对湿度控制在 60%左右，保持房间黑暗，一般 22～25 天时间菌丝即可长满瓶。

菌丝长满瓶后，将瓶内原有接种块挖掉，并用毛刷将料表面扫平，即搔菌，然后移入催蕾室。催蕾室的温度要求在 13～14℃，相对湿度控制在85%~95%为宜。催蕾时，用报纸覆盖瓶口，每天在报纸上喷水1~2次，保持报纸湿润，一般4~5天后培养基上会出现琥珀色液滴，不久，菇蕾就会形成。

菇蕾形成后要进行降温抑制，抑制的目的是使菇蕾生长整齐。方法：将催蕾后的栽培瓶移入温度3~5℃、相对湿度85%左右的菇房内，经过5~7天的低温驯化处理，再移入出菇房。

菇蕾受到抑制后，再将栽培瓶移入温度8~10℃、相对湿度85%~90%的菇房内。当菌柄长到2~3cm时，要及时在瓶口上套上一个高度15~20cm圆桶形敞口塑料袋，塑料袋下部均匀地打四个圆孔，以利空气从下部进入瓶中。另外，出菇室最好设置排风扇，调节新鲜空气，以达到生产优质金针菇的目的。

采收与袋式栽培相同。

## 第四节　香菇无公害高产栽培技术

香菇属担子菌纲、伞菌目、口蘑科、香菇属，是一种大型的食用菌，原产于亚洲，在世界菇类产量中居第2位，仅次于双孢蘑菇。中国的浙江省龙泉市、景宁县、庆元县3市县交界地带是世界最早人工栽培香菇的发源地，其香菇人工栽培技术史称砍花法，据传最早发明这项技术的是南宋龙泉县龙溪乡龙岩村人（今浙江庆元人）吴三公（真名吴煜）。中国是世界上认识栽培香菇最早、产量最高、优质花菇最多、栽培形式多样、生产成本较低的国家，已有1 000多年的历史，因此，又称中国蘑菇。

### 一、香菇生长发育条件

#### （一）营养

香菇发育所需的营养物质可分为碳源、氮源、无机盐及生长素等物质。碳源包括木屑、棉籽壳、甘蔗渣、棉秆、玉米芯、野草（类芦、芦苇、芒萁、斑茅、五节芒等）等。氮源包括麸皮、米糠等。香菇菌丝能利用有机氮和铵态氮，不能利用硝态氮和亚硝态氮。在香菇菌丝营养生长阶段，碳源和氮源的比例以（25~40）：1为好，高浓度的氮会抑制香菇原基分化；在生殖生长阶段，要求较高的碳，最适合碳氮比是 73：1。

**（二）温度**

香菇菌丝发育温度范围在 5~32℃，最适温度是 24~27℃，在 10℃以下 32℃以上均生长不良，35℃停止生长，38℃以上死亡。香菇原基在 8~21℃均可分化，但在 10~12℃分化最好；子实体在 5~24℃范围内发育，从原基长到子实体的温度 8~18℃为最适。低温条件下子实体生长慢，肉质厚，柄短，温度偏高时，香菇生长快，肉质疏松。

**（三）水分和相对湿度**

在木屑培养基中菌丝的最适含水量是在 60%~65%（因木屑结构质量不同而异）；子实体生长阶段的木屑含水量需要在 50%~80%。菌丝生长阶段发空气相对湿度一般为 60%左右，而子实体生育阶段空气相对湿度 85%~90%。

**（四）空气**

香菇是好气性菌类。菇场菇房及塑料棚、地下工程内栽培香菇时应调节空气能使其顺畅流通。

**（五）光照**

香菇在菌丝生长阶段完全不需要光线。子实体发育的最适光照强度为 300~800Lx，光照在 1 000~1 300Lx 的强度下花菇发育良好，1 500Lx 以上白色纹理增深，花菇生育的后期光照强度可增加到 2 000Lx，干燥条件下裂纹更深更白。

**（六）酸碱度**

适于香菇菌丝生长的培养液的 pH 值是 5~6。pH 值在 3.5~4.5 适于香菇原基的形成和子实体的发育。在段木腐化过程中，菇木的 pH 值不断下降，从而促进子实体的形成。

## 二、香菇无公害高产栽培技术

### （一）原料选择与配制

1. 原料选择

主料主要选择木屑类、秸秆类。木屑以硬质阔叶木为主，木屑均用孔径 4mm 筛网过筛。秸秆主要是棉秆、玉米秸秆、甘蔗渣、木薯秆、大豆秸、葵花秆、高粱秸、小麦草、稻草等。辅料主要选择麸皮、米糠、石膏等。

2. 生产常用配方

（1）阔叶树木屑 79%，麸皮 20%，石膏 1%。

（2）棉柴粉 60%，麸皮 20%，木屑 19%，石膏 1%。

（3）玉米芯 78%，麸皮 20%，石膏 1.5%，过磷酸钙 0.5%。

3. 培养料配制

将原料经过过筛，混合，搅拌后堆积起来，然后测定 pH 值，香菇培养基的 pH 值 5.5~6 为宜。

培养料配制是香菇生产中的重要环节，在培养料配制过程中应注意以下问题。

（1）拌料和装袋场地最好用水泥地，并有 1%的坡度，以便洗刷水自然流掉。避免余料中的微生物进入新拌的培养料中，加快培养料酸败的速度，增加污染机会。

（2）培养料要边拌料边装袋边灭菌，自拌料到灭菌不得超过 4 小时，在装锅灭菌时要猛火提温，使培养料尽早进入无菌状态。

（3）由于原料含水量和物理性状的不同、配料时的气温、相对湿度有别，所以调水必须灵活掌握。如甘蔗渣、玉米芯、棉籽壳等原料颗粒松、大、易吸水，应适当增加调水量。

（4）拌料力求均匀，拌料不均时有的菌袋不出菇或迟出菇。

（5）温度偏高时，拌料装袋时间不能太长，要求组织人力争分夺秒的抢时间完成，以防培养料酸败营养减少。

（6）在培养料配制中，为避免污染，在选用好的原料基础上，拌料选择晴天上午，装料争取在气温较低的上午完成并进入无菌工序，减少杂菌污染的机会。

## （二）香菇袋式栽培

1. 栽培季节

我国北方栽培一般选择秋季栽培和越夏栽培。秋季栽培一般在8月即可制袋，10月下旬至翌年4月出菇；越夏栽培一般在2月制袋，5—10月出菇。

2. 栽培袋选择

秋季栽培一般采用大袋，大袋规格为17cm×65cm，可装干料1.75kg；越夏栽培可采用小袋，小袋规格17cm×33cm，可装干料0.5kg。

3. 装袋

加入50%~55%的水分，用人工或拌料机把原辅材料、料水拌匀后即可装袋。装袋要做到上部紧，下部松；料面平整，无散料；袋面光滑，无褶。

4. 灭菌

栽培袋可放入专用筐内，以免灭菌时栽培袋相互堆积，造成灭菌不彻底。然后要及时灭菌、不能放置过夜，灭菌可采用高压蒸汽灭菌或常压蒸汽灭菌。

其方法参考平菇熟料栽培。

5. 接种与培养

（1）接种。采用打穴接种方法，即每筒在同一面上打穴3个，每穴深度2~3cm，将菌种掰成长锥形，将其快速填入穴孔中，菌种要填满高出料筒，如图5-1所示。

（2）培养。菌袋进入培养室前要对培养室进行消毒灭菌，提前3天可采用气雾熏蒸和药剂喷洒，分3次进行。接种后菌袋摆放以#字形排列，每层4袋，叠放8~10层高（图5-2）。每堆间留一工作道，摆放结束后应通风3~4小时排湿，并调控温度在22~25℃，10天内每天通风调控温度，不要搬动菌筒，促使菌丝定植

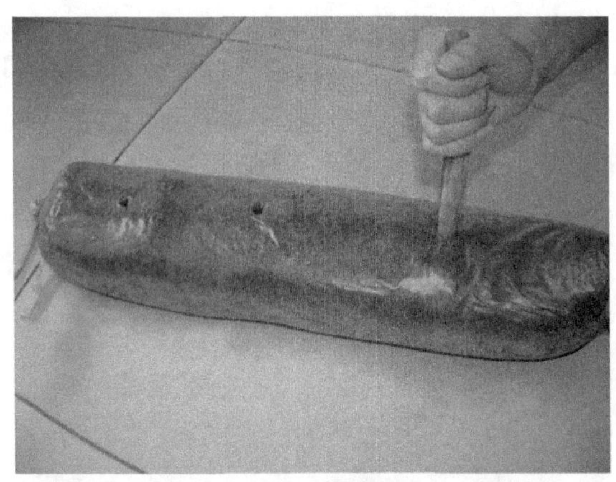

图 5-1　接种图

并快速生长。当接种口菌丝长到 2cm 左右时，便可进行第 1 次翻堆，菌丝长至 4cm 进行第 2 次翻堆，将堆高降为 6 层排 3 筒。菌丝基本上长满 1/2 筒时进行第 3 次翻堆，主要是检查杂菌，若有污染要及时清除。全部长满菌丝进行第 4 次翻堆，每层 2 筒，高度 3~4 层，并给予一定的光照刺激有利转色。

图 5-2　菌袋叠放图

(3) 刺孔增氧。接种穴菌丝直径至 6~10cm 时，要进行刺孔增氧。第 1 次刺孔与第 2 次翻堆同时进行，首先将菌筒上的胶布揭去，距菌丝尖端 2cm 处每穴各刺 3~4 个孔，孔深比菌丝稍浅一点。第 2 次扎在菌丝长满袋后 10 天，每袋各扎 20~40 个孔，孔深以菌筒的半径为宜，刺孔后 48 小时，菌丝呼吸明显加强，菌筒内渐渐排出热量，堆温逐渐升高 3~5℃以上，所以，扎孔后培养室要通风降温，防止温度超过 30℃，同时，增加光照促进转色，如图 5-3 所示。

**图 5-3 刺孔增氧图**

6. 排场

当菌筒在培养室内发菌 40~50 天，营养生长转入生殖生长阶段。这时每天给予 30Lx 以上的光照，再培养 10~20 天，总培养时间达到 60~100 天，培养基与塑料筒交界间就开始形成间隙并逐渐形成菌膜，接着隆起有波皱柔软的瘤状物并开始分泌由黄色到褐色的色素，这时菌丝已基本成熟，隆起的瘤状物达到 50%就可以脱去塑料袋进行排场。

脱袋后的香菇菌丝体，称为菌筒。菌筒不能平放在畦床上，而是采用竖立的斜堆法。因此，就必须在菇床上搭好排筒的架子。架子的搭法是：先沿菇床的两边每隔 2. 5m 处打 1 根木桩，桩的粗细为 5~7cm，长 50cm，打入土中 20cm。然后用木条或竹竿，顺着菇床架在木桩上形成 2 根平行杆。在杆上每隔 20cm 处，钉上 1 支铁钉，钉头露出木杆 2cm。最后靠钉头处，排放上直径 2~3cm、长度比菇床宽 10cm 的木条或竹竿作为横枕，供排放菇筒用。

搭架后，再在菇床两旁每隔 1. 5m 处插上横跨床面的弓形竹片或木条，作为拱膜架，供罩盖塑料薄膜用。

菌筒脱去塑料袋时，应选择阴天（不下雨）无干热风的天气进行，用小刀将塑料袋割破，菌筒的两头各留一点薄膜作为“帽子”，以免排场时触地感染杂菌，排场时棒距 5cm，与地面成 70°~80°的倾斜角。要求一边排场一边用塑料薄膜盖严畦床，排场后 3~5 天，不要掀起薄膜，形成床畦内高湿的小气候，促进菌丝生长并形成 1 层薄菌膜。

7. 转色管理

香菇菌棒排场后，4~7 天菌棒表面渐长出白色绒毛状菌丝并接着倒伏形成菌膜，开始转色。

（1）环境因子调控。

①温度调控：完全发满菌的菌袋，即可进行转色管理。自然温度最高在 12℃以下时，按“井”字形排列，码高 6~8 层，每垛 4~6 排，上覆塑料膜但底边敞开，以利通风，晚间加覆盖物保温，可按间隔 1 天掀开覆盖物 1 天的办法，加强对菌袋的刺激，迫使其表面的气生菌丝倒伏，加速转色；最高气温在 13~20℃时，如按“井”字形排列，则可码高 6 层，每垛 3~4 排；气温在 21~25℃时，则应采取三角形排列法，码高 4~6 层，每垛 2~4 排；气温在 26℃以上时，地面浇透水后，菌袋应斜立式、单层排列，上面架起 1 层覆盖物适当遮阴。

②湿度调控：自然气温在 20℃以下时，基本不必管理，可任其自然生长；但当温度较高时可向地面洒水或者往覆盖物上喷水。

③通风管理：一般通风的措施是通过调整覆盖物来保持垛内的通风量；当转色进入 1 周左右时，进行 1~2 次倒垛和菌袋换位排放，这时最好采取大通风措施，配合较强光照刺激，效果很好。

④光照管理：对于转色过程而言，光照的作用同样重要，而光照的管理又很简单：揭开覆盖物进行倒垛，菌袋换位；大风天气时将菌袋直接裸露任其风吹日晒等；即使日常的观察也有光照进入，所以，该项管理相对比较简单。

（2）转色的检验。完成正常转色的菌袋色泽为棕褐色，具有较强的弹性，但原料的颗粒仍较清晰，只是色泽的变化，手拍有类似空心木的响声，基质基本脱离塑料袋，割开塑料膜，菌柱表面手感粗糙、硬实、干燥、硬度明显增加，即为转色合格。但棕褐与白色相间或基本是白色，塑料袋与基料仍紧紧接触等表现的菌袋，为未转色或转色不成功，应根据情况予以继续转色处理，否则，尽量不使其进入出菇阶段。

（3）转色不正常原因及防治措施。

①表现：转色不正常或一直不转色，菌袋表层为黄褐色或灰白色，加杂白点，如图 5-4 所示。

**图 5-4　转色不正常**

②原因：脱袋过早，菌丝未达到生理成熟，没有按照脱袋的标准综合掌握；菇棚或转色场所保湿条件差，偏干，再生菌丝长不出来；脱袋后连续数天高温，没及时喷水或12℃以下低温。

③影响：多数出菇少，质量差，后期易染杂菌，易散团。

④防治措施：喷水保湿，连续2~3天，结合通风1次/天；罩严薄膜，并向空中和地面洒水、喷雾，提高空间湿度达85%；可将菌袋卧倒地面，利用地温、地湿、促使一面转色后，再翻另一面；如因低温造成的可引光增温，利用中午高温时通风，也可人工加温；如因高温造成，在保证温度的前提下，加大通风或喷冷水降温；气温低时采用不脱袋转色。

8. 催蕾

香菇菌棒转色后，给予一定的干湿差、温差和光照的刺激，迫使菌丝从营养生长转入生殖生长。将温度调控到15~17℃时，菌丝开始相互交织扭结，形成原基并长出第1批菇蕾即秋菇发生。

9. 出菇管理

（1）秋菇管理。秋季空气干燥气温逐渐下降，故管理以保温保湿为主。菇畦内要求有50Lx以上的光照，白天紧盖薄膜增温，早上5:00—6:00掀开薄膜换气，并喷冷水降温形成温差和干湿差。

采收后增加通风并减少湿度，养菌5~7天使菌棒干燥，7天后采菇部位发白说明菌丝内又积累了一定的养分，再在干湿交替的环境中培养3~5天，促使第2批菇蕾形成。由原基到菇蕾发生空气相对湿度应调整在90%~95%之间。菇蕾长到2cm大小时，可调整空气相对湿度85%~90%；如果需要花菇就将空气相对湿度调整到70%~74%；若菌棒无塑料膜保护，空气相对湿度低于70%，则水分散发太快，影响产量。

（2）冬菇管理。冬菇主要是做好保温喷水工作。一般不要揭膜通风，使畦内温度提高到12~15℃，并且保持空气相对湿度在80%~95%，促使形成冬菇。

（3）春菇管理。

①补水：春季气温稳定在10℃以上就可以进行补水。

补水标准　发菌后的菌棒一般为1.9~2.0kg，而当其重量只有1.3~1.4kg时，即菌棒含水量减少30%左右，此时就可补水。通过补水达到原重95%即可，补水“宁少勿多”。

补水时期　当菌棒采菇后留下的凹陷处发白时，说明菌丝已经复壮，此时补水。

补水方法　菌棒补水的方法很多，有直接浸泡法、捏棒喷水法、注射法、分流滴灌法等。近年来大规模生产多采用补水器注水，该法简单、易行、效率高，不易烂棒。在注水时菌棒中心用直径6mm的铁棒插孔1个，孔深约菌棒高度的3/4，不能插到底以免注水流失，补水后盖上薄膜，控制温度在20~22℃发菌，每天换气1~2次，每次1小时，注水给菌棒提供了充足的水分，并同时增加了干湿差和温度差。

②出菇：春季阴雨天可将膜罩全部打开，以加强通风。晚熟品种大量香菇均在开春后发生，3—4月更是进入出菇高峰期。香菇每采收1批结束后，让菌丝恢复7~10天，再按照上述方法补水、催蕾、出菇，周而复始。晚春气温变化波动较大，要以防高温、高湿，进行降温工作为主。可加厚顶棚遮阳，拆稀四周遮阳挂帘。

（4）颠倒菌棒增产窍门。

规模生产菌棒多采用斜立在地上的地栽式出菇方式。补水后，水分会沿菌棒自然向下渗透，再加上菌棒直接接触地面，地面湿度大，所以菌棒下半部相对水分偏高，上半部偏低。在补水后3~5天菇蕾刚出现时将菌棒倒过来，上面挨地、下面朝上，这样水分会慢慢向下渗透，使菌棒周身水分均匀。颠倒时如发现出菇少或不出菇的用手轻轻拍打两下或2袋相互撞击两下，通过人为振动、诱发原基形成。如果整个生产周期不颠倒，长达数月下部总是挨地、湿度大，时间长了菌棒下部会滋生杂菌和病虫害。如果颠倒2~3次可使菌棒周身出菇，利于养分充分释放出来。

10. 袋栽香菇烂菇的防治

袋栽香菇在子实体分化、现蕾时，常发生烂菇现象。其原因主要有：长菇期间连续降雨，特别是在高温高湿的环境下，菇房湿度过大，杂菌易侵入，造成烂菇；有的属病毒性病害，使菌丝退化，子实体腐烂；有时因管理不善，秋季喷水过多，湿度高达95%以上，加上菇床薄膜封盖通风不良，二氧化碳积累过多，使菇蕾无法正常发育而霉烂。防止烂菇的主要措施如下。

（1）调节好出菇阶段所需的温度。出菇期菇床温度最好不超过23℃，子实体大量生长时控制在10~18℃。若温度过高，可揭膜通风，也可向菇棚空间喷水降低温度。每批菇蕾形成期间，若天气晴暖，要在夜间打开薄膜，白天再覆盖，以扩大昼夜温差，既可以防止烂菇发生，又能刺激菇蕾产生。

（2）控制好湿度。出菇阶段，菇床湿度宜在90%左右，菌棒含水量在60%左右，此时不必喷水；若超过这个标准，应及时通风，降低湿度，并且经常翻动覆盖在菌棒上的薄膜，使空气通畅，抑制杂菌，避免烂菇现象发生。

（3）经常检查出菇状况。一旦发现烂菇，应及时清除，并局部涂抹石灰水、克霉王或0.1%的新洁尔灭等。

**（三）香菇越夏地栽技术要点**

香菇越夏地栽于11月下旬至翌年3月制袋，翌年5—10月出菇。

1. 场地选择

在遮阴度好的林地、室外搭建菇棚，出菇场地要求地势平坦、水源充足、日照少、气温低、排灌方便、交通便利。地势较高的应做低畦，地势低洼的应做平畦或高畦。

2. 栽培袋规格

香菇越夏地栽可选择高密度聚乙烯袋，其规格为（15~17）cm×（40~45）cm。

3. 制袋

按选定的配方将培养料拌均匀，含水量 50%~55%。装袋机装料通常 2~3 人轮换操作，1 人装料，1 人装袋。

4. 灭菌

一般常压灭菌，温度达到 100℃保持 12 小时以上，停火，再闷 6 小时，移入接菌室。

5. 接种

料温降至 30℃以下时消毒，一般用烟雾消毒剂消毒，后保持 6 小时后开始接种，无菌操作。

6. 菌丝培养

香菇菌丝生长温度范围 4~35℃，最适宜温度 22~25℃；菌丝长至料袋 1/3 时，逐渐加大通风量，每隔 2 天通 1 次风，每次 1 小时。适宜温度下，50~60 天菌袋发好菌。

7. 建棚

对出菇场所进行除草、松土等工作后，用竹竿沿树行建宽 2.5m，长 20m 左右的菇棚，用塑料布覆盖，在棚上方覆盖遮阳网予以遮光、降温。每棚平整 2 个菇畦，每畦宽 0.8m，中间为宽 60cm 的走道。

8. 转色脱袋覆土

菌丝满袋后，通风增光使其尽快转色，30~40 天菌袋有 2/3 有瘤状物凸起、颜色变为红褐色，即可脱袋排场覆土。脱袋最好选择在阴天或气温相对较低的天气进行，排袋前浇一次水，然后洒上石灰粉消毒，再喷杀虫药杀虫；边脱袋边排，菌袋间隔 3cm。最后覆土，覆土厚度以盖住菌袋为宜。浇 1 次重水，弓起竹弓，盖上遮阳网或塑料薄膜。

9. 出菇管理

香菇越夏地栽管理的关键是降温、通风、喷水保湿 3 项工作。

（1）催菇。为保护菌袋促进多产优质菇，这时应在畦面干裂处填充土壤（弥土缝），否则，会出劣质菇或底部出菇破坏畦面

(图 5-5)。菌袋排袋后采用干湿交替和拉大温差的方法催蕾，或在菌筒面上浇水 2~3 次，即可产生大量的菇蕾，浇水后立即用土壤填实畦面上的缝隙。

**图 5-5　保护菌袋促进催菇**

(2) 前期管理。地栽香菇第 1 批菇一般在 5 月至 6 月上旬，此期气温由低变高，夜间气温较低，昼夜温差大，对子实体分化有利。由于气温逐渐升高，应加强通风，把薄膜挂高，不让雨水淋菌袋。

当第 1 批香菇采收结束之后，应及时清除残留的菇柄、死菇、烂菇，用土填实畦面上所有的缝隙并停止浇水，降低菇床湿度，让菌丝恢复生长，积累养分，待采菇穴处的菌丝已恢复浓白，可拉大昼夜温差、加强浇水刺激下一批子实体的迅速形成。

(3) 中期管理。这期间为 6 月下旬至 8 月中旬，为全年气温最高的季节，出菇较少。中期管理以降低菇床的温度为主，促进子实体的发生。一般加大水的使用量，并增加通风量，防止高温烧菌。

(4) 后期管理。这期间为 8 月下旬至 10 月底，气温有所下降，菌袋经前期、中期出菇的营养消耗，菌丝不如前期生长那么旺盛，因此，这阶段的菌袋管理主要是注意防止烂筒和烂菇。

10. 采收

气温高时，香菇子实体生长很快，要及时采收，不要待菌盖边缘完全展开，以免影响商品价值。采收时，不要带起培养料，捏住菇柄轻轻扭转采下，保护好小菇蕾，将残留的菇柄清理干净。

## 第五节　杏鲍菇无公害高产栽培技术

杏鲍菇是欧洲南部、非洲北部及中亚地区高山、草原、沙漠地带的一种品质优良的大型肉质菌。杏鲍菇肉质肥厚，质地脆嫩，特别是菌柄色泽雪白、粗长，组织及其致密、结实，脆感强，其口感独具一格，是味道最好的菇类之一。1993 年，我国福建省三明市真菌研究所郭美英等，对引进的杏鲍菇进行了生物学特性、菌种选育和栽培技术的研究，1998 年夏，福建省南平市食用菌研究所张维规等，对从日本引进的杏鲍菇菌株也进行了筛选、生物学特性、养料配方和栽培技术研究，并进行了示范生产，取得了显著的经济效益和社会效益。现在杏鲍菇已经在我国的南北各地普遍栽培，并已经形成了规模化的设施栽培和工厂化栽培，让人们在一年四季都能吃到新鲜的杏鲍菇。

### 一、杏鲍菇生长发育条件

#### （一）营养

杏鲍菇可在棉籽壳、木屑、蔗渣、玉米芯等农副产品下脚料组成的主料基质上生长。其中，以棉籽壳为主料的培养基产量最高，朵形也最大。玉米粉、麦麸、米糠和植物饼粉对促进杏鲍菇生长起辅助营养作用，若以作物秸秆为主料，添加 5%～10% 棉籽饼粉，可使菇体增大，提高产量。

#### （二）温度

杏鲍菇菌丝生长的适宜温度为 20～28℃，最适 23～26℃。子实体发育的温度因菌株而异，一般适宜温度为 10～18℃。温度低于 8℃时，子实体一般不发生或生长极慢；高于 20℃时，子实体也难于发生或生长异常，且易感染细菌性病害。

### （三）水分和湿度

菌丝生长阶段培养料含水量以 65%～68%为宜，子实体形成阶段空气相对湿度要求 90%～95%，生长阶段以 85%～90%为宜。

### （四）空气

杏鲍菇菌丝生长和子实体生长发育都需要新鲜的空气。在菌丝生长阶段，较耐二氧化碳，袋中积累一定浓度的二氧化碳，能明显刺激菌丝的生长。原基形成阶段，空气中二氧化碳的浓度应控制在 0.01%左右，子实体生长发育阶段二氧化碳浓度宜小于 0.02%。

### （五）光照

杏鲍菇菌丝生长不需要光线，在黑暗条件下生长速度更快。子实体的分化和生长却要求一定的散射光，适宜的光照强度是 300～800Lx。过于明亮，菌盖变暗；过于黑暗，菌盖变浅，菌柄更长。

### （六）酸碱度

杏鲍菇菌丝生长的适宜 pH 值是 6.0～7.5，出菇时最适 pH 值是 5.5～6.5。

## 二、杏鲍菇优良品种介绍

杏鲍菇从外观上基本分柱形和保龄球形。柱形杏鲍菇菇盖较大，菌柄呈柱形，产量较高，价格稍低；保龄球形杏鲍菇菇盖较小，菇柄膨大，呈保龄球形，发菌后熟期偏长，产量低，管理难度较大，其鲜菇价格偏高。

现介绍一些应用比较广泛的品种供参考。

1. 杏鲍菇柱 1 号

杏鲍菇柱 1 号菌丝生长浓密、菌丝洁白，发菌满袋快；子实体柱形，菌柄洁白，菌肉细腻，生物转化率 95%以上，适合大面积栽培。

2. 杏鲍菇球 1 号

杏鲍菇球 1 号子实体保龄球形，菌盖圆整，菌柄肥厚，出菇整齐，商品率高，生物转化率 80%以上。

3. 杏鲍菇大杏 2 号

杏鲍菇大杏 2 号出菇温度 12~18℃，生物转化率 90%以上，盖灰褐色，保龄球形，个大柄粗，具浓郁杏仁味，高产，耐贮运。

4. Pe-118

Pe-118 子实体丛生，柄粗长，洁白，保龄球状，盖小，菇形佳，香味浓，抗性好，出菇快，适原料广，出菇温度 12~18℃，生物转化率 90%。

杏鲍菇生产菌种质量要求：菌种瓶内菌丝体洁白、浓密，上下基本一致，瓶口处气生菌丝旺盛，瓶底部菌丝特浓白，无任何斑点、条纹或异色，无老化现蕾和病虫。

## 三、杏鲍菇优质高产栽培技术

### (一) 菌袋制作

1. 培养料配方

(1) 棉籽壳 82.5%，麦麸 10%，玉米粉 5%，熟石膏 1.5%，生石灰 1%。

(2) 棉籽壳 52%，玉米芯粉 30%，麦麸 8%，棉饼粉 4%，玉米粉 3%，轻质碳酸钙 1%，熟石膏 1%，生石灰 1%。

以上配方在发酵前料水比均为 (1∶1.45) ~ (1∶1.55)，pH 值自然。

2. 配制方法

拌料时先将石膏粉、生石灰、轻质碳酸钙与麦麸、玉米粉等辅料混合均匀，再将棉籽壳、木屑等主料混合均匀，最后加水搅拌。用劲捏料后，指缝间出现水，而又无水滴出，表明含水量已适宜。

3. 发酵与装袋

培养料充分拌混均匀后，采用圆堆插孔覆膜鼓风发酵法，料堆升温快而高（65~75℃），期间翻堆2次，一般堆集通风发酵处理3~4天，要求发酵全面彻底。

装袋时掌握培养料含水量在65%左右。一般采用17cm×33cm或15cm×55cm的聚丙烯塑料袋栽培，每袋装干料350~550g，松紧适度。塑料袋有聚乙烯和聚丙烯两种，聚乙烯塑料膜不耐高压，聚丙烯塑料膜耐高压。因此，利用高压锅灭菌时，要选用聚丙烯塑料膜。采用常压灭菌时，2种塑料膜均可。装袋分手工盒、机械装袋2种方法。

4. 灭菌处理

装好的料袋要及时进行灭菌，在0.15兆帕压力下高压灭菌维持3小时或常压灭菌100℃以上维持12小时以上。料袋灭菌常采用常压灭菌，灭菌时间长短根据料袋多少而异，装料袋在500~1 000袋的，需要12~13小时，料袋达到1 000~3 000袋的，需要15~18小时。再闷一夜或半天后取出料袋，利用余热继续灭菌，提高灭菌效果。灭菌结束取出料袋后，趁热装下一锅料袋进行灭菌，可加快升温，节省能源。

5. 接种

灭菌后将菌袋移出，在接种室内或干净的场所自然冷却至室温，尽快在接种箱或无菌室内按无菌操作规程进行接种。

6. 发菌管理

发菌场所要求环境清洁干燥，通风遮光，空气相对湿度控制在60%以下为宜，料温控制在23~25℃，正常情况下，经35天左右菌丝可长满菌袋，杏鲍菇菌袋还需进行后熟培养20~25天，方可入棚进行出菇管理。

**（二）栽培条件要求与管理**

1. 产地环境

杏鲍菇栽培场所应远离工矿业的“三废”及微生物、粉尘等污染源，距离在2km以上；栽培棚建在地势平坦、朝阳、通风、便于排水和生产操作的地方；菇棚周围500m内无污染河塘、各种污水、污物、废菌料堆及畜禽养殖场、废品垃圾粪便场等，要求产地生态环境良好，水源清洁，土壤无污染。

2. 栽培设施条件

采用东西长 40~50m、内宽 7~9m 的冬暖式半地下塑料大棚，应保温保湿，通风透光，排水畅通，利于防治病虫害。棚内地面下挖 30~60cm，墙体厚 0.8~1.2m 米，北墙高出地面 1.8m 以上，每隔 2m 设 1 个直径为 30~35cm 的通风孔或建拔气筒。棚内立体出菇菌墙、菇畦或出菇床架设为南北向，操作道宽 40~60cm。棚顶覆盖无滴膜，上覆草苫，低温季节顶膜下适度横遮黑色薄膜，高温季节棚顶上方架空搭盖遮阳网。栽培棚的周围开挖排水沟，沟宽×沟深以 30cm×50cm 为宜。若采用冷库菇房设施栽培，则可进行杏鲍菇周年生产。

3. 栽培场所的清洁和消毒

栽培场地在使用前要清扫干净，搞好环境卫生。新菇棚应在移入出菇袋前 5 天扣棚、封闭，按每立方米用二氯异氰尿酸钠烟雾消毒剂 3g 引燃熏蒸 24 小时；进袋前 4 天，用 4.3% 菇净乳油 2 500 倍液均匀喷洒棚内地面及墙壁；进袋前 2 天，用 70% 甲基托布津可湿性粉剂 800 倍液将棚内墙壁、地面、棚架等喷洒 1 次，喷后在地面上撒 1 层石灰粉。旧栽培棚要先经日光曝晒、扣棚后高温闷棚再进行消毒处理。

**（三）出菇方式与出菇管理**

1. 短袋栽培

（1）栽培季节安排。在自然气候条件下栽培的，在南方地区利用秋末至春季出菇，即在 10—11 月和 3—4 月出菇。山东省利用冬暖大棚栽培，以秋冬季接种、冬春季出菇为宜。制作菌袋时间自当年 9 月上旬至翌年 1 月上旬，熟料袋栽，保温发菌，大棚出菇时间从 12 月上中旬至翌年 4 月上中旬均可。若利用控温或工厂化设施进行反季节生产，则可周年栽培出菇，由于杏鲍菇出菇温度范围较窄，安排好出菇季节是获得优质高产的关键。目前我国多个省份已利用人工控温设施进行周年生产。

（2）出菇方式。根据菇房内设施条件和栽培方式可采取菌袋直立式、横卧式、立体墙式和覆土式出菇4种方式。层架或菌墙立体栽培可充分利用菇房空间，出菇干净，菇形圆整，商品性好；畦床覆土栽培有利于水分管理，出菇快，菇形肥大，提高产量，尤其适于后潮或晚栽杏鲍菇的春季出菇。

①床架横向或竖向排袋出菇：利用菇房内床架设施，将菌袋排放在床架上进行出菇，可提高菇房的利用率。其做法是：将菌袋横卧排放在床架上，并多层排满整个床架。由于杏鲍菇具有在袋中部出菇的特性，采取重叠排袋时，不便于开口出菇管理，若袋侧面已有原基形成的则要单层排放，才有利于开口出菇管理。采用一端封口、单端接种的菌袋栽培出菇的，可采取床架上竖向排袋单端向上出菇方式。

②地面上横向排袋出菇：在菇房内地面上直接码袋出菇。将菌袋1层1层地重叠堆码起来，形成1排菌墙，每排共堆码6~7层菌袋，每排菌袋之间相距50cm，两侧用砖或木桩固定。或者在菇棚内整畦，南北走向，畦宽约80cm，中间低两边高，约30°的坡度，中间的土沟内可浇水、增湿、降温，菌袋脱去外袋后双排并列摆放。或菌袋以横向排放于床架上，接种穴向上定位出菇。

（3）诱导出菇。

①诱导出菇温度：当菌丝长满袋后，气温保持在10~18℃时，才能进行诱导出菇管理。气温高于20℃时，则不宜进行出菇管理，否则，木霉、细菌等杂菌会从袋口侵入，并蔓延整袋，造成不出菇。

②搔菌处理：杏鲍菇不搔菌也能出菇，但出菇不整齐，并且在袋口上长出的菇少。搔菌后有利于原基形成和定向出菇。其做法是：在菌丝长满袋7~10天，用铁钩钩出袋口表层老菌种，使袋口上菌料平整，然后封住袋口。搔菌作业后，先让伤口上菌丝恢复生长，待3~4天再进行保湿诱导原基形成。

③诱导出菇管理：杏鲍菇需在适宜的温度、湿度和光照下才能形成子实体。首先要求温度稳定在10～18℃，保持菇房内散射光照，然后喷水提高空间湿度，使菇房内空气相对湿度达到90%～95%，并使封口纸和地面处于潮湿状态。形成大量的白色块状原基后，开始进入子实体生长发育管理。

（4）生长发育管理。

①菌袋出菇操作：菌袋解去扎绳，稍稍松动袋口，待料面有原基发生时，将袋口适度打开，采取畦间洒水和对地、对空喷雾的方法保湿，喷水以少量多次为好，不要直接喷到袋口内，使大棚空气相对湿度增至85%～90%，喷水后及时轻微通风约1小时，保持大棚空气新鲜和一定的散射光，将棚温控制在12～18℃为最佳，不能长时间高于20℃和低于10℃，保持棚温相对稳定，5～7天可形成杏鲍菇菇蕾并长出幼菇。此时可完全敞开袋口并翻卷至接近料面，适当增加通风量，控制空气相对湿度90%左右，湿差不可过大，使子实体迅速生长。若有部分菌袋从侧面突起菇蕾，可用刀片划开袋膜，让子实体从侧面长出，但不宜开口过大，否则，长出的子实体多，并且个体较小。若在袋肩部形成原基的，要去掉颈圈敞开袋口，才利于子实体生长。在适宜条件下，从菇蕾形成到子实体发育接近成熟，需12～15天。

②温度控制：菇房温度低于12℃时，杏鲍菇子实体生长速度缓慢；高于18℃时，子实体生长加快，菌柄细长，组织松软，其品质下降。在13～17℃下生长的子实体，个体粗壮，肉质紧实，菌盖不易展开。因此，在气温偏低时，要减少通风量，增加光照，提高菇房内温度；气温高时，则要加强通风换气，减少光照，要利用隔热降温效果好的菇房设施如遮阴草棚菇房、泡沫板菇房等来栽培出菇。

③湿度调节：杏鲍菇子实体生长发育阶段适宜的空气相对湿度为85%～90%，湿度低于80%时，子实体分化受到抑制，造成菌盖不分化，或菌盖变小，严重时菇体会出现干裂，生长发育停止。湿

度低时，要减少通风，进行喷水增湿，用喷雾器喷洒雾状水，主要向地面和菇房四周墙壁上喷水，不能直接喷水在子实体上。此外，如果环境特别干燥，喷水保湿困难的，可采取用塑料薄膜围盖住每1排菌袋，人工创造1个小气候环境来保湿。

④通风换气：要根据温度和湿度来进行通风换气，由于杏鲍菇子实体具有较强的耐二氧化碳能力，对氧气的需求量较少，因此，只有在气温高于20℃时，再加大通风量，避免出现高温高湿环境，引起子实体感病。温度低于13℃，且湿度又较低时，可不进行通风换气。通风换气应结合喷水进行，可达到既补充新鲜空气，又不会降低湿度的目的。

⑤光照管理：子实体生长发育期间，只要有一定的散射光照就能满足其生长，避免强光照射，防止子实体失水干燥，生长发育受到抑制。

⑥大棚管理：秋季头潮菇或春季出菇时气温较高，大棚管理主要是遮阴降温，喷水后应及时通风，控制病害的发生与发展，不能依靠大量喷水来降温。若在冬季保温生产，于小菇蕾形成前后，要注意保持空气湿度，可用透光薄膜短期架空遮盖保湿，避免强光照射，并适当敞膜通气。

（5）采收标准及方法。

①采收标准：当子实体菌盖直径与菌柄一致或稍小于菌柄时，就要及时采收。

②采收方法：采大留小，用刀割下适收的子实体，留下幼菇继续生长。生长较整齐的，要将整丛子实体摘下。采收下来的鲜菇整齐装入筐中，要轻放轻运，防止菌盖破碎而降低质量。

杏鲍菇产量主要集中在第1潮，约占总产量的70%以上，第2潮产量低，个体小，并且转潮也较慢，故一般只采收1潮菇。若将第2潮菇进行脱袋覆土栽培出菇，可提高产量。

2. 长袋栽培

利用15cm×55cm的塑料袋栽培杏鲍菇，通过开口让子实体定位长出，可有效地控制子实体发生数量，获得优质的产品。

（1）栽培设施。利用控温菇房室内床架和塑料大棚栽培。在塑料大棚内栽培时，用竹竿和铁丝制作排放菌袋的支撑架，支撑架宽 1.0~1.4m，高 0.25m，在支撑架上排放横杆，相距 0.2m 放置 1 根，形成梯状。其栽培设施同香菇菌棒栽培，因此，可利用香菇栽培设施来栽培杏鲍菇。

（2）排袋出菇。将菌丝已长满的菌袋，斜靠在排袋架上，或“人”字形地排放，菌袋之间相距 10cm。给予散射光照，保持温度在 10~20℃，同时，向地面上洒水，保持空气相对湿度在 90%~95%，或者利用自然湿度来满足其生长。通风换气根据温度和湿度来调节。当菌袋上出现白色块状原基后，进行开口作业。用小刀割破塑料薄膜，让 2~3 个健壮的原基裸露出来，使其分化形成子实体。开口不宜过大，否则长出的子实体数量多而个体变小，成活率低，商品质量差。此外，开口要及时，开口过迟，原基分化成子实体后，在袋内生长，长成畸形菇，并且子实体数量过多。

（3）生长发育管理。主要做好温度、湿度、光照和通风换气管理，综合控制好环境条件是获得优质高产的关键。子实体发育期间温度以保持在 12~18℃为宜，湿度以保持空气相对湿度在 85%~90%为宜，空气相对湿度较低时，需在地面上洒水和向空气中喷细雾状水来保湿。当温度高于 90%时，则不能在子实体上喷水，否则，子实体会感病，出现变黄腐烂。在采收的前 1 天，停止喷水，降低菇体含水量，可延长保质期。光照以散射光为宜。通风换气根据温度和湿度灵活掌握。

（4）采收标准及方法。当子实体菌盖直径长到与菌柄大小一致时，即可采收。一般采收 1 潮菇为宜，最多可采收 2 潮菇。采菇结束的菌袋要及时搬出菇房，再利用来生产其他食用菌。不能放置过久，否则，菌袋上会感染大量的杂菌，造成菌袋无法再利用。

3. 工厂化瓶栽

杏鲍菇也适用工厂化瓶栽，在日本、韩国和我国台湾省等均利用塑料瓶进行工厂化栽培。瓶栽杏鲍菇机械化操作程度高，长出的子实体大小均匀，形状整齐，质量优，每瓶可产商品鲜菇170~190g。

（1）装瓶灭菌培养。用于栽培杏鲍菇的瓶体为1 100mL塑料瓶，同栽培金针菇的塑料瓶。装瓶、灭菌和接种方法同瓶装菌种生产。在24~26℃条件下培养，菌丝体长满瓶后，再培养7~10天，使其达到生理成熟并积累充足养分，移到菇房内进行出菇管理。

（2）搔菌与催蕾。将瓶盖去掉，用铁钩挖去表层菌种即进行搔菌作业，搔菌厚度为1~1.5cm，并使瓶口表层菌料平整，通过搔菌后，有利于出菇整齐。国外采用机械进行搔菌作业，搔菌结束后，装入塑料筐内，再将另一筐菌种瓶倒置重叠在其上，这样有利保湿，促进瓶口表层菌丝恢复生长，为原基形成做好准备，可防止原基在瓶中部形成。还可在瓶口上覆盖纸或无纺布进行保湿。此时，要将温度控制在14~16℃，喷水提高湿度，使环境中空气相对湿度达到90%~95%。经过4~5天，菌丝恢复生长后，要适当地降低温度和湿度，将温度控制在12~15℃，将空气相对湿度控制在80%~85%，避免在高湿环境下，引起菌丝体徒长，以免气生菌丝体上扭结形成原基。此时增加光照，使菇房光线明亮，即光照强度达到500~800Lx。经过7~10天后，便可形成原基，即在瓶口上出现白色块状物，然后，将瓶口向上排放在出菇床架上。为了避免喷水保湿时，瓶口内进水，可在瓶口上覆盖1层纸，每次喷水时，直接在纸上洒水保持报纸湿润，就可保持所需湿度。

（3）生长发育管理。子实体生长期间，要将温度控制在15~16℃为好，最高温度不得超过18℃，最低温度不得低于10℃。喷水保持空气相对湿度在85%~90%，喷水时，注意不要将水喷入瓶口内，使用加湿器或喷雾器喷出细雾水进行保湿为好。温度超过20℃时，不能将水喷在子实体上，否则，会出现细菌性病害。此外，要保持出菇房内空气新鲜，若通风不良，二氧化碳浓度超过0.1%时，则子实体生长不良，长成畸形菇，光照强度以500~

800Lx 为宜，即保持菇房内光线明亮。

（4）采收标准及方法。当子实体生长到菌盖直径与菌柄直径基本一致时，即可采收，完全成熟后，菌盖平展，边缘上翘，菌柄组织变疏松，其品质下降。采收方法是将子实体摘下，装入塑料筐内，要轻拿轻放，避免菌盖破碎，降低商品质量。采收结束后，及时搬出瓶子，挖出培养料再利用，放置时间不宜过久。

4. 覆土栽培

杏鲍菇覆土栽培能明显提高产量。菌袋脱去塑料膜后，将其放入土畦内再覆盖土壤，可补充菌料内水分，同时，还可降低菌料内温度，有利于子实体生长。杏鲍菇菌袋一般可出 2 潮菇。采完头潮菇后，将料面的菇根清理干净，停水 2～3 天，让菌丝恢复生长，积累营养，再将菌袋脱膜进行畦床覆土栽培，菌袋间隔约 3cm，横排或将菌棒从中间切成两段竖放于畦内，用消毒处理过的沙壤肥土做覆土材料，先填土后浇 1 次透水再覆盖表层土，覆土厚度约 3cm，经 10 天左右，第 2 潮菇蕾即可大量出现。如遇连阴天等不良气候，应在大棚保温的同时，加强通风换气，气温低时以中午通风为宜。控制好棚内空气湿度，不得将水直接喷到出菇面或菇体上，覆土不能过湿过厚，以预防病害发生。

## 第六节　黑木耳无公害高产栽培技术

黑木耳又称木耳、细木耳，属木耳目、木耳科、木耳属。我国地域广阔，林木资源丰富，大部分地区气候温和，雨量充沛，是世界上黑木耳主要产地，主要产区是湖北、四川、贵州、河南、吉林、黑龙江、山东等省区。黑木耳是我国传统的出口商品之一，世界年产量 46.2 万 t，中国占 40 万 t，年出口量占世界 96%，居第 1 位。

黑木耳质地细嫩、滑脆爽口、味美清新、营养丰富，是一种可食、可药、可补的黑色保健食品，备受世人喜爱，被称之为“素中之荤、菜中之肉”。黑木耳不仅营养丰富，而且具有较高的药用价值。黑木耳味甘性平，自古有“益气不饥、润肺补脑、轻身强志、和血养颜”等功效，并能防治痔疮、痢疾、高血压、血管硬化、贫血、冠心病、产后虚弱等病症，它还具有清肺、洗涤胃肠的作用，是矿山、纺织工人良好的保健食品。近年来科学研究发现黑木耳多糖对癌细胞具有明显的抑制作用，并有增强人体生理活性的医疗保健功能。

## 一、黑木耳生长发育条件

### （一）营养条件

可选用的碳源主要包括锯木屑、棉籽壳、玉米芯、稻草等。可利用的氮源主要有尿素、稻糠、麦麸等。碳和氮的比例一般为20：1，比例失调或氮源不足会影响黑木耳菌丝体的生长。另外还需要添加石膏、过磷酸钙、磷酸二氢钾等满足黑木耳对无机盐的需要。

### （二）温度

黑木耳属中温性真菌，具有耐寒怕热的特性。菌丝在4~32℃均能生长，最适22~26℃，在-30℃的环境下也不会被冻死；高于30℃，菌丝体生长加快，但纤细、衰老加快。子实体15~32℃下能形成子实体，最适20~25℃。适宜范围内温度越低生长发育越慢，但健壮，生活力强，子实体色深、肉厚、产量高、质量好。春秋两季温差大，气温在10~25℃，适于黑木耳生长。

### （三）水分

袋料培养基含水量60%~65%为好，湿度过低会显著影响后期产量；段木栽培中，木段含水量应在35%以上。尤其是在子实体发育期，空气相对湿度要求90%~95%。低于80%子实体生长缓慢，低于70%不能形成子实体，但很低的湿度菌丝也不致被干死。

### （四）光照

黑木耳是喜光性菌类，光对子实体的形成有诱导作用，在

400Lx 以上的光照条件下，耳片是黑色的，且健壮、肥厚。但在菌丝培养阶段要求暗光环境，光线过强容易提前现耳。

### （五）空气

黑木耳属好气性真菌，在生长发育过程中需要充足的氧气。

### （六）酸碱度

黑木耳菌丝体生长的酸碱度范围在 4～7，其中，以 pH 值 5.5~6.5 酶的活性最适宜。但在袋料栽培中，培养基添加麦麸或米糠时，菌丝在生长发育中产生足量有机酸使培养基酸化，而这种酸化的环境适于霉菌生长，导致制袋污染率上升。为解决这个难题，从菌丝培养就开始进行抗碱性驯化，提高菌丝对较高碱性培养基的适应能力，从而使霉菌受到抑制。

## 二、黑木耳无公害高产栽培技术

### （一）季节选择

一般在华北地区 1 年中可生产 2 批。春季 2—3 月生产栽培袋，4—5 月出耳，秋栽 8—9 月生产栽培袋，10—11 月出耳。

### （二）栽培场地选择

可利用闲置的房屋、棚舍、山洞、窑洞、房屋夹道或搭塑料大棚，或在林荫地、甘蔗地挂袋出耳。要求周围环境清洁，光线要充足，通风良好，保温保湿性能好。

### （三）黑木耳高产配方

1. 参考配方

（1）硬杂木屑 86.5%；麦麸 10%；豆饼粉 2%；生石灰 0.5%；石膏粉 1%。

（2）硬杂木屑 86.5%；麦麸 12%；生石灰 0.5%；石膏粉 1%。

（3）硬杂木屑 64%；玉米芯 20%；麦麸 12%；豆饼粉 2%；石膏粉 1%；生石灰 1%（pH 值调至 8~9 为准）。

2. 注意问题

（1）配方中千万不要加入尿素和多菌灵，不仅不符合无公害栽培，也不利于黑木耳生长。在黑木耳配方中加入往往会造成失败。

（2）配方中麦麸含量不超过 15%，不能加入白糖，否则菌袋易感染霉菌。

（3）培养料粒度应粗细度适中，粗料含水性不好，细料通风不良，粗细料混搭，既可增加培养料在发菌时的透气度，又可保持培养料的含水性。

### （四）拌料

拌料前先将麦麸、石膏、石灰称好后放在一起，先干拌 2 遍，然后再放入过筛的木屑中进行搅拌 2 遍。调水，确保培养料含水率在 62%~63%。

### （五）菌袋制作

培养料拌匀后应及时装袋灭菌，栽培袋使用聚乙烯塑料袋，北方一般用 17cm×（35~38）cm 的塑料袋，南方一般用 25cm×55cm 的塑料袋。

### （六）灭菌

装完袋后要及时灭菌、不能放置过夜，采取高压蒸汽灭菌，在 128℃、压力 1.0~1.4kg/$cm^2$ 下保持 2.5 个小时。采取常压蒸汽灭菌，灭菌温度控制在 100~102℃，灭菌时间 8~10 小时。

### （七）冷却、接种

灭菌后料温降到 30℃以下时，按照无菌操作的方法接种。

### （八）菌袋培养

培养室的环境要干燥、通风良好、周围洁净。在进菌袋前进行 1 次彻底的消毒，一般关闭门窗熏蒸 48 小时，再通风空置 48 小时。培养室湿度要保持在 60%~70%，不得大于 70%否则容易产生杂菌，原则是“宁干勿湿”。养菌初期 5~7 天要保持培养室内温度 25~28℃，当菌丝长到栽培袋的 1/3 时，要控制室温不超过 28℃，最低不低 18℃。在室内养菌 40~50 天后，当菌丝长到袋的 4/5 时，可以拿到室外准备出耳。同时，创造低温条件（15~20℃），菌丝在低温和光线刺激下很易形成耳基。

截料现象是指培养过程中，菌丝长至培养基中部或中下部，不再向下生长。造成这种现象的原因和防止方法如下。

1. 培养料灭菌不彻底

病原微生物特别是细菌没有彻底杀灭，在接入菌种后，初期不会影响黑木耳菌丝的正常萌发、吃料。但随着时间的延长，未被杀死的杂菌开始大量繁殖，当黑木耳菌丝和大量繁殖的杂菌相遇时，菌丝就会停止生长，并在相遇的地方形成一道拮抗线。此时打破菌袋，未生长黑木耳菌丝的培养料会有一种酸、臭的味道。

2. 菌丝培养温度过高

黑木耳菌丝生长期间环境温度过高会造成菌丝生长缓慢，直至停止生长，在菌丝停止生长的地方会有一道黄印，打破菌袋，未生长菌丝的培养料味道正常。此时如降低培养温度，经过 1~2 天的恢复，菌丝可重新生长。

3. 通风不良

黑木耳是好氧型真菌，在养菌的过程中，需要有充足的氧气供应。如果培养期间菌袋摆放过密，当菌丝生长的生物量增多，通风不及时，造成氧气供应不足，菌丝就生长缓慢，直至停止。此时增加通风、调整培养密度，菌丝可重新恢复生长。

4. 培养基含水量过高

培养基含水量应在 65%~70%，当培养基含水量偏大时，菌袋底部水分含量更高，当菌丝长到水分偏多的培养料时，生长就会缓慢，菌丝偏弱。

**（九）出耳管理**

1. 搭设好耳床或耳棚

耳床的制作可根据地势和降水量做成地上床或地下床，以地面平床形式较好。做好耳床后，床面要慢慢的浇重水 1 次，使床面吃足吃透水分，同时，对草苫消毒。耳棚在移入栽培袋前也要对地面（地面铺层石灰最好）和草帘子等进行消毒。

2. 菌袋划口

（1）划“V”形口。用事先消毒好的刀片在栽培袋上划“V”形口，“V”形口角度是45°~60°，角的斜线长2~2.5cm。划口刺破培养料的深度一般为0.5~0.8cm。规格为17cm×33cm的菌袋可以划口2~3层，每个袋划8~12个口，分3排，每排4个，呈“品”字形排列。划口时应注意以下几个部位不要划口：一是没有木耳菌丝部位不划；二是袋料分离严重处不划；三是菌丝细弱处不划；四是原基过多处不划。

（2）划“一”字形口。用灭过菌的刀片在袋的四周均匀地割6~8条“一”字形口，以满足黑木耳对氧和水分的要求，有效地促进耳芽形成。“一”字形口宽0.2cm、长5cm（图5-6），实践证明，出耳口宜窄不宜宽。

**图5-6　菌袋四周割“一”字形口**

划口后的栽培袋就可摆袋或吊袋，一般地栽每平方米可摆袋25袋。若吊挂栽培袋可用塑料绳吊袋，每串间距20cm，袋与袋间距不小于10cm，1条绳上可吊10袋左右，每行间距40cm。

3. 催芽管理

根据不同的气候条件，选择不同的催芽方式。

（1）室外集中催芽。在春季气候干燥、气温低、风沙大的季节栽培黑木耳时，为使原基迅速形成，应采取室外集中催耳的方法，待耳芽形成之后再分床进行出耳管理。

（2）室外直接摆袋催芽。室外直接摆袋催芽适用于低洼地块或林间，按照室外集中催耳方法将耳床处理好，床面覆盖有带孔的塑料薄膜，也可用稻草、单层编织袋等覆盖，防止后期喷水时泥沙溅到耳片上。

（3）室内集中催芽。为避免室外气温、环境的剧烈变化，菌袋划口后可采取室内或大棚催芽。室内催芽易于调节温、湿度，保持较为稳定的催芽环境，菌丝愈合快、出牙齐，比较适合春季温度低、风大干燥的地区。

4. 分床

分床是将原来催芽时的1床菌袋分成2床菌袋进行出耳管理。一般耳芽隆起接近1cm的就要及时分床进行出耳管理。

5. 出耳方式

（1）吊袋栽培。将划口的菌袋用预先备好的“S”形铁丝钩勾在扎袋口橡皮筋上，悬挂在出耳场地。挂袋时一定要控制挂袋密度，切忌超量；要顺风向、有行列、分层次，袋与袋之间互相错开，上、下、前、后、左、右距离不小于10~15cm，以便每个菌袋都能得到充足的光照、水分和空气。此法的优点是能提高土地的利用率，一般1亩地相当于6~8亩地，易管理（1人能管理5 000~10 000袋），烂耳少，病虫害轻，黑木耳杂质少，且能提前出耳，抢占市场，能产生较高的经济效益。

（2）大田仿野生畦栽。这种出耳形式是模拟自然条件下栽培木耳的方法，可充分利用地面的潮气，能够很好地协调湿度、通气和光照的关系，增加袋栽木耳的成功率，产量高，平均每袋鲜耳重500g（总产量）。此法不用搭建耳棚，可在房前屋后空地制作耳床，地面摆袋出耳（图5-7）。这种方法的缺点是占地面积大、空间利用率低、费工，1人管理难以超过20 000袋；湿度大时易出现烂耳现象；杂质较多，晾干前通常需要清洗去杂质；在连阴雨天时管理较繁琐。

图5-7　地面摆袋出耳

6. 浇水设施的安装

浇水设施可以采用微喷管或喷头喷灌，两者需加1个加压泵，或者直接用潜水泵抽水浇灌。

7. 出耳管理

当原基逐渐长大，耳芽生长并逐步展开分化成子实体，就进入了出耳管理阶段。

（1）耳基形成期。在划口处出现子实体原基，逐渐长大直到原基封住划口线，“V”形口两边即将连在一起的这段时期。这段时期一般为7～10天，要求温度在10～25℃范围内，空气相对湿度在80%左右，可往草帘上喷雾状水，注意绝不能向栽培袋上浇水，以免水流入划口处造成感染。同时，还要适时通风，早晚给予一定的散射光照，促进耳基的形成，增加木耳干重。

（2）子实体分化期。5~7天原基形成珊瑚状、并长至桃核大时，上面开始伸展出小耳片，这个阶段要求空气湿度控制在80%~90%的范围内，还要创造冷冷热热的温差（利用白天和夜间的温差，10~25℃）。及时流通空气，利于子实体的分化。

（3）子实体生长期。待耳片展开到1cm左右时，便进入子实体生长期。这段时期要加大湿度，空气相对湿度在90%~100%，并加强通风。浇水时可用喷水带直接向木耳喷水，让耳片充分展开。过几天要停止浇冰，让空气湿度下降，耳片干燥，使菌丝向袋内培养料深处生长，吸收和积累更多的养分。然后再恢复浇水，加大湿度，使耳片展开。这个阶段的水分管理十分重要，要做到“干湿交替、干就干透、湿就湿透、干湿分明”。干，可以干3~4天，干的比较透。干的目的是让胶质状的子实体停止生长，让耗费了一定营养、紧张过一段的菌丝休养生息、复壮一些，再继续供应子实体生长所需的营养（这也是胶质状耳类和肉质状菇类的不同所在)。干是为了更好地长，但它的表现形式是“停”，干要和子实体生长的“停”相统一；湿，要把水浇足、细水勤浇，浇3~4天，其目的就是长子实体，只有这样的湿度才能长出长好子实体，最好利用阴雨天，3天就可成耳。这样可以“干长菌丝，湿长木耳”，增强菌丝向耳片供应营养的后劲。

子实体生长期为10~20天。子实体生长阶段要有足够的散射光或一定的直射光。可以在傍晚适当晚一些遮盖草帘或早晨时早一些打开草帘来满足木耳对光线的要求，促进耳片肥厚，色泽黑亮，提高品质。

（4）成熟期。当耳片展开，边缘由硬变软，耳根收缩，出现白色粉状物（孢子），说明耳片已成熟。在耳片即将成熟阶段，严防过湿，并加大通风，防止霉菌或细菌侵染造成流耳。

### （十）采收及晾晒

黑木耳从分床到完全成熟采收，需 30~40 天的时间，黑木耳达到生理成熟后耳片不再生长，此时要及时采收。如果采收过晚，耳片就会散放孢子，损失一部分营养物质，生产的耳片薄、色泽差，还会使重量减轻；而且如果遇到连阴雨还会发生流耳现象，造成丰产不丰收。

1. 采收标准

黑木耳初生耳芽成杯状，以后逐渐展开。正在生长中的子实体褐色，耳片内卷，富有弹性。当耳片随着生长向外延伸，逐渐舒展，根收缩，耳片色泽转淡，肉质肥软，说明耳片接近成熟或已成熟，应及时采收。

2. 采收方法

采耳前 1~2 天应停水，并加强通风，让阳光直接照射栽培袋和木耳，待木耳朵片收缩发干时采收。采收应在晴天上午进行。

3. 晾晒

晾晒影响到黑木耳产品的外观形态，一般将采下的每朵木耳顺耳片形态撕成单片，置于架式晾晒纱网上，靠日光自然晾晒，在晒床上堆放稍密，待干至成型前不要翻动，以免耳片破碎或卷朵，影响感官质量。黑木耳品质不同晾晒时间不一，为 2~4 天，如果木耳片厚则晾晒时间长；如果木耳片薄，则晾晒时间短一些。

晾干的木耳要及时装袋并于低温干燥处保存，防治变质或被害虫蛀食造成损失。

### （十一）采后管理

正常情况下，黑木耳可采 3 批耳，分别占总产量的 70%、20%和 10%左右。转茬耳的管理技术要点是：一是采收后的耳床要清理干净，进行 1 次全面消毒。清理耳根和表层老化菌丝，促使新菌丝再生；二是将菌袋晾晒 1~2 天，使菌袋和耳穴干燥，防止感染杂菌；三是盖好草帘，停水 5~7 天，使菌丝休养生息，恢复生长。待耳芽长出后，再按一茬耳的方法进行管理。

**（十二）出耳管理易出现的问题**

1. 转茬出耳困难或不出耳

（1）菌袋失水。经出头潮耳后，菌袋内含水量会明显下降，通常会降低 15%～20%，如果头潮耳管理不善，水分下降 30%以上，则水分不能维持菌丝自身需要，无法为子实体输送水分，造成转潮耳出耳困难或不出耳。

（2）拖后采收。当木耳达到采收标准时应及时采收，有的菇农为了争取多产耳，无限度拖延采收期，以致子实体成熟过度、营养消耗过大、产量降低，并造成烂耳和引起杂菌感染。

（3）伤口暴晒。采收伤口处经强光暴晒，使袋内水分蒸发，表面菌丝发干，原基难现，不长耳。

（4）环境污染。第 1 潮耳采收后，由于耳根没清理，残根发霉，或采收后掉下的废弃物如基质碎屑、耳片、草帘等随着湿度加大，发生霉烂，引起杂菌传播菌袋，为害菌丝体。

（5）环境失控。第 1 潮耳采收完毕后，环境气温日渐升高，抑制菌丝体生长，菌袋污染杂菌等影响转潮耳。

2. 转茬耳杂菌污染

黑木耳正常情况下能出 3 茬耳，但目前有些地区头茬耳采收后，没等 2 茬耳长出就感染了杂菌，分析原因如下。

（1）暑期高温。菌丝生长阶段的温度是 4～32℃，如袋内温度超过 35℃，菌丝死亡，逐步变软、吐黄水，采耳处首先感染杂菌。

（2）采耳过晚。要当朵片充分展开，边缘变薄起褶子，耳根收缩时采收。这时采收的黑木耳弹性强、营养不流失，质量最好。

（3）上茬耳根或床面没清理干净残留的耳根，因伤口外露、易感染杂菌。采耳时掀开草帘，让阳光照射，使子实体水分下降、适度收缩，采收时不易破碎，利于连根拔下。拔净耳根利于 2 茬耳形成，避免霉菌滋生。

（4）菌丝体断面没愈合采耳时要求连根抠下并带出培养基，菌丝体产生了新断面，在未恢复时，抗杂能力差，这时浇水催耳，容易产生杂菌感染。

（5）草帘霉烂传播杂菌，草帘要定期消毒。

（6）采耳后菌袋未经光照干燥，草帘或床面湿度大。2 茬耳还未形成前，菌丝体应有个愈合断面、休养生息、高温低湿的阶段。倘若此时草帘或床面湿度大，又紧盖畦床，菌袋潮湿不见光，很易产生杂菌污染。采耳后菌袋要晒 3～5 小时，使采耳处干燥；床面和草帘应彻底晒，晒完的菌袋盖上晒干的帘子，养菌 7～10 天。

（7）浇水过早过勤。2 茬耳还未形成和封住原采耳处断面，就过早浇水。

3. 流耳

耳片成熟后，耳片变软，耳片甚至耳根自溶腐烂。黑木耳流耳是细胞充分破裂的一种生理障碍现象，黑木耳在接近成熟时期，不断地产生担孢子，消耗子实体里面的营养物质，使子实体趋于老化，此时遇到过大的湿度极容易溃烂。

（1）发生原因。耳片成熟时，若此时持续高温，高湿、光照差、通风不良，常造成大面积烂耳。代料栽培黑木耳，培养料过湿，酸碱度过高或过低，影响黑木耳正常生长而造成流耳；在温度较高时，特别是湿度较大，而光照和通气条件又比较差的环境中，子实体常常发生溃烂，细菌的感染和害虫的为害也造成流耳。

（2）防治。针对上述发生烂耳的原因加强栽培管理，注意通风换气、光照等；及时采收，耳片接近成熟或已经成熟立即采收；可用 25mg/kg 的金霉素或土霉素溶液喷雾，防止流耳。

4. 子实体畸形

（1）拳状耳。

症状：原基不分化，耳片不生长，球状原基逐渐增大，也称拳耳、球形耳，在栽培上称不开片。

病因：出耳时通风不良；光线不足；温差小，划口过深过大；分化期温度过低。

防治措施：划口规范标准；耳床不要过深，草帘不要过厚；分化期加强早晚通风，让太阳斜射光线照射刺激促进分化；合理安排生产季节，早春不过早划口，秋栽不过晚栽培；防止分化期过冷。

（2）瘤状耳。

症状：耳片着生瘤、疣状物，常伴虫害和流耳现象。

病因：高温、高湿、不通风综合作用的结果，虫害和病菌相伴滋生并加重瘤状耳的病情；高温、高湿的季节喷施微肥和激素类药物也会诱发瘤状耳。

防治措施：季节安排得当，避开高温高湿季节出耳；子实体生长期要注意通风，为抑制病害与虫体滋生，耳床应多照散射光；高温时节慎用化学药物喷施。

（3）黄白耳。

症状：耳片色淡，发黄甚至趋于白色，片薄。

病因：光线不足，通风不良；采收过晚，耳片成熟过分；种性不良。

防治措施：草帘不宜过厚，早晚多通风见光；及时采收，保证质量；生产时选择优质菌种，禁用劣质菌种或转管（袋）过多的菌种。

（4）单片耳。

症状：木耳不成朵，2~3 单片丛生，往往耳片形状不正。

病因：菌种种性不良；栽培袋菌丝体超温或老化；培养基配方不当，营养不良或氮源（麦麸、豆粉等）过剩；原料过细，装袋过紧，培养基不透气。

防治措施：严把菌种关，不购伪劣菌种，不用粮食菌种，防止放射线照射（如铁路安全监察设施）；养菌防止高温，防止菌丝吃料慢而延长养菌期；严格配料配方，不用过细原料，装袋要标准。

# 第六章　主要中草药栽培管理技术

临沂市地形和气候特点适宜发展中药材生产，药材栽培历史悠久，农民也有种植药材的传统习惯。得天独厚的自然和生产条件，使全市中药材资源丰富、种类多、面积大、质量好、产量高，是全国中药材重点产区之一。近年来，随着中药材需求量逐年递增，临沂市的中药材种植规模不断扩大。据统计，2017 年全市的中药材种植面积约 140 余万亩，占山东省总面积的 40%。本章主要介绍近几年效益较好、农民种植积极性较高的金银花、丹参、徐长卿和太子参等中草药材栽培管理技术。

## 第一节　金银花栽培管理技术

### 一、金银花的用途

金银花，又名金花、银花、双花、对花，因其“凌冬不凋”，又称忍冬花。系忍冬科、忍冬属，多年生半常绿缠绕藤本小灌木。以花蕾（金银花）和茎、叶入药，花初开时白色，后转金黄色，故有“金银花”之称。

金银花是国务院确定的名贵中药材之一，也是沂蒙山区传统地道中药材。金银花其性寒、味甘，其有效成分为绿原酸、异绿原酸，具有清热解毒、广谱抗菌、消炎、通经活络之功效。主治风热感冒、咽喉肿痛、肺炎、痈疽疔毒、喉痹、丹毒、温病发热等症，是防治“非典”的特效药。人们熟知的“银翘解毒丸”“双黄连口服液”等都是以金银花为主要原料制成的。目前，以金银花和茎、叶为主要原料开发的系列产品有：金银花保健茶、忍冬酒、忍冬可乐、银麦干啤、金银花汽水、金银花露、金银花晶、健儿清解液、金银花糖果以及含有金银花成分的中华牙膏、高露洁牙膏、忍冬花牙膏、金银花面膜等几十个品种，备受消费者青睐。此外，金银花还可用作饲料和饲料添加剂、防治畜禽疾病、制造植物药等，可谓用途广泛。

## 二、金银花的生态特性

金银花喜温暖湿润气候，生于背风向阳处，隆冬不凋，一年四季只要有一定温湿度均能发芽。春栽当年就能开花。一般 5 月下旬开头茬花，而后隔月采 1 茬。一般 1 年可采 3～4 茬，头茬花产量高，约占 70%。金银花根系发达、枝条繁茂、叶片密集，再生力强，耐寒、耐旱、耐瘠，抗逆性强，适应性广。无论山区、平原、黏壤、沙土、微酸、偏碱都能顽强生长，是退耕还林绿化荒山、防风固沙、保持水土、改良盐碱地的先锋植物。在山区种植，除采花收益外，还具有绿化荒山、保持水土、改良土壤、调节气候、美化环境等巨大作用。因此，各地多将其在荒山、地边地堰、盐碱地、房前、屋后及城镇空地栽植。在沂蒙山区，数百年来一直用其绿化荒山和保护田埂地堰。金银花还可用于城市绿化和环境美化、制作盆景，供人观赏。

## 三、种植金银花的效益

金银花易培育栽植，投资少、易管理、见效快，经济效益显著。栽植当年即能开花，第 2 年即可见效，第 3 年进入盛花期，生命长达 40 多年。一般 4 年生密植园年可亩产干花 120～150kg，亩收入可达 3 000 元以上，高者达 5 000 元以上。在金银花主产区，已成为当地农民增加收入的主要来源。

## 四、金银花栽培管理技术

1. 品种选择

选择品质优、花蕾大、结花早、花蕾集中、花多而含苞时间长、丰产性好的鸡爪花、大毛花等品种。

2. 扦插育苗

金银花再生能力强，易发根，成活率高，日平均气温5℃以上即可进行，以7月下旬至8月上旬最好。插条要选择当年或2年生、无病虫害侵染的健壮枝条，截成30cm长，使断面呈斜形，摘去下部叶片。

育苗地要选择土层深厚、土质疏松、灌排条件良好、土壤肥沃的砂质壤土。亩施腐熟有机肥3 000kg，碳酸氢铵100kg，深耕30cm以上，整平耙细，整成1.2m宽的平畦。在整平耙细的苗床上，按行距20cm，开沟深20cm，每隔3cm斜插入1根插条，地上部露出15cm，覆土压实，浇1次透水。要加强苗床管理，视土壤墒情，墒情不足时，浇水补墒，保持土壤湿润。雨后要及时排涝，保持田间无积水。封垄前要及时除草，保持田间无杂草。新芽长到10cm高时，亩追硫酸钾复合肥15kg。新枝30cm长时，要打顶促发侧枝。

3. 定植

选择生长健壮、根系发达、无病虫危害的壮苗，于春季3月下旬或秋后11月上旬定植。高产栽培要选择土层深厚、土壤肥沃、排灌条件好的砂质壤土，深翻30cm以上，整平耙细。每穴施腐熟的有机肥5kg，硫酸钾复合肥100g，与底土拌匀。山区丘陵挖穴种植，每穴种植2~3株；平原地区按株行距120cm×150cm密度种植。填土压实，浇透定植水，待水渗下后，封墩培土。

4. 田间管理

（1）中耕除草。金银花栽植后要经常除草松土，使植株周围无杂草滋生，一般每年要中耕除草2~3次。3年以后，藤茎生长繁茂，减少除草次数。

（2）施肥浇水。要以有机肥为主，化肥为辅，11 月至翌年 3 月，金银花休眠期，在花墩周围开宽、深各 20cm 的环状施肥沟，每墩施腐熟有机肥 5～8kg。金银花抗旱能力强，一般不用浇水，如遇特大干旱，施肥后可浇水 1 次。

（3）整形修剪。修剪分冬剪和夏剪，冬剪在落叶后至翌年发芽前进行，夏剪在每茬花采收后的 5 月下旬、7 月中旬、8 月下旬进行。修剪时要先上部后下部，先里边后外边，先大枝后小枝。结花母枝要截短，旺长枝要留 4～5 节，中庸枝留 2～3 节。对 1～3 年生的幼龄花墩重点培养一级、二级、三级骨干枝，一般每株选留一级骨干枝 1 条，二级骨干枝 3 条，三级骨干枝 10～12 条。对成龄花墩主要选留健壮的结花母枝，一般每条 3 级骨干枝上留 4～5 条结花母枝，每墩花留 100～120 个结花母枝。

（4）病虫害防治。及时清除田间杂草和防治病虫害。病虫害采用物理防治和化学防治相结合的防治方式。

中华忍冬圆尾蚜：一是可用烟草秸秆加辣椒熬制液喷雾防治；二是采收前 1 个月用 2.5%溴氰菊酯 3 000 倍液或 50%辟蚜雾可湿性粉剂 2 000～3 000 倍液，或用 10%吡虫啉可湿性粉剂 2 000～3 000 倍液喷雾。

金银花尺蠖：一是冬季清墩时清除越冬虫卵，剪除老枝、枯枝；二是用 10%溴氰菊酯 3 000 倍液或 90%敌百虫 800～1 000 倍液喷雾防治。

白粉病：一是合理修剪，改善通风条件，清除病叶；二是用 25%三唑酮 1 500 倍液或 50%甲基托布津 1 000 倍液防治。

忍冬褐斑病：一是结合修剪，清除病叶；二是加强管理，增施有机肥，雨后及时排涝；三是用 1∶1.5∶300 波尔多液防治。

5. 采收与晾晒

（1）采收。适宜的采收时期是在花蕾尚未开放之前，花针上部膨大呈白色时，俗称“大白针期”，此时采收产量最高，品质最佳。以每天上午集中采摘为宜，下午采花要注意摊晒，防止过夜变黑。

(2) 晾晒。要当天采收、晒干。晾晒时将鲜花薄摊在晒席上，厚度以似露非露为宜，阳光很强时可晒厚些，以免晒黑花针。花针未达八成干时不能翻动，否则变黑，质量下降。为了提高产品质量，有条件的地方，提倡采用烘干干燥法。建适当大小的烘房，内置多个蜂窝煤炉或建五管二回式烘炉，室内分层搭架，架层 8~10 层，层间距 20cm，底层离火道 40cm。每层放金银花筐子 6~8 个，筐长 1.5~1.6m，宽 50~60cm，每筐上花 3kg 左右。席上铺花厚度 3~6cm。控制温度，初烘温度 30~35℃，烘 2 小时后可升至 40℃ 左右。鲜花排出水气，打开门窗排气，经 5~10 小时后室内保持 45~50℃，待烘 10 小时左右，水分大部分排出，再把温度升至 55℃，使花迅速干燥。一般 12~20 小时可全部烘干。烘干时不能翻动，否则，易变黑，未干时不能停烘，以免发热。

## 第二节　丹参栽培技术

### 一、概述

丹参俗名活血根，为唇形科多年生草本植物。以干燥的肉质根入药，具有扩张血管和增进冠状动脉血流量的功效，是世界公认的治疗心脑血管病的首选药物。近年来随着出口量的增加、新用途的开发，社会需求量不断增长，人工种植的丹参以皮红、根条粗长、产量高等特点，深受药商的欢迎。生产上通过密植、覆膜、打苔等措施，使亩产量突破 800kg 大关，效益十分可观。

### 二、选地整地

丹参喜气候温和，光照充足，空气湿润，土壤肥沃。年平均气温为 17.1℃，平均相对湿度为 77%的条件下，生长发育良好。土壤酸碱度适应性较广，中性、微酸、微碱均可生长。选择土层深厚、疏松肥沃、排水良好的壤质土地块，忌黏土。以棕壤、褐土类壤土所产丹参质量最佳。过沙、过黏、涝洼地不宜种植，不宜连作。

地选好后，丹参喜肥，应施足基肥。每亩结合整地施腐熟农家肥 2 500kg，高钾三元复合肥 50kg 作为基肥。实行统一机耕，深耕 30~40cm，土壤上松下实，整平、耙细、起垄，垄距 90cm，垄高 25cm，上部垄面宽 40cm。顺势做好排水沟排水防涝。起垄后及时覆膜，采用黑色地膜或黑灰多功能双层地膜，膜宽 100cm，厚度为 0. 005~0. 006mm。铺膜时紧贴地面、拉紧，薄膜边缘埋土约 10cm，压实，并在膜上种植行覆土，厚度约 2cm。

## 三、栽种

选用根长约 15cm，根上部直径约 0. 5cm 以上无病虫害、无损伤、均匀一致的健壮种苗。采用膜上栽植。秋季移栽适宜期为 10 月底至封冻前，或者翌年 2 月下旬化冻后至 4 月上中旬移栽。垄面上按行距 25cm 顺垄交叉种植 2 行，株距 20cm 左右，穴栽，穴深 15~20cm，用宽约 5cm 竹片（或丹参移栽器）按种苗下端 1. 5~2cm 处，顺势垂直插入土壤中，深度以苗在土下 2cm 为宜，覆土封口压实。土壤肥沃地块每亩栽植 7 000 株左右，土壤瘠薄地块每亩栽植 9 000 株左右为宜。根据土壤墒情适期浇定苗水。

## 四、田间管理

齐苗后，经常中耕灭荒。中耕前期宜深，后期宜浅，封行后不再中耕。

6 月下旬丹参封垄前喷施 5%精喹禾灵乳油 50~70mL/亩 1 次。封垄后人工及时除草。生长期间不追肥。丹参最忌积水，雨季要严防积水、渍水；干旱季节，叶片萎蔫时，及时浇水抗旱。自 4 月，丹参陆续抽薹开花，要分期分批剪除，以利根部生长。

## 五、病虫害防治

以预防为主，采取综合防治的策略。化学防治要严格遵守农药安全使用间隔期。

1. 叶斑病

初期在叶片上出现散布的黄褐斑，后逐渐融合成片，叶片枯死。发病初期用50%多菌灵500倍液，于晴天的早晨均匀喷湿叶面，每5天喷1次，共3次。喷后20小时遇雨要重喷。

2. 基腐病

采用培育健壮植株、轮作、及时排水防涝等措施预防。发现病株立即拔除，用50%速克灵可湿性粉剂1 000倍液、40%纹枯利可湿性粉剂1 000~1 500倍液、30%菌核净可湿性粉剂500倍液、50%菌核立克粉剂500倍液喷洒。

3. 根腐病

采用轮作等措施预防，可与禾本科作物轮作2年以上。雨季注意及时排水。发病后，可用50%多菌灵500~1 000倍液或波尔多液100倍液喷雾防治。7天喷1次，连喷3次以上。

4. 银纹夜蛾

银纹夜蛾是丹参的主要虫害，为害严重时期发生在夏秋季7—10月。可在幼龄期亩用1%乳油15~25g，对水50kg~60kg喷雾防治，也可用含活孢子含量0.5亿~1.0亿个/mL白僵菌及苏云金杆菌菌液600kg/hm$^2$进行生物防治。

## 六、收获加工

丹参栽后于当年11月霜降后收获。年前采收期为秋季地上茎叶枯萎后，夜间气温降至0℃停止采挖；年后采收在早春化冻后至3月下旬萌芽前为宜。选晴天，土壤半干时，去除地上部茎叶，去净地膜，挖松根际土壤，顺行完整挖取或采用丹参收获机进行采收。

参根完整挖出，抖净泥土暴晒，当晒至半干时，用手将参根捏顺，扎成小把，堆放 2~4 天，使其“发汗”，再摊开晒至全干，去须修芦，即可入药。丹参以根条粗壮，无须根、泥沙、杂质、霉变，无不足 7cm 长的碎节，外皮紫红者为佳。

## 第三节　沂蒙山区徐长卿栽培管理技术

徐长卿（*Paniculate Swallowwort* Root），别名为寥刁竹、竹叶细辛，为萝藦科植物徐长卿的根及根茎。化学成分为含 C21 甾类化合物，性温，其中，有徐长卿苷 A-C、白薇苷 B 及去乙酰萝藦苷元、去乙酰牛皮消苷元的糖苷，另含丹皮酚、异丹皮酚等。徐长卿味辛、有毒，具有镇静止痛、祛湿解毒的功能。

徐长卿主要分布于东北、华北、华东、中南等地，在海拔 1 800m 以下的山坡、疏林或草丛中生长良好。过去临床用量少，野生品足以满足需要，近年通过化学活性成分、药理作用及临床应用、剂型等方面的深入研究，取得了许多成果，扩大了应用范围，用量逐年增多，野生品已供不应求，家种品的比重逐步加大。沂蒙山区从 20 世纪 80 年代开始种植，在激烈的市场竞争中，逐渐形成了以蒙阴县为中心的全国最大的徐长卿种植基地。

### 一、生长习性

野生徐长卿生长于向阳山坡及草丛中。适应性较强，喜温暖、湿润的环境，忌积水，耐热耐寒能力强，南北各地均可栽植。

### 二、选地整地

选择地势高燥、富含腐殖质、土层深厚、排水良好的山坡丘陵沙土或沙壤土种植。沙性棕壤或褐土种植的品质上佳。耕地深翻 30cm，整平耙细。做高约 20cm、宽 1.5 ~ 2m 的畦，四周开好排水沟。

## 三、繁殖方式

### （一）种子繁殖

1. 选种播种

选用1年生以上植株采收的籽粒饱满、色泽光亮、发芽率85%以上的种子。11月上中旬至封冻前（年前播种期）或翌年2月下旬至3月下旬（年后播种期）播种。播种越早，产量越高。每亩播种量为4~5kg，种植密度每亩种植80万~90万株。

2. 播种方法

抢墒播种，种子用草木灰或细沙拌匀，行距20cm，宽沟播种，均匀撒种宽幅5cm左右，沟深4~5cm。播后覆细土2~3cm，均匀喷洒1遍除草剂敌草胺，覆盖黑色地膜，浇水，保持湿润。待全部出苗苗高2cm时，选择早上或傍晚揭去地膜。

### （二）分株繁殖

早春3月将徐长卿的地下根茎挖起，选健壮、色白节密的新鲜根茎，剪下过长的须根做药用，留下长约5cm的根，把根茎剪断，每株保留芽嘴1~2个。每亩大田需栽根茎45~80kg，每亩母本田的种根茎可移栽0.68hm$^2$大田。

## 四、田间管理

1. 间苗定苗

苗高5cm时开始间苗，7~8cm时定苗，栽培密度80万株/亩。留苗的原则是去掉过小或过大的，保留大小相对一致的植株。发现缺苗断垄时，可移苗补苗。

2. 中耕除草

苗期结合中耕喷施1次5%精喹禾灵乳油50~70mL/亩。植株封垄以后，人工拔除杂草。

3. 培土壅根

苗高20cm时，将家畜粪与火烧土或其他不带杂草种子的土混合敲碎，盖住畦面，厚度不超过3cm。

4. 施肥

施足基肥，每亩施充分腐熟的农家肥 2 000~4 000kg，50kg 高钾三元素复合肥。一般无需追肥，雨量过大年份可追施 1 次尿素 20kg/亩。

5. 防倒伏

雨季来临前要挖好排水沟，保证田间雨后无积水，以防积水烂根。在行间顺着畦的方向每 5m 竖 1 根高约 1m 的支架，在距地面 50cm 处用塑料绳把支架连起来，防止徐长卿倒伏减产。或者在株高 50~60cm 喷施烯效唑 1 次抑制株高防倒伏。

## 五、病虫害防治

以预防为主，化学防治要严格遵守农药安全使用间隔期。

1. 根腐病

雨季及时排水，及时拔除死亡病株并用石灰消毒病穴，避免重茬。药剂可用 50%多菌灵 500 倍液、70%土菌消 500 倍液，或用 58%瑞毒霉可湿性粉剂 600 倍液、25%根腐灵可湿性粉剂 500 倍液、75%百菌清可湿性粉剂 600 倍液浇灌植株根部，以减轻为害。

2. 叶斑病

病害以预防为主，发病初期，药剂可用 50%多菌灵 500 倍液、50%瑞毒铜 500 倍液或 75%百菌清可湿性粉剂 500 倍液交替使用，7 天喷 1 次，连喷 3 次。

3. 蚜虫

可用扑蚜净 2 000~2 500 倍液或 25%灭幼脲悬浮剂 2 000~2 500 倍液均匀喷雾，7 天喷 1 次，连续喷 2~3 次。

## 六、采收加工

种子采集时间在 9 月下旬至 10 月上旬，分批采集枯黄色成熟角果，晾干开裂后打出种子，搓出冠毛，除净杂质，储藏。全株收获在 10 月中旬至上冻前（地上部叶片变枯黄）或翌年开春至 3 月底发芽前为最佳收获期。选择晴天，沿条沟方向采挖全株，抖落泥块，尽量洗净根部，扎成小把晾干。干后的地上部呈灰绿色，地下部呈黄褐色。以干燥、肥大、色正、无杂质、气味浓者为佳。

徐长卿具有杀虫作用，不会遭虫蛀。包装一般用密织编织袋或纸箱，贮存时置阴凉干燥处，密闭贮存。贮存期不超过 1 年。

## 第四节 太子参优质高效栽培技术

太子参又名孩儿参、童参，是我国常用中药材，有益气健脾、生津润肺之功效，深受医者的喜爱。随着人们生活水平和保健意识的加强，太子参的药饮和药膳在民间较普遍，市场需求大，价格连年飙升。近年太子参在临沂市种植面积迅速扩大。

### 一、选地整地

选择土层厚度 40cm 以上疏松、土壤肥沃、富含腐殖质、排灌方便的沙质土壤进行栽培。如选择熟地进行种植，不要选前茬为烟草、番茄、蔬菜等作物的地块，最好选豆科和禾本科作物地块进行种植。每亩施入腐熟厩肥 2 500~3 000kg，施过磷酸钙或者草木灰 20kg 作为基肥，然后深翻。整地要精耕细作，耕地深耕 20cm，畦宽为 1.0~1.5m，高度 25cm，畦面成龟背形，沟宽为 30cm。

### 二、严格选种

太子参种植前，应选择无霉烂、根粗 3mm 以上、芽头饱满的种根，尤以种子播种繁育的种根（复厢药）最好，可利于培育无病壮苗，为丰产奠定基础。

1. 栽种

（1）栽种时间。从 10 月下旬至 12 月均可种植太子参，但最好是在 11 月上中旬。如果种植过早，杂草生长较快较多，增加除草难度和成本；如果种植过迟，种参已开始萌芽，栽种时易碰伤芽头影响出苗，从而影响产量。

（2）种根摆放。摆放种根一般株距为首尾相接，行距 5cm 左右，平放，把厢间泥土往两边厢面覆盖，做成有效厢面 90cm、高 25cm、沟宽 30cm 的龟背形厢。覆盖土层一般为 5~7cm。

2. 田间管理

（1）除草追肥。3 月上旬齐苗，进行 1 次人工除草，随即进行追肥，施复合肥 15~20kg/亩，若撒施复合肥最好在清晨无露珠或者雨后苗无水珠时进行，谨防烧苗。太子参封行前（4 月上中旬）再进行 1 次人工除草，如苗壮、土层肥沃、基肥足的地块不宜追肥，避免枝叶徒长。

（2）灌溉与排水。生长前期，遇到干旱季节，注意灌水保持土壤湿润即可。生长后期要通过灌水、降温来延长生长期，促进根部营养积累，提高产量。太子参耐旱怕涝，在整个生长期内，要注意雨季的田间排水。

## 三、病虫害防治

坚持预防为主，综合防治的原则。采用综合防治措施，农业防治，生物防治和化学防治相结合，提高防治效果，禁止使用国家禁用农药。使用农药符合 GB/T 8321 要求。

1. 叶斑病的防治

4—5 月，发病前或始病期施用 80%可湿性粉剂代森锰锌 75~120g/亩（安全间隔期 28 天）或者施用 75%水分散粒剂肟菌·戊唑醇 10~12g/亩（间隔期 14 天），每 7 天施药 1 次，每季不得超过 3 次。

2. 病毒病的防治

视发生情况，始病期施用 20%可湿性粉剂盐酸吗啉胍 200~250g/亩（安全间隔期 14 天）或者施用 2%水剂氨基寡糖素 48~68g/亩（安全间隔期 7 天），每 7 天施药 1 次，每季不得超过 3 次。

3. 害虫的防治

地下害虫有蛴螬、蝼蛄、地老虎等。地上害虫主要有蚜虫。采用土壤消毒的方法，播种前用3%甲霜·恶毒灵AS60mL+50%辛硫磷EC200mL对水30~45kg均匀喷施土表消毒杀虫。蚜虫的防治主要是黄板诱虫技术。在太子参出苗后，每亩悬挂黄板20~30张，诱杀传媒蚜虫。

## 四、采收与加工

1. 采收时间

每年7月上旬，当地上部50%以上的茎叶枯萎时即可采挖。此时参根成品率最高，采挖时选择晴天。起参时，应选择参体肥壮、芽头饱满以及没有病虫害的块根当做种参。将其放在室内阴凉处沙藏，保持湿润。

2. 加工方法

采挖的太子参不要马上进行清洗，摊放在阴凉处2天，稍微萎蔫再进行清洗，清洗干净后在烈日下曝晒，当须根脆而参体柔软时，及时将须根用手撮掉，然后继续晒至参体用手轻轻地折易断时，即达到药材商品规格。

# 参考文献

高霞，崔慧，高中强，等 . 2019. 山东省食用菌产业科学布局与规划发展对策研究［J］. 中国食用菌，38（3）：87-92.

国淑梅，牛贞福 . 2016. 食用菌高效栽培［M］. 北京：机械工业出版社.

王志远，管恩桦，王艳莹 . 2015. 现代园艺生产技术［M］. 北京：中国农业科学技术出版社.

姚静，朱连先，杨宝戈，等 . 2018. 徐长卿优质高产栽培技术规程［S］. DB3713/T 133—2018，临沂：临市质量技术监督局.

朱连先，姚静，杨宝戈，等 . 2018. 丹参优质高产栽培技术规程［S］. DB3713/T 131—2018，临沂：临沂市质量技术监督局.

赵成宇，姚静，齐敬冰 . 2015. 现代农作物生产技术［M］. 北京：中国农业科学技术出版社.